U0304859

2017 年度贵州省社科规划重大招标项目（17GZGB01）

国家生态文明试验区
（贵州）建设研究

杨 斌 等 著

社会科学文献出版社
SOCIAL SCIENCES ACADEMIC PRESS (CHINA)

图书在版编目（CIP）数据

国家生态文明试验区（贵州）建设研究／杨斌等著
. -- 北京：社会科学文献出版社，2020.12
　ISBN 978 - 7 - 5201 - 7726 - 9

　Ⅰ.①国…　Ⅱ.①杨…　Ⅲ.①生态环境建设 - 实验区
- 建设 - 研究 - 贵州　Ⅳ.①X321.273

中国版本图书馆 CIP 数据核字（2020）第 255744 号

国家生态文明试验区（贵州）建设研究

著　　者／杨　斌 等

出 版 人／王利民
组稿编辑／刘　荣
责任编辑／单远举

出　　版／社会科学文献出版社·联合出版中心（010）59367011
　　　　　地址：北京市北三环中路甲 29 号院华龙大厦　邮编：100029
　　　　　网址：www. ssap. com. cn
发　　行／市场营销中心（010）59367081　59367083
印　　装／北京玺诚印务有限公司

规　　格／开本：787mm×1092mm　1/16
　　　　　印张：15.25　字数：258千字
版　　次／2020 年 12 月第 1 版　2020 年 12 月第 1 次印刷
书　　号／ISBN 978 - 7 - 5201 - 7726 - 9
定　　价／128.00 元

本书如有印装质量问题，请与读者服务中心（010 - 59367028）联系

▲ 版权所有 翻印必究

一　《贵州方案》的制订背景及主要内容

（一）《贵州方案》的制订背景

生态文明建设是党和国家的重要战略部署，是习近平新时代中国特色社会主义思想的重要组成部分。党的十七大首次提出，"建设生态文明，基本形成节约能源资源和保护生态环境的产业结构、增长方式、消费模式"①，党的十八大将生态文明建设提到了前所未有的高度，不仅以"大力推进生态文明建设"为题，独立系统地论述了生态文明建设，而且明确指出，"建设生态文明，是关系人民福祉、关乎民族未来的长远大计"，要"把生态文明建设放在突出地位，融入经济建设、政治建设、文化建设、社会建设各方面和全过程"②。

为贯彻落实党的十八大确定的"五位一体"总体布局，2015 年，中共中央、国务院相继印发了《中共中央　国务院关于加快推进生态文明建设的意见》《生态文明体制改革总体方案》，为加快推进生态文明建设作出了"顶层设计"。

由于生态文明建设"缺乏具体案例和经验借鉴"，党的十八届五中全会提出，要"设立统一规范的国家生态文明试验区，重在开展生态文明体制改

---

① 胡锦涛：《高举中国特色社会主义伟大旗帜　为夺取全面建设小康社会新胜利而奋斗——在中国共产党第十七次全国代表大会上的报告》，人民出版社，2007，第 20 页。

② 胡锦涛：《坚定不移沿着中国特色社会主义道路前进　为全面建成小康社会而奋斗——在中国共产党第十八次全国代表大会上的报告》，《求是》2012 年第 22 期。

革综合试验，规范各类试点示范，为完善生态文明制度体系探索路径、积累经验①。根据党的十八届五中全会精神，为"将中央顶层设计与地方具体实践相结合，集中开展生态文明体制改革综合试验"，"形成一批可在全国复制推广的重大制度成果"，2016 年，中共中央办公厅、国务院办公厅印发了《关于设立统一规范的国家生态文明试验区的意见》，将"生态基础较好、资源环境承载能力较强的福建省、江西省和贵州省"作为首批国家生态文明试验区（2019年，中共中央办公厅、国务院办公厅又将海南省增列为国家生态文明试验区，至此，国家生态文明试验区数量已增至 4 个）。根据《关于设立统一规范的国家生态文明试验区的意见》，2017 年，中共中央办公厅、国务院办公厅印发了《国家生态文明试验区（贵州）实施方案》（以下酌情简称《贵州方案》）。

（二）《贵州方案》的主要内容

《贵州方案》包括"重大意义""总体要求""重点任务""保障措施"四个部分，主要内容见表 0 - 1。

表 0 - 1　《贵州方案》主要内容一览

组成部分		具体内容
重大意义		有利于发挥贵州的生态环境优势和生态文明体制机制创新成果优势，探索一批可复制可推广的生态文明重大制度成果
		有利于推进供给侧结构性改革，培育发展绿色经济，形成体现生态环境价值、增加生态产品绿色产品供给的制度体系
		有利于解决关系人民群众切身利益的突出资源环境问题，让人民群众共建绿色家园、共享绿色福祉，实现绿水青山和金山银山有机统一
总体要求	指导思想	以建设"多彩贵州公园省"为总体目标，以完善绿色制度、筑牢绿色屏障、发展绿色经济、建造绿色家园、培育绿色文化为基本路径，以促进大生态与大扶贫、大数据、大旅游、大健康、大开放融合发展为重要支撑，大力构建产权清晰、多元参与、激励约束并重、系统完整的生态文明制度体系，加快形成绿色生态廊道和绿色产业体系，实现百姓富与生态美有机统一
	战略定位	长江珠江上游绿色屏障建设示范区、西部地区绿色发展示范区、生态脱贫攻坚示范区、生态文明法治建设示范区、生态文明国际交流合作示范区
	主要目标	2018 年：生态文明体制改革取得重要进展，在部分重点领域形成一批可复制可推广的生态文明制度成果
		2020 年：生产空间集约高效，生活空间宜居适度，生态空间山清水秀

① 中共中央办公厅、国务院办公厅：《关于设立统一规范的国家生态文明试验区的意见》，2016年 8 月。

续表

组成部分		具体内容
重点任务	开展绿色屏障建设制度创新试验	健全空间规划体系和用途管制制度
		开展自然资源统一确权登记
		建立健全自然资源资产管理体制
		健全山林保护制度
		完善大气环境保护制度
		健全水资源环境保护制度
		完善土壤环境保护制度
	开展促进绿色发展制度创新试验	健全矿产资源绿色化开发机制
		建立绿色发展引导机制
		完善促进绿色发展市场机制
		建立健全绿色金融制度
	开展生态脱贫制度创新试验	健全易地搬迁脱贫攻坚机制
		完善生态建设脱贫攻坚机制
		完善资产收益脱贫攻坚机制
		完善农村环境基础设施建设机制
	开展生态文明大数据建设制度创新试验	建立生态文明大数据综合平台
		建立生态文明大数据资源共享机制
		创新生态文明大数据应用模式
	开展生态旅游发展制度创新试验	建立生态旅游开发保护统筹机制
		建立生态旅游融合发展机制
	开展生态文明法治建设创新试验	加强生态环境保护地方性立法
		实现生态环境保护司法机构全覆盖
		完善生态环境保护行政执法体制
		建立生态环境损害赔偿制度
	开展生态文明对外交流合作示范试验	健全生态文明贵阳国际论坛机制
		建立生态文明国际合作机制
		建立生态文明建设高端智库
	开展绿色绩效评价考核创新试验	建立绿色评价考核制度
		开展自然资源资产负债表编制
		开展领导干部自然资源资产离任审计
		完善环境保护督察制度
		完善生态文明建设责任追究制

续表

组成部分	具体内容
保障措施	强化组织实施
	加大政策支持
	及时总结推广
	整合示范试点
	营造良好氛围

资料来源：根据《国家生态文明试验区（贵州）实施方案》整理。

二 文献综述

关于生态文明建设，学术界已取得了十分丰硕的成果。为紧扣主题，这里我们只综述国家生态文明试验区研究情况。

（一）主要研究内容

1. 关于试验区的选择依据及目的

设立国家生态文明试验区是为了进行生态文明体制改革创新试验，鼓励发挥地方的首创精神，就一些难度较大、需先行探索的生态文明重大制度先行先试。时任国家发改委副主任张勇认为，首批试验区之所以选择福建省、江西省、贵州省，主要有以下几个原因：一是三省均为生态环境基础较好、省委和省政府高度重视的地区；二是三省经济社会发展水平不同，具有一定的代表性，有利于探索不同发展阶段的生态文明建设的制度模式。[①] 三个试验区的选择，充分体现了国家在生态文明试验区选择上的科学性和代表性，在经济发展具有梯度差异的省份试验建设，可以为不同类型区域提供可供借鉴和参考的经验。对于多年持之以恒推进生态文明建设，"金山银山"和"绿水青山"同时保住的福建省而言，《国家生态文明试验区（福建）实施方案》的出台，将推动福建以更高的标准、更大的勇气推进生态文明体制改革，当好"试验田"，将生态优势转化为发展优势，实现绿色发展、绿色富省、绿色惠民。尽管全国第一批设立了三个试验区，但试验区不搞评比授牌、不搞

---

① 安蓓、赵超：《探索生态文明建设有效模式——国家发改委副主任张勇就设立国家生态文明试验区答记者问》，新华网，http://www.xinhuanet.com/politics/2016 - 08/23/c_1119441796. htm，2016 年 8 月 23 日。

政策洼地，数量要从严控制，务求改革实效，并会根据改革举措落实情况和试验任务需要，适时选择不同类型、具有代表性的地区开展试验区建设。①

2. 关于试验区的建设路径

2016 年以来，福建、江西、贵州、海南四省都在不断探索符合省情的生态文明试验区建设路径，不断进行体制机制创新，各自都取得了诸多成就。福建省提出，要通过改革试验不断增强人民群众获得感，为经济发展增添新动能，提升环境治理能力，构建大生态环保管控格局。② 江西省提出，要以提升生态质量为重点，积极探索生态环境保护建设新模式；以产业转型升级为导向，加快提升绿色发展新优势；以增进生态福祉为目标，努力开辟生态共建共享新路径；以体制机制创新为核心，着力构建生态文明制度新体系。③ 贵州省提出，要因地制宜发展绿色经济，因势利导建设绿色家园，与时俱进完善绿色制度，绵绵用力筑牢绿色屏障，久久为功培育绿色文化。④ 还提出，要牢牢把握建设"多彩贵州公园省"目标，探索一批可复制可推广的重大制度成果，打造生态环境保护的制度"坚盾"，形成助推绿色发展的制度"利器"。⑤ 宋延巍认为，应从五个方面推进海南省的国家生态文明试验区建设，包括编制落实"三线一单"，构筑生态安全屏障；围绕重点保护领域，做好生态修复；积极探索绿色发展，建立生态保护机制；坚持以问题为导向，建设生态绿色家园；坚持改革创新，完善协调工作机制等。⑥ 周烨提出，生态

---

① 新华社：《中共中央办公厅　国务院办公厅印发〈关于设立统一规范的国家生态文明试验区的意见〉及〈国家生态文明试验区（福建）实施方案〉》，《中华人民共和国国务院公报》2016 年第 26 号；本刊评论员：《在建设国家生态文明试验区中体现更大作为》，《人民政坛》2016 年第 9 期；《国家生态文明试验区要开建啦！》，《国土资源》2016 年第 9 期；《设立统一规范的国家生态文明试验区——国家发展改革委副主任张勇答记者问》，《中国经贸导刊》2016 年第 25 期。

② 福建省发展改革委：《真抓实干促改革　勇于创新出成果　扎实推进国家生态文明试验区建设》，《中国经贸导刊》2017 年第 15 期。

③ 鹿心社：《深入推进国家生态文明试验区建设》，《当代江西》2017 年第 7 期。

④ 黄晓青、杜朋城、贾智：《中共贵州省委十一届七次全会在贵阳举行　坚持生态优先　推动绿色发展　加快建设国家生态文明试验区》，《当地贵州》2016 年第 33 期；李坤：《奋进在绿色发展新路上——贵州加快建设国家生态文明试验区》，《当代贵州》2016 年第 34 期。

⑤ 秦美虹：《中国共产党贵州省第十二次代表大会报告关键词解读——生态类"多彩贵州公园省"》，多彩贵州网，http://news.gog.cn/system/2017/10/16/016167198.shtml，2017 年 10 月 16 日。

⑥ 宋延巍：《加快推进海南国家生态文明试验区建设》，《中国环境报》2019 年 5 月 21 日，第 3 版。

文明标准体系建设是生态文明试验区建设的重要组成部分，是生态文明试验区制度体系建设的重要支撑，各省应在遵循国家生态文明建设标准体系指南的基础上，基于各自国家生态文明试验区实施方案的框架设置，紧密结合自身实际推动生态文明标准化建设。①

3. 关于试验区建设的成绩与不足

福建作为全国第一个国家生态文明试验区，起步较早，基础较好，在试验区建设方面研究也比较深入。学者们既肯定了所取得的成绩，又指出了存在的问题与不足。主要成绩包括：取消了被纳入限制开发区域的 34 个县（市）的 GDP 考核，实行农业优先和生态保护优先的绩效考评制度；率先在全国实施环境专题季度督查会议"一季一通报"制度；率先在全国成立生态环境审判庭，实现设区市生态环境审判庭全覆盖，为全国法院生态司法保护提供了"福建样本"；出台了《福建省重点流域生态补偿办法》《福建省全面推行河长制实施方案》，弥补了"九龙治水"的制度缺陷；在全国率先实践经济社会发展规划、城市建设规划、土地利用总体规划等"多规合一"等。主要问题与不足包括：城乡发展失衡，农村生态文明建设水平相对较低；环境保护责任机制刚性不足；存在诸多环保薄弱点和环境污染风险点等。②

贵州是我国喀斯特地貌分布最广的省份，也是石漠化最严重的地区之一。郭红军、童晗认为，近年来贵州省围绕石漠化治理所开展的发展生态农业及生态畜牧业及沼气开发等举措，是贵州在国家生态文明试验区建设中的亮点。③ 其实，贵州在生态文明建设领域也成绩显著，在全国创造了多个第一④：如在全国出台了首部省级层面的地方性生态文明建设法规《贵州省生态文明建设促进条例》；率先在全国设置环保法庭并成立省级层面上公检法配套的生态环境保护执法司法专门机构；开展了全国首例由检察机关起诉行政执法机关的环境保护行政公益诉讼；率先在全国出台《贵州省生态环境损

---

① 周烨：《国家生态文明试验区建设标准体系研究——结合贵州实践》，《标准科学》2019 年第 3 期。

② 杜强、吴志先：《加快建设国家生态文明试验区（福建）的思考》，《福建论坛》（人文社会科学版）2017 年第 6 期；梁广林、张林波、李岱青、刘成程、罗上华、孟伟：《福建省生态文明建设的经验与建议》，《中国工程科学》2017 年第 4 期。

③ 郭红军、童晗：《国家生态文明试验区建设的贵州靓点及其经验——基于石漠化治理的考察》，《福建师范大学学报》（哲学社会科学版）2020 年第 3 期。

④ 《生态制度建设保驾护航》，《贵州日报》2017 年 6 月 20 日。

害党政领导干部问责暂行办法》和《贵州省林业生态红线保护党政领导干部问责暂行办法》；在全国率先启动生态环境损害赔偿制度改革试点，出台了《贵州省生态环境损害赔偿制度改革试点工作实施方案》，以法治手段破解生态环境损害赔偿难题；率先在全国开展自然资源资产离任审计，出台了《赤水河流域（贵州境域）自然资源资产责任审计指导意见（试行）》等相关制度文件；印发了我国首个地方党委、政府及相关职能部门生态环境保护责任清单《贵州省各级党委、政府及相关职能部门生态环境保护责任划分规定（试行）》。① 然而，学者关于这些方面的学术探讨非常有限，体现了学术界对贵州生态文明试验区研究的不足。

还有一些研究，将福建、江西、贵州三个国家生态文明试验区的建设成效进行整体研究或对比研究。杜鹃等通过构建经济增长和森林生态环境压力的脱钩弹性指标体系，来研究福建、江西、贵州三个国家生态文明试验区的建设成效，认为福建省通过调整经济结构，提升工业质量，降低工业增加值，积极推进减排措施，实现了经济增长与森林生态环境压力的高质量脱钩，是中国经济可持续发展的典范。贵州与江西通过工业结构调整，使得经济增长与森林生态环境压力开始脱钩，但在缩减低端产能规模、推广节能减排技术等方面仍需进一步加强。② 于浩、郑晶基于区域优势理论，对福建、江西、贵州三省的生态优势转化为经济优势的理论基础、可行性和必然性、路径进行了探讨，运用了一些新的方法，但正如文章所言，逻辑不够严密，对策建议仍停留于较浅层次。③ 武哲如等采用熵权 TOPSIS 法，对 2005—2017 年福建、贵州、江西三省科技创新支撑生态文明建设、国土空间开发、资源环境管理、生态环境保护、创新驱动等方面的指数进行核算，从而对三省的建设成效进行了对比研究。④

4. 关于试验区建设的对策建议

邱昌颖认为，福建省应努力打造生态畜牧业"福建样板"，探索出一条

---

① 源于贵州生态环境厅相关资料。
② 杜娟、刘小进、胡亚平、朱述斌：《生态文明视角下经济增长与森林生态环境压力脱钩评价——基于国家首批生态文明试验区的比较研究》，《林业经济》2019 年第 3 期。
③ 于浩、郑晶：《生态优势转化为经济优势的实现路径研究——以国家生态文明试验区为例》，《林业经济》2019 年第 8 期。
④ 武哲如、杨多贵、周志田：《首批国家生态文明试验区科技创新支撑生态文明建设初始水平分析》，《华北理工大学学报》（社会科学版）2020 年第 2 期。

生产、生态共赢的现代畜牧业绿色发展之路，助推国家生态文明试验区建设。① 郑清贤、苏祖鹏以建设国家生态文明试验区（福建）为背景，对完善城市生活垃圾减量化制度进行了深入研究。② 杜强、吴志先对福建省在生态文明体制机制建设方面的七大成效进行了总结，提出抓住关键环节、加强生态建设和环境保护、强化环境保护督察、探索生态产品价值实现的制度与技术途径、建立接地气的农村环境治理体制机制、加快建设市场交易体系、充分发挥民间环保组织的重要作用等方面的对策。③ 游建民、张伟对2006—2016年贵州"绿色制造"进行了绩效评价，指出国家生态文明试验区（贵州）"绿色制造"绩效既存在良好的上升态势，也具有一系列不利因素，建议从优化产业结构、推进城镇化进程、扩大对外交流与合作等三个方面进行提升。④ 闻娟、凌常荣以国家生态文明试验区为研究对象，构建了一套全新的旅游效率评价指标体系，采用基于多投入、多产出的非参数DEA-Malmquist指数法，对2010—2016年国家生态文明试验区的旅游效率进行了研究，结果表明：国家生态文明试验区的旅游综合效率为0.890，旅游全要素生产率年均保持9.6%的增长速度，并呈N形发展趋势；国家生态文明试验区旅游效率存在明显的地区差异，贵州省最高，江西省次之，福建省最低；规模效率和纯技术效率变化指数制约了旅游效率增长。⑤ 这是目前很少见的对国家三个生态文明试验区进行对比研究的成果，而且研究的旅游视角和切入点也很新颖。

（二）研究不足与拓展空间

可以看出，学术界关于"国家生态文明试验区"研究，总体上还处于较为粗浅的层次，主要表现在以下几个方面。一是偏重政策可操作性研究而欠缺学术理论性研究，基本上是对三个试验区工作进程的一些总结和评述，特

① 邱昌颖：《致力国家生态文明试验区建设　打造生态畜牧业"福建样板"》，《福建农业》2016年第11期。
② 郑清贤、苏祖鹏：《城市生活垃圾减量化制度完善研究——以建设国家生态文明试验区（福建）为背景》，《盐城工学院学报》（社会科学版）2017年第2期。
③ 杜强、吴志先：《加快建设国家生态文明试验区（福建）的思考》，《福建论坛》（人文社科版）2017年第6期。
④ 游建民、张伟：《国家生态文明试验区绿色制造绩效评价及影响因素研究——以贵州为例》，《贵州社会科学》2018年第12期。
⑤ 闻娟、凌常荣：《国家生态文明试验区旅游效率评价研究》，《生态经济》2018年第6期。

别是福建省作为第一个试验区,取得的成果较为丰硕,也很重视理论宣传,因此,关于福建的研究相对较多,而关于江西和贵州的研究都较少。二是研究视角比较宏观,要么探讨分析省级层面的试验区建设存在的问题和不足,要么对三个试验区进行比较研究或站在国家层面审视试验区建设,缺乏对系统内部的客观分析,如对每个试验区不同重点任务的详解调研。

基于研究现状,我们认为,"国家生态文明试验区"研究还具有较大的拓展空间。一是对试验区进行比较研究是很有意义的。我们应遵照中央指示精神,不对四个试验区进行排名竞比,而是从先进经验的吸取借鉴及其推广价值等方面去深入研究。二是研究应突破政策理论、资源环境、工程技术等领域局限,拓展到其他学科视角,如社会学、经济学、文化学、地理学等,结合生态、旅游、经济、文化、社会等要素,来剖析国家生态文明试验区建设。三是对试验区建设的重点任务进行细化和分解,分析存在的具体问题,有针对性地提出相应的对策措施。四是跳出国家生态文明试验区的视角去看试验区,理清试验区建设和其他国家发展战略、省级层面发展战略之间的关系,研究如何协调互动并齐头并进,共同推进经济、社会和生态等多方位发展。

三　主要内容与研究方法

(一) 主要内容

本书共分八章,紧扣《国家生态文明试验区(贵州)实施方案》所确定的八大重点任务即开展绿色屏障建设制度创新试验、开展促进绿色发展制度创新试验、开展生态脱贫制度创新试验、开展生态文明大数据建设制度创新试验、开展生态旅游发展制度创新试验、开展生态文明法治建设创新试验、开展生态文明对外交流合作示范试验、开展绿色绩效评价考核创新试验展开研究。下文将分别展开论述,此处不做赘述。

(二) 主要研究方法

1. 调查研究法

我们作了较为广泛深入的调查研究:一是赴省直有关部门调查访谈,如省发展和改革委员会、省环境保护厅(2018 年改组为生态环境厅)、省委政策研究室、省旅游局（2016年改名为旅游发展委员会，2018年改组为文化和旅游厅）、省扶贫开发办公室、省统计局、省审计厅等；二是到有关地区调研，如贵安新区、长顺县、石阡县、惠水县等。

2. 文献分析法

我们较为全面系统地梳理了相关文献：一是十八大以来中央关于生态文明建设的系列文献；二是习近平总书记关于生态文明建设的系列重要论述；三是贵州省委、省政府关于生态文明建设的战略部署文献；四是关于生态文明建设的研究文献。

3. 统计分析法

我们根据有关部门和地区的相关统计数据作了必要的统计分析。

4. 比较研究法

我们作了相应的比较研究：一是几个国家生态文明试验区的相关比较；二是省内各地区、各部门的有关比较；三是试验要求与试验现状的比较。

四　创新之处

1. 全面梳理了国家生态文明试验区（贵州）建设的具体要求

党的十八大以来，为加强生态文明建设，将生态文明建设融入经济建设、政治建设、文化建设、社会建设各方面和全过程，党中央、国务院先后印发了一系列重要文件，为生态文明建设指明了方向。但党中央、国务院对生态文明建设，尤其是对国家生态文明试验区（贵州）建设提出了一些什么样的具体要求，学术界对此尚未做过全面系统的梳理。为厘清国家生态文明试验区（贵州）建设的具体要求，我们逐字逐句、一遍又一遍地研读了十八大以来的系列重要文件，包括党的十八大、十九大报告，以及《中共中央　国务院关于加快推进生态文明建设的意见》《生态文明体制改革总体方案》《关于设立统一规范的国家生态文明试验区的意见》《国家生态文明试验区（贵州）实施方案》《国家生态文明试验区（福建）实施方案》《国家生态文明试验区（江西）实施方案》《国家生态文明试验区（海南）实施方案》等，在此基础上对国家生态文明试验区（贵州）建设的具体任务作了全面系统的梳理。

2. 系统分析了国家生态文明试验区（贵州）建设的现状

党的十八大以来，为贯彻落实党中央、国务院关于生态文明建设的决策部署，中共贵州省委、贵州省人民政府开展了一系列卓有成效的工作，但迄今为止，学术界还没有做过全面系统的梳理。为搞清楚国家生态文明试验区（贵州）建设现状，根据中共中央办公厅、国务院办公厅《关于设立统一规范的国家生态文明试验区的意见》《国家生态文明试验区（贵州）实施方案》所提出的具体要求，我们从绿色屏障建设制度创新试验、绿色发展制度创新试验、生态脱贫制度创新试验、生态文明大数据建设制度创新试验、生态旅游发展制度创新试验、生态文明法治建设创新试验、生态文明对外交流合作示范试验、绿色绩效评价考核创新试验八个方面，对国家生态文明试验区（贵州）建设现状作了较为全面系统的梳理。

3. 深入检讨了国家生态文明试验区（贵州）建设的重难点问题

生态文明建设是一项全新的事业，在无经验可借鉴的情况下，产生各种各样的问题自然不可避免。在国家生态文明试验区建设实践中，贵州到底存在一些什么样的重难点问题，学术界对此也尚未做过深入检讨。为深入检讨国家生态文明试验区（贵州）建设的重难点问题，根据国家生态文明试验区（贵州）建设现状，我们从绿色屏障建设制度创新试验、绿色发展制度创新试验、生态脱贫制度创新试验、生态文明大数据建设制度创新试验、生态旅游发展制度创新试验、生态文明法治建设创新试验、生态文明对外交流合作示范试验、绿色绩效评价考核创新试验八个方面，深入检讨了国家生态文明试验区（贵州）建设的重难点问题。

4. 提出了针对性和可操作性都较强的对策建议

针对国家生态文明试验区（贵州）建设的重难点问题，我们提出了相应的对策建议。尽管这些对策建议未必都合理，但涉及国家生态文明试验区（贵州）建设的方方面面（有的为我们首次提出）。与以往研究相比，有较大程度的创新。

第一章

绿色屏障建设制度创新试验

贵州地处长江、珠江上游，是长江、珠江的重要水源涵养地。贵州的生态文明建设对长江、珠江中下游有十分重要的影响，故《国家生态文明试验区（贵州）实施方案》不仅将"长江珠江上游绿色屏障建设示范区"作为国家生态文明试验区（贵州）建设的第一战略定位，而且将"开展绿色屏障建设制度创新试验"作为国家生态文明试验区（贵州）建设的第一重点任务。

一　绿色屏障建设的意义

（一）绿色屏障的基本内涵

"绿色屏障"一词源自我国社会生产实践，相关学者从结构和功能的角度对绿色屏障的内涵进行了论述。2011 年时任国家林业局局长贾治邦在全国林业厅局长会议上说"以林业重点生态工程为依托，以防范和减轻风沙、山洪、泥石流等灾害为重点，加快构建十大生态安全屏障"[1]。陈国阶从绿色屏障功能角度认为绿色屏障指"生态系统的结构和功能，能起到维护生态安全的作用。这包括生态系统本身处于较完善的稳定良性循环状态……同时生态系统的结构和功能符合人类生存和发展的生态要求"，重点建设目标为植被恢复、生物多样性保护、水资源合理利用和调控、水土流失和山地灾害得到有效治理和控制、自然资源得到有效开发和生态质量提高。[2] 潘开文等进一

---

[1] 《贾治邦：将重点建设十大生态屏障 加快发展十大主导产业》，国家林业和草原局国家公园管理局网站，http://www.forestry.gov.cn/main/3075/20110105/457949.html，2011 年 1 月 5 日。

[2] 陈国阶：《对建设长江上游生态屏障的探讨》，《山地学报》2002 年第 5 期。

步强调，绿色屏障是指"在一个区域的关键地段，有一个具有良好结构的生态系统……依靠其自生的自我维持与自我调控能力，对系统外或内的生态环境及生物具有生态学意义的保护作用与功能，是维护区域乃至国家生态安全与可持续发展的结构与功能体系"①。周婷认为，长江上游生态屏障建设是指以提升长江上游生态功能、建设绿色屏障为目标，以积极培育、严格保护、合理开发和综合利用自然资源等作为核心，通过实施生物措施、工程措施、经济措施、社会措施和技术措施，促使长江上游地区和长江流域的生态可持续发展的系统工程成为现实。②

综上所述，绿色屏障是一个地域和功能概念，是指位于特定区域的具有良好植被覆盖和良性生态功能的巨型生态系统，该生态系统是屏障区域的生态安全系统，同时又对相邻的区域具有积极的功能。绿色屏障对建设区域（绿色屏障所在地）而言，可以为区域社会经济持续发展提供良好的生态环境支撑，起到的主要是保护和支撑作用；而对其影响区域（其下游和下风区域）而言，主要是通过屏障区域过滤有害的污染物质、泥沙，为其提供充足优良的水源、稳定河川径流，减少泥沙在下游河段的淤积，起到"过滤器"、"净化器"和"稳定器"的作用。③

（二）贵州的生态文明建设对长江、珠江中下游的影响

1. 贵州的地理位置与自然地理环境

贵州地处中国西南腹地，东经 103°36′至 109°35′之间，北纬 24°37′至 29°13′之间，是一个隆起于四川盆地和广西丘陵之间的亚热带高原山区。境内地势西高东低，自中部向北、东、南三面倾斜。中部的苗岭将贵州分为长江、珠江流域，北面的乌江、沅江、牛栏江、横江、赤水河和綦江水系属长江流域，流域总面积为 115747 平方公里，占全省国土面积的 65.7%；南面的南盘江、北盘江、红水河、柳江水系属珠江流域，流域总面积为 60420 平方公里，占全省国土面积的 34.3%。④

---

① 潘开文、吴宁、潘开忠、陈庆恒：《关于建设长江上游生态屏障的若干问题的讨论》，《生态学报》2004 年第 3 期。
② 周婷：《长江上游经济带与生态屏障共建研究》，博士学位论文，四川大学，2007。
③ 冉瑞平、王锡桐：《建设长江上游生态屏障的对策思考》，《林业经济问题》2005 年第 3 期。
④ 罗志远、宋晓波、严涛、刘定国、刘辉：《贵州省水资源保护工程体系构建》，《人民珠江》2015 年第 6 期。

贵州是典型的喀斯特山区，境内碳酸盐类岩石广泛分布，岩石的出露面积占全省土地总面积的 61.9%，而且贵州高原山高谷深，加上河流下切严重，整个高原被切割得支离破碎，因而重峦叠嶂、岭谷相间，相对高度在几百米以上的山峦比比皆是，有"地无三里平"之说。全省平均海拔 1110 米，在 500 米以下的地面占全省总面积的 4.57%，在 500~1500 米的地面占 78.96%，在 1500 米以上的地面占 16.47%。全省平均坡度为 17.78°，坡度在 6°以下的平缓地仅占全省总面积的 13.5%，而在 15°~25°的陡坡占 59.65%，在 25°以上的占 21.23%。[①] 由于山高坡陡，加上特殊的喀斯特地貌，土壤层非常瘠薄，许多生态环境破坏严重的地方，稍遇大雨土壤便被冲刷殆尽，留下寸草不生的石头。正因为如此，2008 年，国务院制定颁布的《岩溶地区石漠化综合治理规划大纲》确定的 100 个石漠化综合治理试点县中，贵州就有 55 个。

由于地面崎岖、地貌复杂，贵州的立体气候特征十分明显，属典型的亚热带湿润季风气候，并有"天无三日晴"之说。贵州特殊的地形、地貌与气候，颇适宜动植物生长，从海南岛到黑龙江一线所能见到的植物在贵州几乎都能找到，故贵州的生物多样性特征十分明显，是全国生物多样性最为丰富的四个区域之一。

2. 贵州的生态环境问题及对长江、珠江中下游的影响

贵州的生态环境问题主要表现在以下两个方面。

一是水土流失和石漠化严重。2018 年，全省水土流失面积为 48268.16 平方公里，占全省土地面积的 27.40%，其中轻度、中度、强烈、极强烈和剧烈侵蚀等类型水土流失面积分别占水土流失总面积的 60.32%、17.49%、11.00、8.89% 和 2.30%。[②] 石漠化加剧率居西南喀斯特地区前列的依次为六盘水市、大方县、盘州市、平坝区、晴隆县、望谟县、贞丰县，且很多地区的水土流失强度表面上以轻度流失为主，实际上已无土可流。[③]

二是有一定程度的环境污染。贵州矿产资源丰富，丰富的矿产资源使贵州形成了以矿产资源产业为主的资源密集型和高能耗工业结构。矿产资源在开采、选冶过程中排放的废水、粉尘、废气向周围环境中释放出重金属元素，

---

① 贵州师范大学地理研究所、贵州省农业资源区划办公室：《贵州省地表自然形态信息数据量测研究》，贵州科技出版社，2000，第 3 页。

② 《贵州省水土保持公报（2018 年）》，贵州省水利厅网站，http://www.mwr.guizhou.gov.cn/xxgk/zdlygk/stbc_87055/202001/t20200120_44121438.html，2020 年 1 月 20 日。

③ 蒋荣：《地形因子对贵州喀斯特地区坡面土壤侵蚀的影响》，硕士学位论文，南京大学，2013。

污染土壤、大气和水。毕节市赫章县野马川属于铬（Cr）、铜（Cu）、锌（Zn）和镉（Cd）的重度污染区,[①] 织金煤矿区的土壤已受到一定程度的重金属污染。[②] 铜仁的汞矿开采造成当地土壤中汞含量比正常值高出 2～3 倍,万山的汞矿开采使得周边的土壤存在严重的汞（Hg）、砷（As）污染。[③] 全国土壤重金属调查显示,贵州土壤中镉（Cd）含量明显高于无公害蔬菜及水果的产地环境的限量值要求。[④] 镉在芹菜、菠菜、白菜和甘蓝菜中的含量大于国家食品卫生标准规定的限量值,超标检出率达 42%。[⑤]

汞是挥发性元素,除了导致土壤重金属污染以外,还导致大气中汞的高含量富集。[⑥] 同时,由于贵州大部分地区燃用含硫较高的原煤,工业生产锅炉、窑炉燃煤排烟以及居民燃煤排烟,导致贵州形成典型的煤烟型污染,燃煤向大气中释放的硫化物转化成硫酸,使得酸雨在省内各主要城市普遍出现,以黔中地带为中心连片分布,[⑦] 并且煤烟型污染也是贵州主要城市细颗粒物（$PM_{2.5}$）的主要来源。[⑧]

贵州的水污染情况也很严峻。矿业生产不仅导致土壤和大气污染,土壤中富集的重金属离子还随着水土流失进入河流,造成河水中重金属元素富集。在农业生产活动中,氮肥和磷肥只有少量被作物吸收,而大部分营养元素则通过地表径流和淋溶等途径进入水体。[⑨] 此外,工业废水和生活废水排放也是导致贵州水体污染的重要原因,杨丽芳估计,到 2020 年,白酒工业的废水排放量将达到 4320 吨。[⑩] 由于城镇居民生活污水未经处理便排放,赤水河盐

① 朱恒亮、刘鸿雁、龙家寰、颜紫云:《贵州省典型污染区土壤重金属的污染特征分析》,《地球与环境》2014 年第 4 期。

② 耿丹:《织金县煤矿区土壤 - 农作物重金属污染特征及农作物食用风险评价研究》,硕士学位论文,贵州师范大学,2015。

③ 湛天丽、黄阳、滕应、何腾兵、石维、候长林、骆永明、赵其国:《贵州万山汞矿区某农田土壤重金属污染特征及来源解析》,《土壤通报》2017 年第 2 期。

④ 张莉、周康:《贵州省土壤重金属污染现状与对策》,《贵州农业科学》2005 年第 5 期。

⑤ 陆引罡、王巩:《贵州贵阳市郊区菜园土壤重金属污染的初步调查》,《土壤通报》2001 年第 5 期。

⑥ 雒昆利、李会杰、陈同斌、王伟中、毕世贵、吴学志、黎伟、王丽华:《云南昭通氟中毒区煤、烘烤粮食、黏土和饮用水中砷、硒、汞的含量》,《煤炭学报》2008 年第 3 期。

⑦ 刘建玲:《浅析贵州省大气煤烟型污染及防治对策》,《矿业安全与环保》2001 年第 1 期。

⑧ 阴丽淑、李金娟、郭兴强、刘小春、杨慧妮:《贵州"两控区"城市 $PM_{2.5}$ 及其阴阳离子污染特征》,《中国环境科学》2017 年第 2 期。

⑨ 蔡宏:《茅台酒水源地生态环境变化对水质的影响研究》,博士学位论文,成都理工大学,2015。

⑩ 杨丽芳:《贵州赤水河流域白酒产业经济现况及可持续发展途径分析》,《酿酒科技》2014 年第 8 期。

津河支流的水质甚至达到了劣 V 类。①

贵州是长江、珠江的重要水源涵养地，严重的水土流失与环境污染，不仅会破坏贵州的生态环境，而且会对长江、珠江中下游的生态环境造成严重影响。据有关学者研究，仅乌江每年的泥沙流失量就达 1.4 亿吨，其中进入三峡库区的达 1.1 亿吨。② 水土流失不仅导致泥沙在长江、珠江中下游淤积，危及长江、珠江中下游安全，而且被污染的水也会给长江、珠江中下游的环境带来污染。

二 绿色屏障建设制度创新试验要求及现状

（一）绿色屏障建设制度创新试验要求

为将贵州建设成为长江、珠江上游的绿色屏障，《国家生态文明试验区（贵州）实施方案》提出了七个方面的要求，即健全空间规划体系和用途管制制度、开展自然资源统一确权登记、建立健全自然资源资产管理体制、健全山林保护制度、完善大气环境保护制度、健全水资源环境保护制度、完善土壤环境保护制度，针对每个方面又提出了若干具体要求（见表 1 - 1）。

表 1 - 1　绿色屏障建设制度创新试验要求一览

一级指标	二级指标
健全空间规划体系和用途管制制度	推进省级空间性规划多规合一，2017 年出台省级空间规划编制办法。试点示范：六盘水市、三都县、雷山县、荔波县、册亨县
	研究建立自然生态空间用途管制制度、资源环境承载能力监测预警制度，2018 年制定贵州省自然生态空间用途管制实施办法
	开展生态保护红线勘界定标和环境功能区划工作，建立健全严守生态保护红线的执法监督、考核评价、监测监管和责任追究等制度
	全面划定永久基本农田并实行特殊保护，2017 年完成
	划定城镇开发边界，开展城市设计、生态修复和城市修补工作
	出台全省"十三五"土地整治规划
	强化节约集约用地激励约束机制，2017 年研究出台具体实施方案

① 邹凤钗、董泽琴、王海鹤、张帅：《赤水河中段水环境质量现状》，《中国人口·资源与环境》2010 年第 S1 期。

② 瓦庆荣：《加快石漠化地区草地植被恢复　促进喀斯特地区生态环境建设》，《草业科学》2008 年第 3 期。

续表

一级指标	二级指标
开展自然资源统一确权登记	制定贵州省自然资源统一确权登记试点实施方案，建立统一的自然资源登记体系。试点地点：赤水市、绥阳县、六盘水市钟山区、普定县、思南县。试点时间：2017 年
	2020 年全面建立全省自然资源统一确权登记制度
建立健全自然资源资产管理体制	整合组建贵州省国有自然资源资产管理机构
	探索不同层级政府行使全民所有自然资源资产所有权的实现形式。试点：遵义市、黔东南州
健全山林保护制度	创新政府资金投入方式，调动社会资金投入水土流失、石漠化治理，形成水土流失、石漠化综合治理和管理长效机制
	完善森林生态保护补偿机制，到 2020 年实现省级公益林与国家级公益林生态效益补偿标准并轨
	严格执行矿产资源开发利用、土地复垦、矿山环境恢复治理"三案合一"
完善大气环境保护制度	制定严于国家标准的空气污染物排放标准
	建立黔中地区大气污染联防联控机制，完善重污染天气监测、预警和应急响应体系
	2018 年制定县级以上城市限制燃煤区和禁止燃煤区划定方案，尽快实现城区"无煤化"
	建立更加严格的机动车环保联动监测机制
	实行县（市、区）政府所在地大气环境质量排名发布制度和对大气环境质量未达标或严重下降地方政府主要负责人约谈制度
	完善控制污染物排放许可制度，实施企事业单位排污许可证管理
健全水资源环境保护制度	全面推行河长制，聘请河湖民间义务监督员
	实行水资源消耗总量和强度双控行动
	落实污水垃圾处理收费制度，全面建立以县为单位的第三方治理新机制
	完善地方水质量标准体系，制定地方性水污染排放标准
	建立水资源、水环境承载能力监测评价体系，2020 年完成现状评价
	建立健全地下水开采利用管控制度，到 2020 年对年用地下水 5 万立方米以上的用水户实现监控全覆盖
	建立流域内县（市、区）、重点企业参与的联席会议制度，构建风险预警防控体系，建立突发环境事件水量水质综合调度机制
	编制一般工业固体废物贮存、处置等公共渣场选址规划，强化渣场渗滤液污染防范
	编制养殖水域滩涂规划，全面实行养殖证制度
	制定出台贵州省健全生态保护补偿机制的实施意见。开展西江跨地区生态保护补偿试点

续表

一级指标	二级指标
完善土壤 环境保护 制度	开展土壤污染状况详查
	实施农用地分类管理，制定实施受污染耕地安全利用方案
	对受污染地块实施建设用地准入管理
	建立贵州省耕地土壤环境质量类别划定分类清单、建设用地污染地块名录及其开发利用的负面清单
	建立土壤环境质量状况定期调查制度、土壤环境质量信息发布制度、土壤污染治理及风险管控制度，健全土壤环境应急能力和预警体系
	鼓励土壤污染第三方治理，建立政府出政策、社会出资金、企业出技术的土壤污染治理与修复市场机制

资料来源：根据《国家生态文明试验区（贵州）实施方案》整理。

（二）绿色屏障建设制度创新试验现状

针对绿色屏障建设制度创新试验要求，贵州省结合自身情况在制度创新试验方面开展了很多卓有成效的工作。

1. 空间规划

在"多规合一"方面，为了解决各类空间性规划在测绘基准、规划底图、技术方法、标准规范、编制机制等方面存在的不协调、不一致等问题，2016年，贵州省人民政府办公厅就印发了《贵州省省级空间性规划"多规合一"试点工作方案》。该方案的施行，有利于整合各类空间性规划内容，编制形成覆盖全省域的"一本规划、一张蓝图"，建立统一规范的空间规划编制机制，有利于优化贵州国土空间开发格局，提升政府空间管控能力与效率。方案明确了六盘水市和三都县、雷山县为省级"多规合一"试点，其中六盘水市以所辖县级行政区为单元进行试点探索，力图形成市级层面"多规合一"的经验和做法；三都县、雷山县重点探索跨区域相邻县空间规划底图拼接的技术方法和衔接管理机制。

根据方案要求，六盘水市邀请国家发改委规划司、中国科学院一起多次召开了关于空间规划"多规合一"试点工作联席会议，并于2016年印发了《六盘水市市级空间性规划"多规合一"试点工作推进方案》。2016年10月，三都县正式启动了空间性规划"多规合一"试点工作，委托国家发改委城市和小城镇改革发展中心牵头编制规划，由南京大学规划院北京分公司、贵州师范大学等相关单位专家组成项目专家组，采用实地调研、座谈与现场踏勘等方式推进试点工作。2016 年 10 月，雷山县也启动了试点工作。2019 年，贵州省成立了全省国土空间规划委员会，制定了贵州省国土空间总体规划编制工作方案，在双龙航空港经济区、梵净山区域探索开展跨区域和特定区域国土空间专项规划编制试点，同时在 20 个极贫乡开展国土空间规划和村庄规划编制试点。2020 年 1 月 17 日，中共贵州省委、贵州省人民政府印发了《中共贵州省委 贵州省人民政府关于加强国土空间规划体系建设并监督实施的意见》，提出了建立全省国土空间规划体系和建立规划编制目录清单管理制度两个总体框架，确立了 2020 年底基本完成省、市（州）、县三级国土空间总体规划编制和初步形成全省国土空间开发保护"一张图"的主要目标。[①]

在自然生态空间用途管制方面，2017 年，贵州省被国土资源部确定为自然生态空间用途管制试点省份，且制定了《贵州省自然生态空间用途管制试点工作方案》，确定将赤水市、钟山区作为试点市（区），拟通过试点探索，率先建成符合全省地方实际、覆盖全部自然生态空间的用途管制制度体系，形成贵州省自然生态空间用途管制实施办法，推动形成绿色发展方式和生活方式，提高自然资源利用水平，改善生态环境质量。

在生态保护红线方面，2016 年，贵州省人民政府就印发了《贵州省生态保护红线管理暂行办法》，对红线制定依据、红线划定程序、红线范围、管理和保护原则、省级相关部门及各县（市、区）人民政府职责、分级分类管控的要求、调整条件和程序、保障措施及损害追究等作了具体规定。该办法明确贵州省的生态保护红线区域面积为 56236.16 平方公里，占全省国土总面积的 31.92%，包括禁止开发区、5000 亩以上耕地大坝永久基本农田、国家重要生态公益林和石漠化敏感区四大类。

2018 年 6 月，贵州省人民政府印发了《省人民政府关于发布贵州省生态保护红线的通知》，发布了《贵州省生态保护红线》。《贵州省生态保护红线》对 2016 年颁布的《贵州省生态保护红线管理暂行办法》中规定的红线范围作了调整，共划定生态保护红线区域面积 45900.76 平方公里，占全省国土面积的 26.06%。全省生态红线呈现"一区三带多点"的格局，其中，"一区"

---

① 《中共贵州省委 贵州省人民政府关于加强国土空间规划体系建设并监督实施的意见》，贵州省人民政府网站，http://www.guizhou.gov.cn/zwgk/zcfg/swygwj/202001/t20200121_44351047.html，2020 年 1 月 21 日。

即武陵山—月亮山区，主要生态功能是生物多样性维护和水源涵养；"三带"即乌蒙山—苗岭生态带、大娄山—赤水河中上游生态带和南盘江—红水河流域生态带，主要生态功能是水源涵养、水土保持和生物多样性维护；"多点"即各类点状分布的禁止开发区域和其他保护地。《贵州省生态保护红线》将全省生态保护红线分为水源涵养功能生态保护红线、水土保持功能生态保护红线、生物多样性维护功能生态保护红线、水土流失控制生态保护红线、石漠化控制生态保护红线等五大类，共 14 个片区。①

2. 自然资源登记和管理

在自然资源登记方面，2017 年，贵州省国土资源厅协调省委改革办、省编委办、省发展和改革委员会、省财政厅、省住房和城乡建设厅、省农委、省林业厅、省水利厅，联合编制了《贵州省自然资源统一确权登记试点实施方案》，将赤水市、绥阳县、钟山区、普定县、思南县作为试点县（市、区），完成自然资源统一确权登记试点成果入库，实现一张图登记不动产和自然资源。为确保方案有序实施，贵州省国土资源厅还组织力量编写了《贵州省自然资源统一调查确权登记技术办法（试行）》，经省自然资源统一确权登记试点工作领导小组成员单位专家审定，已于 2017 年 5 月正式印发。2017 年，贵州省国土资源厅根据国土资源部发布的《自然资源统一确定登记办法（试行）》和《探明储量的矿产资源纳入自然资源统一确权登记试点工作方案》，印发了《矿产资源绿色开发利用方案（三合一）审查备案工作指南（试行）》和配套文件。2019 年，贵州省人民政府办公厅印发了《贵州省自然资源统一确权登记总体工作方案》，② 要求省、市、县三级分别组织对贵州省行政区内自然保护区、自然公园等各类自然保护地，以及江河湖泊、生态功能重要的湿地、国有林场等具有完整生态功能的自然生态空间和全民所有单项自然资源开展统一确权登记，逐步实现对水流、森林、山岭、草原、荒地、滩涂以及探明储量的矿产资源等全部国土空间内的自然资源登记全覆盖。2019 年，贵州省自然资源厅还印发了具有鲜明贵州特点的《贵州省统筹推进

---

① 《省人民政府关于发布贵州省生态保护红线的通知》，贵州省人民政府网站，http://www. guizhou. gov. cn/zwgk/jbxxgk/fgwj/szfwj_8191/qff_8193/201807/t20180702_1396225. html，2018 年 6 月 29 日。

② 《省人民政府办公厅关于印发贵州省自然资源统一确权登记总体工作方案的通知》，贵州省人民政府网站，http://www. guizhou. gov. cn/zwgk/zcfg/szfwj_8191/qfbh_8197/201912/t20191220_33963134. html，2019 年 12 月 20 日。

自然资源资产产权制度改革联席会议制度》，其中联席会议成员单位由 23 家省有关部门组成，可根据工作需要邀请市、县和其他部门或单位参加会议。该制度通过实行会商沟通和信息共享机制，通过加强部门联动，及时研究解决改革推进中出现的新情况、新问题。通过建立高效运行长效工作机制，明确成员单位和任务牵头单位的职责，研究制订工作计划、工作措施，注重重点问题调查研究。

总体而言，贵州自然资源统一调查和确权登记扎实有效。2018 年，赤水市、绥阳县等 5 个试点县（市、区）根据自然资源种类、重要程度、生态功能、集中连片等原则，划定、登簿 185 个自然资源登记单元，总面积达 217792 公顷。还完成了 533 个探明储量矿产资源登记单元，涉及重晶石、砷矿、地热水、煤层气等 20 种矿产资源，这 5 个国家级自然资源统一确权登记试点县（市、区）试点成果已通过贵州省验收。① 2019 年，贵州省自然资源厅组织 23 支调查队伍、23 支监理队伍和 15 支质检队伍，从全省动员近万人，由省级财政投入 4.67 亿元，在全省扎实开展第三次国土调查，全省 88 个县调查成果全部上报国家核查。全国基础性地理国情监测、草原资源综合植被盖度与生物量样地外业调查成果，已上报国家复核。而且贵州省还制定了 58 种不动产一般登记、抵押登记业务的申请资料收件清单和 3 类流程图，在全国率先形成全省统一登记平台，实现人员集成、业务集成、信息共享、一窗办理，只收一套资料，一般登记、抵押登记全面实现 5 个工作日以内办结。同时，农村不动产权籍调查与确权登记推进顺利，贵州在开阳创建房地一体的宅基地和集体建设用地确权登记国家级示范点，在贵定、玉屏开展林权类不动产登记规范化制度建设国家级试点。②

在自然资源资产管理方面，早在 2014 年，贵州省国土资源厅就会同贵州省发展和改革委员会制定了《贵州省自然资源资产产权制度和用途管制制度改革方案》，以国家自然资源所有权人与国家自然资源监管者相互独立、相互配合、相互监督为改革原则，力图健全和完善全省归属清晰、责权明确、监管有效的自然资源资产产权制度和用途管制制度体系。2017 年，贵州省国

---

① 《贵州 5 个试点县实现一张图登记不动产、登记自然资源》，中华人民共和国中央人民政府网站，http://www.gov.cn/xinwen/2018 – 04/08/content_5280627.htm，2018 年 4 月 8 日。

② 《贵州省自然资源综合统一月报（2019 年 1—12 月）》，贵州省自然资源厅网站，http://www.zrzy.guizhou.gov.cn/zfxxgk/zfxxgkml/tjsj_81192/gtzyddjcjb/202004/tz0200416_56020247.html，2020 年 2 月 2 日。

土资源厅等五部门印发了《贵州省全民所有自然资源资产有偿使用制度改革试点实施方案》，要求在规定的时间点内制定贵州省矿业权出让制度改革实施方案，贵州省矿产资源权益金制度改革实施办法，贵州省矿产资源开发利用、土地复垦、矿山环境恢复治理"三案合一"方法，贵州省全民所有森林资源有偿使用制度改革试点方案，贵州省全民所有农（牧）场有偿使用制度改革试点方案等。

3. 山林保护

关于山林保护，贵州省主要开展了以下几个方面的工作。

其一，划定了相关林业生态红线。2014 年，贵州省人民政府正式批复了《贵州省林业生态红线划定实施方案》，根据该方案，全省林业生态红线区域面积共计 9206 万亩，其中，林地 8891 万亩、湿地 315 万亩。方案还要求到 2020 年，林地、森林保有量均不少于 1.32 亿亩，森林蓄积保有量不少于 4.71 亿立方米，公益林保有量不少于 8891 万亩，湿地保有量不少于 315 万亩，石漠化综合治理不少于 1890 万亩，物种、古大珍稀树木保有量不少于现有保护野生动植物的种类和数量，自然保护区面积占全省土地面积比例不低于 5.2%。

其二，编制了《贵州省"十三五"生态建设规划》。2016 年 3 月，贵州省林业厅牵头编制了《贵州省"十三五"生态建设规划》。规划要求，到 2020 年，森林覆盖率达到 60%，退化草地治理率达到 52%，湿地面积保有量达到 315 万亩，农田实施保护性耕作比例达到 20%，国家重点保护物种和典型生态系统类型保护率超过 95%，全省五大自然生态系统步入良性循环。

其三，印发了《贵州省天然林资源保护工程森林管护实施细则》。2016 年，为了进一步推进贵州省天然林资源保护工程，贵州省林业厅印发了《贵州省天然林资源保护工程森林管护实施细则》，将国有林和集体与个人所有的地方公益林及其工程区的林地、灌木林地、未成林造林地的森林保护都纳入其中，保证森林火灾受害率低于 0.8‰，林业有害生物成灾率低于 2‰。2019 年 5 月，贵州省人民政府办公厅还印发了《贵州省 2019 年森林保护"六个严禁"执法专项行动工作方案》，旨在严厉打击各类破坏森林、草原、湿地资源和捕猎野生动物的违法犯罪行为，加大对森林、草原、湿地、野生动物资源的保护力度，推进依法治林治草，完成各类破坏森林、草原、湿地资源和捕猎野生动物案件的查处工作，推动对此类案件执法监管工作的深度融合。

其四,制定了《贵州省重点生态区位人工商品林赎买改革试点工作方案》。2017 年,贵州省林业厅制定了《贵州省重点生态区位人工商品林赎买改革试点工作方案》,拟用三年时间在省级以上自然保护区和七星关、纳雍、织金等县(区)开展前期重点生态区位人工商品林赎买试点工作。依据政府主导、自愿公开、权属优先等原则,通过全额赎买、部分赎买、改造提升、林种置换方式开展重点生态区位人工商品林赎买工作,实现改善林分结构,提升其生态功能的目的。

其五,水土流失和石漠化治理取得明显成效。通过多年治理,贵州省水土流失面积从 2010 年的 55269.4 平方公里下降到 2015 年的 48791.87 平方公里,[①] 截至 2018 年,再下降到 48268.16 平方公里。[②] 党的十八大以来,全省投入水土保持生态建设资金 108.74 亿元,治理水土流失面积 1.28 万平方公里。

4. 环保工作

在环境保护方面,贵州省出台了多个纲领性文件。2015 年,贵州省委全面深化改革领导小组第十六次全体会议研究生态文明体制重点改革专题,审议了《贵州省推行环境污染第三方治理实施意见》和《执行最严格的环境影响评价制度全面深化环评审批制度改革工作方案》。2016 年,贵州省在全国率先启动生态环境损害赔偿制度改革试点。2017 年,贵州省人民政府办公厅印发了《贵州省环境保护十大污染源治理工程实施方案》和《贵州省十大行业治污减排全面达标排放专项行动方案》及任务清单,实行省领导责任包干制。2019 年 5 月,贵州省人民代表大会常务委员会表决通过了《贵州省生态环境保护条例》,对监督管理、保护和改善生态环境、防治环境污染、信息公开和公众参与、法律责任等五个方面作了规定。该条例坚持实行国家生态环境保护目标责任制和考核评价制度,各级人民政府对本行政区域的生态环境质量负总责,主要负责人是本行政区域生态环境保护第一责任人,其他有关负责人在职责范围内承担相应责任。

在水环境保护方面,为进一步落实地方政府环境保护主体责任,有效保

---

① 《贵州省水土流失公告(2011—2015 年)》,贵州省水利厅网站,http://www.mwr.guizhou.gov.cn/xxgk/zdlygk/stbc_87055/201812/t20181224_21802367.html,2016 年 8 月 30 日。

② 《贵州省水土保持公报(2018 年)》,贵州省水利厅网站,http://www.mwr.guizhou.gov.cn/xxgk/zdlygk/stbc_87055/202001/t20200120_44121438.html,2020 年 1 月 20 日。

障两江上游水环境安全，早在 2009 年，贵州省环境保护厅就报请贵州省人民政府批准，在三岔河流域内的六盘水市、安顺市和毕节市以及 9 个县（区）开展环境保护"河长制"试点工作。2012 年 4 月，贵州省人民政府相继批准在乌江、清水江实施环境保护"河长制"。2014 年 8 月，"河长制"在全省八大流域推广实施。2016 年 7 月，贵州省环境保护厅根据贵州省委、贵州省人民政府关于生态文明制度改革总体部署，对"河长制"实施工作进行了深化，在全省八大流域及一、二级支流和县城以上集中式饮用水水源地全面实施"河长制"，建立了省、市、县、乡、村五级"河长制"，实现了全省所有河流、湖泊、水库全覆盖。2017 年 1 月，制定了《贵州省水资源保护条例》，在全国率先通过立法形式对"河长制"予以确认。2018 年，贵州省人民政府印发了《贵州省饮用水水源环境保护办法》，规定了饮用水水源保护区的划分技术规范和划分范围，并就饮用水水源污染防治和环境保护监督管理等方面提出了具体的要求。该办法明确饮用水水源环境保护实行行政首长负责制，县级以上政府主要负责人为本辖区内饮用水水源环境保护第一责任人，各饮用水水源责任政府名单由省级生态环境行政主管部门确定并公布。

经过多年综合治理，贵州水环境持续向好。2018 年，全省地表水水质总体优良，主要河流监测断面中，97.4% 达到Ⅲ类及以上水质类别；主要湖（库）监测垂线中，92.0% 达到Ⅲ类及以上水质类别；14 个出境断面全部达到Ⅲ类及以上水质类别；9 个中心城市集中式饮用水源地水质达标率为100%，76 个县城 138 个集中式饮用水源地全年个数达标率和水量达标率均为99.7%。[①] 2019 年，全省地表水水质总体优良，主要河流监测断面水质优良比例达98.0%（达到Ⅲ类及以上水质类别）；主要湖（库）监测垂线中，88.0% 达到Ⅲ类及以上水质类别；15 个出境断面全部达到了Ⅲ类以及上水质类别；9 个中心城市集中式饮用水水源地水质达标率保持在100%，74 个县城 136 个集中式饮用水水源地水质达标率为99.8%。[②] 同时，贵州省配合水利部等国家有关部委开展了 2 次"河长制""湖长制"工作督导检查，编印了《贵州省河长制湖长制政策制度汇编》和《贵州省河长制湖长制典型经

---

① 《2018 年度贵州省生态环境状况公报》，贵州省生态环境厅网站，http://www.sthj.guizhou.gov.cn/sjzx_70548/hjzlsjzx/hjzkgb/201906/t20190605_16643135.html，2019 年 6 月 5 日。

② 《2019 贵州省生态环境状况公报》，贵州省生态环境厅网站，http://www.sthj.guizhou.gov.cn/zfxxgk/xxgkml/ztfl/hjzlzk/hjzlgb/202006/t20200605_60916374.html，2020 年 6 月 5 日。

验》，对工作推进中的好做法、好经验及时进行总结推广。

在土壤保护方面，2016 年，贵州省人民政府印发了《贵州省土壤污染防治工作方案》，对开展土壤污染调查、掌握土壤环境质量状况，开展污染治理修复、改善区域土壤环境质量等提出了明确要求。2017 年，环境保护部与贵州省人民政府签署了贵州省土壤污染防治目标责任书。2018 年，贵州省环境保护厅制定并印发了《贵州省"十三五"重点行业重点重金属污染物减排方案》《贵州省重金属污染综合防治"十三五"规划》。全省 20 个重金属重点区域制定了重金属污染防治"十三五"实施方案，铜仁市印发了《铜仁市土壤污染综合防治先行区建设方案（2016—2020 年）》。2016 年，全省建设完成一般工业固体废物转化渣场 40 个，累计完成 130 个；完成 3 个重金属污染防治及历史遗留污染治理项目，累计完成 46 个，共治理历史遗留废渣量 1981.4 万立方米以上。① 2017 年，共安排启动实施 41 个土壤污染防治项目，完成项目 14 个，完成土壤污染治理与修复技术应用试点项目 3 个。②

在大气污染防治方面，2014 年，贵州省人民政府印发了《贵州省大气污染防治行动计划实施方案》，提出将可吸入颗粒物（PM 10）控制目标作为经济社会发展的约束性指标，通过调整优化产业结构、能源结构和城乡空间结构，构建以空气质量改善为核心的目标责任考核体系。2016 年，贵州省第十二届人民代表大会常务委员会第二十三次会议审议通过了《贵州省大气污染防治条例》，该条例对监督管理、污染物总量控制、燃煤大气污染防治、机动车和非道路用动力机械大气污染防治、扬尘大气污染防治、其他大气污染防治和法律责任等方面进行了具体规定，并于 2016 年 9 月 1 日起实施。2016 年，贵州省环境保护厅制定了《贵州省 2016—2017 年黄标车及老旧车淘汰工作实施方案》，且与省公安厅联合印发了《关于严禁黄标车转入我省的通知》。2017 年，贵州省人民政府还印发了《贵州省"十三五"控制温室气体排放工作实施方案》。

经过多年综合治理，贵州空气环境质量明显好转。2018 年，全省环境空气质量总体优良，9 个中心城市空气质量（AQI）优良天数比例平均为

---

① 《2016 年贵州省环境状况公报》，贵州省生态环境厅网站，http://www.sthj.guizhou.gov.cn/sjzx_ 70548/hjzlsjzx/hjzkgb/201810/t20181031_16539171. html，2017 年 6 月 6 日。

② 《2017 年度贵州省环境状况公报》，贵州省生态环境厅网站，http://www.sthj.guizhou.gov.cn/sjzx_ 70548/hjzlsjzx/hjzkgb/201810/t20181031_16539172. html，2018 年 6 月 5 日。

97.8%，9 个中心城市环境空气质量均达到《环境空气质量标准》二级标准，全省 88 个县（市、区）中，85 个县（市、区）环境空气质量达到《环境空气质量标准》二级标准。① 2019 年，全省环境空气质量总体优良，9 个中心城市空气质量优良天数比例平均为 98.0%，其中六盘水空气质量优良天数比例达到 100%。9 个中心城市环境空气质量均达到《环境空气质量标准》二级标准，全省 88 个县（市、区）环境空气质量均达到《环境空气质量标准》二级标准。②

在生活垃圾处理方面，2017 年，贵州省发展和改革委员会和贵州省住房和城乡建设厅共同制定了《贵州省生活垃圾分类制度实施方案》，要求在贵阳市、遵义市、贵安新区城区范围内先行实施生活垃圾强制分类；到 2020 年底，基本制定垃圾分类相关法规、规章；形成可复制、可推广的生活垃圾分类模式，实施生活垃圾强制分类的城市，生活垃圾回收利用率在 35% 以上。2019 年，贵州省住房和城乡建设厅和贵州省生态环境厅共同印发了《贵州省城镇生活垃圾收运处理设施运营管理办法（试行）》，旨在加强城镇生活垃圾收运处理设施运营管理，提高生活垃圾无害化处理率，以及收运处理设施运营效率和管理水平。

在环境监测方面，2017 年，贵州省环境保护厅制定了《贵州省"十三五"环境保护大数据建设规划》，提出运用大数据、云计算等现代信息技术手段，全面提高贵州省生态环境保护综合决策、监管治理和公共服务水平，加快转变环境管理方式。2018 年，贵州省人民政府办公厅印发了《贵州省生态环境监测网络与机制建设方案》，提出到 2020 年，实现环境质量、重点污染源、生态状况监测全覆盖，建立统一的生态环境监测网络。该方案还提出，2018 年建成覆盖跨市（州）境考核断面和国家考核断面的水质自动监测站点，2018 年底建成全省水环境质量监测信息管理系统和 9 个中心城市集中式饮用水水源地自动监测网络，实现地表水水质自动监测数据实时在线传输并向社会公众实时发布；2019 年底前，建立土壤环境质量监测基础数据库，构建土壤环境质量监测信息管理系统；2020 年底前，建成省级土壤样品库，实

---

① 《2018 年度贵州省生态环境状况公报》，贵州省生态环境厅网站，http://www.sthj.guizhou.gov.cn/sjzx_70548/hjzlsjzx/hjzkgb/201906/t20190605_16643135.html，2019 年 6 月 5 日。

② 《2019 贵州省生态环境状况公报》，贵州省生态环境厅网站，http://www.sthj.guizhou.gov.cn/zfxxgk/xxgkml/ztfl/hjzlzk/hjzlgb/202006/t20200605_60916374.html，2020 年 6 月 5 日。

现土壤样品智能化管理。

在生物多样性保护方面，2015 年贵州省人民政府批复了《贵州省生物多样性保护战略与行动计划（2016—2026）》和《贵州省自然保护区建设与发展总体规划（2016—2026）》，确定了开展生物多样性调查、评估与检测，发展绿色产业，促进生物多样性保护等六大行动计划。2017 年，贵州省林业厅牵头制定的《贵州省"十三五"生态建设规划》，经贵州省人民政府审批正式对外发布。《贵州省"十三五"生态建设规划》明确提出，将按照《贵州省生物物种资源保护和利用规划》和《贵州省生物多样性保护战略与行动计划（2016—2026）》确定的目标任务，开展生物多样性资源本底调查与评估，建立贵州省生物多样性保护大数据，加强建设项目对生物多样性影响评价并强化相关保护措施，加强外来入侵物种防治，促进生物资源可持续开发利用。

三 绿色屏障建设制度创新试验的重难点问题

（一）绿色屏障建设制度创新试验的重点问题

经考察贵州绿色屏障建设制度创新试验现状，我们认为，存在以下几个重点问题。

1. 部门协调联动和综合性管理机构建设明显不足

贵州在绿色屏障建设制度创新试验中，"部门化""碎片化"现象较为严重，部门协调联动和综合性管理机构建设明显不足。

从以上陈述可以看出，关于绿色屏障建设制度创新试验，贵州虽然制定了不少条例、规划、方案，但都带有很明显的部门性，各条例、规划、方案之间的协同性较差，相关职能部门在综合规划和专项规划之间缺乏有机联系和有效对接，相关机构对各自职责缺乏清晰合理的界定。各部门为了完成各自的任务，相互之间的竞争极为明显，一些部门甚至为了完成自身的任务而给其他相关部门的工作带来严重影响。张剑调查发现，个别县国土部门为实现土地占补平衡目标，将部分乔木林地和灌木林地改造为坡耕地，造成森林资源的损失和水土流失；少数县畜牧部门对畜牧业的发展监督和管理力度不够，不考虑当地实际情况，导致造林地被放养的牛、羊毁坏等。① 2017 年，

---

① 张剑：《贵州生态建设现状与对策》，《农业灾害研究》2016 年第 10 期。

贵州省林业厅牵头制定的《贵州省"十三五"生态建设规划》，涉及森林、草地、湿地、农田、城市、水土流失、生物多样性、地下水资源、农林牧生态经济、气象等方方面面。2019年，贵州省自然资源厅正式印发了《贵州省统筹推进自然资源资产产权制度改革联席会议制度》，但是联席会议成员多达23家省级单位，实施过程中必然存在部门之间的协调和统属问题。

2. 试点多、推广少

绿色屏障建设中，存在较为明显的试点多、推广少问题，步子迈得不够快，有制约试验区建设、延缓生态文明建设综合改革步伐的趋向。

2016年，贵州省人民政府办公厅印发的《贵州省省级空间性规划"多规合一"试点工作方案》，将六盘水市和三都县、雷山县确定为省级"多规合一"试点；2017年制定的《贵州省自然生态空间用途管制工作方案》，将赤水市、钟山区作为试点市（区）；2017年制定的《贵州省自然资源统一确权登记试点实施方案》，将赤水市、绥阳县、钟山区、普定县、思南县确定为试点县（市、区）；2017年省林业厅制定的《贵州省重点生态区位人工商品林赎买改革试点工作方案》，确定在省级以上自然保护区和七星关、纳雍、织金等县（区）开展前期重点生态区位人工商品林赎买改革试点工作。

以上试点虽取得了良好的成效，但是成功经验并未得到及时总结推广，像"河长制"这种由局部试点到全面推广并最终被写入《贵州省水资源保护条例》的成功案例还不多。

3. 政府责任落实和认识不到位，执法不严所导致的环境问题依旧突出

在环境保护方面，贵州省环境保护厅已出台了多项关于水环境、大气环境、土壤环境保护治理的规章制度，但是贵州的环境问题依旧很严峻。政府责任落实和认识不到位，执法不严所导致的环境问题依旧突出。

2018年，中央第七环境保护督察组就指出，贵州省环境保护工作还存在生态环境保护责任落实不够到位的问题，"贵州省不少领导干部盲目乐观，对贵州生态环境的脆弱性认识不足，认为贵州生态环境总体较好，不需要在环保问题上使多大劲。一些地方和部门把发展与保护割裂甚至对立看待，导致保护滞后于发展，甚至让位于发展的情况时有发生"，"一些地方环保不作为、乱作为问题时有发生"[①]。2016年，贵州已基本实现了各类水域河长制的

---

① 《中央第七环境保护督察组向贵州省反馈督察情况》，中华人民共和国生态环境部网站，ht-tp://www.mee.gov.cn/gkml/sthjbgw/qt/201708/t20170801_418977.htm，2017年8月1日。

全覆盖，已设省、市、县、乡、村五级河长 23441 名（其中省级河长 33 名），但水污染现象依旧严重。中央第七环境保护督察组向贵州省反馈的督察情况显示，贵阳市每天有超过 40 万吨生活污水排入南明河，导致南明河流经贵阳市区后水质由Ⅱ类降为劣Ⅴ类；遵义市城区大量生活污水溢流进入湘江河，导致湘江河打秋坪断面水质由 2015 年的Ⅲ类逐步降至 2017 年一季度的劣Ⅴ类；乌江、清水江流域沿线磷石膏渣场渗漏排放严重，导致 2017 年一季度乌江干流沿江渡、大乌江镇、乌杨树断面总磷浓度同比上升 20.2%、26.0%、44.1%，清水江干流旁海断面水质由 2016 年同期的Ⅱ类下降到Ⅳ类；乌江支流瓮安河、洋水河、息烽河以及清水江支流重安江长期为劣Ⅴ类水体。规划方面乱批乱建房地产项目，侵害生态保护领地的事情时有发生。红枫湖、百花湖、阿哈水库是贵阳市集中式饮用水水源地，2011 年 7 月至 2013 年 4 月，清镇农牧场违法在红枫湖二级保护区建成 14 栋别墅共计 9500 平方米；2011 年 8 月至 2016 年 8 月，贵州省林东矿业集团未经批准，在百花湖二级保护区违法建设 33 栋住房。[①]

（二）绿色屏障建设制度创新试验的难点问题

根据贵州绿色屏障建设制度创新试验现状，我们认为，绿色屏障建设中存在以下几个难点问题。

1. 不同职能部门间数据不共享，技术规范不一致

以"多规合一"为例，表面看是要解决各类规划之间范围交叉、内容冲突等规划事权问题，实质是要解决数据不共享、审批信息不对称的信息权问题。我国现行的各类空间规划是由不同部门按照职能分工、行业特点和专业优势，从不同层次、不同角度组织制定的，基本形成了由发展和改革部门、国土部门、住房和城乡建设部门、林业部门等职能部门分管国土空间规划的管理体制。各类空间规划仍处于相对独立的并行状态，规划之间的层次关系不清晰，规划期限、重点内容、统计口径、分类标准、技术方法等方面存在明显的对接障碍，导致空间规划难以有效发挥空间管制与调控作用。[②] 有些部门基于数据控制的思维惯性和对共享后果的未知的恐惧以及出于部门利益的考虑，不愿主动进行数据共享。例如，截止到 2020 年 1 月，贵州省人社厅

---

① 汪磊：《生态文明视域下贵州省生态治理的问题分析及对策》，《贵州社会科学》2016 年第 5 期。
② 杨荫凯：《国家空间规划体系的背景和框架》，《改革》2014 年第 8 期。

发布了 105 个数据目录，仅挂载数据资源 21 个，接受部门申请 45 次，通过 26 次。另外，从技术标准看，政府信息共享尚未形成统一的标准体系，国家、省数据共享标准规范不统一，行业间数据共享标准规范不统一，有关部门对数据格式、质量标准、数据可读性等均尚未作出明确要求，数据共享难度大。

自然资源的登记管理与空间规划一样，目前我国没有制定专门的关于自然资源用途管制的基本法律，不同领域自然资源用途管制制度建设步伐也不一致。按照现在的自然资源管理体制，不同类型的自然资源由不同的部门负责管理。例如，国土部门主要承担保护和合理利用土地资源、矿产资源等自然资源的责任，水利部门主要负责水资源的开发利用和保护等，整体上各自为政，导致自然资源用途管制制度呈现"散""杂"局面。自然资源是一个有机联系的、不可分割的整体，将自然资源用途管制职能分散在不同的部门，不利于从整体上去规划生态环境的保护工作，且当用途管制涉及部门利益时，甚至可能出现部门的权力和利益之争，进而带来生态环境的破坏。

《贵州省"十三五"环境保护大数据建设规划》也指出，贵州省环境保护厅在"数字环保"项目建设过程中，原有数据中心未建立起标准规范体系，离大数据发展所要求的标准化尚有差距；环保业务数据分散在不同的业务部门，信息"孤岛""烟囱"现象存在，信息资源集中整合、共享、综合利用和开发水平低；全省环保业务专网标准低。[①]

2. 专业技术人员和专业技术知识严重缺乏

绿色屏障建设本身就是跨领域、跨部门、跨学科的复杂艰巨难题，要解决这一难题，没有相应的专业技术人员和专业技术知识作支撑明显不行。例如，在退耕还林和植树造林方面，由于缺乏对长江上游乡土阔叶物种生物生态学特性的研究，未形成成熟的乡土物种良种采种、育苗和造林的成套技术体系，在目前的绿色屏障建设中，所用的树种依然多是柏、杉、马尾松、油松等针叶树种。树种的单一不仅带来严重的病虫害，也导致人工林严重退化，生态效益差。[②] 再如，环保大数据平台的建立、生态资源资

[①] 《贵州省"十三五"环境保护大数据建设规划》，多彩贵州网，http://www.gzhb.gog.cn/system/2017/08/23/016027114.shtml，2017 年 8 月 23 日。

[②] 潘开文、吴宁、潘开忠、陈庆恒：《关于建设长江上游生态屏障的若干问题的讨论》，《生态学报》2004 年第 3 期。

产评价和产权界定、土壤重金属污染治理及相关标准的建立等，都需要多层次、多领域的专业性技术人才和管理人才。可就目前的情况来看，除了缺乏专业性的技术人才和管理人才外，综合性的生态文明建设管理机构以及专业性机构也未有效建立。在目前的机构编制制度约束下，公共管理人员编制趋紧，增量难以扩展，又限制和阻碍了绿色屏障建设专业技术人才队伍的进一步发展。

3. 绿色屏障建设主体单一，市场在资源配置中的作用发挥还不充分

当前，政府进行生态环境管制和政府主导推进是贵州生态治理的主流模式。但是像贵州这种环境敏感度高、生态脆弱性强、生态环境破坏容易恢复难的省份，政府部门可配置的资源、可投入的精力、可应用的技术等都是有限的，生态环境治理过程中的政府失灵现象时有出现，以政府为单一主体的传统治理模式越来越体现出诸多弊端。①

另外，贵州矿产资源丰富，形成了以资源产业为主的资源密集型和高能耗工业结构。由于我国现行的法律对市场配置自然资源的范围没有作出明确的规定，人们对市场配置自然资源的作用难免存在误解。政府行使自然资源国家所有权不到位，未能从根本上扭转粗放型的自然资源开发利用模式，自然资源利用效率低下、环境破坏严重的现象普遍存在，权力异化或寻租、自然资源利益部门化及地方保护主义现象仍然存在，政出多门、盲目投资等问题屡见不鲜。在自然资源国家所有权的具体问题上，中央政府和地方政府经常存在利益博弈。在实践中，关系国计民生的重要自然资源都由中央政府配置，中央政府往往采取授权给央企开发利用自然资源的方式，这在一定程度上弱化了市场在资源配置中的作用。

四　解决绿色屏障建设制度创新试验重难点问题的对策

关于绿色屏障建设制度，学者们作了一些研究，也提出了相应的对策建议。在部门协调联动方面，史巍娜认为，应当建立省级生态文明综合决策的协调机制并加强州（市、县）环保机构建设。② 在建设主体方面，应当引入

---

① 汪磊：《生态文明视域下贵州省生态治理的问题分析及对策》，《贵州社会科学》2016 年第5 期。

② 史巍娜：《贵州省生态文明建设体制机制创新及对策建议》，《黑龙江教育》（理论与实践）2016 年第3 期。

市场机制，提升政府治理能力，① 建立健全市场化机制。② 在人才方面，应加强人才培养和培训工作。③

为有效解决绿色屏障建设制度创新试验的重难点问题，我们提出以下对策建议。

（一）解决绿色屏障建设制度创新试验重点问题的对策

1. 关于部门协调联动和综合性管理机构建设明显不足问题

在部门协调联动和综合性管理机构建设方面，我们认为应从以下几个方面入手。

一要建立生态文明建设的跨部门协调机构。该机构的主要职责是协调相关职能部门的环境保护和生态建设工作，牵头组织环境保护和生态建设部门间的联席会议，充分发挥联席会议制度的统筹协调作用，不断深化部门协作。必要时可根据国务院的大部制机构改革方案，探索以自然资源为对象的部门整合。

二要继续充分发挥生态文明建设领导小组及其办公室的统筹协调和监督职能。为了保障生态文明建设的有序进行，贵州省已经成立了生态文明建设领导小组，但要将统筹协调和监督职能发挥好。

三要继续推进跨区域、跨流域的环境保护联合执法。早在 2011 年，贵州与云南、广西在环境保护部西南环境保护督查中心的组织下，开启了万峰湖联合联动执法工作，并签订了《万峰湖库区水环境保护协调备忘录》。2013年 6 月，贵州、云南、四川三省签订了《川滇黔三省交界区域环境联合执法协议》。此外，贵州还与湖南、重庆签订了《共同预防和处置突发环境事件框架协议》，与云南、四川签订了《赤水河流域合作框架协议》，与广西签订了《黔桂两省区跨界河流水污染联防联治协作框架协议》，省内 9 个市、州也与相邻市、州签订了区域环境联合执法协议。但要将这些协议落实落细，不能仅停留于纸上，还要克服地方保护主义。

① 汪磊：《生态文明视域下贵州省生态治理的问题分析及对策》，《贵州社会科学》2016 年第5 期。
② 史巍娜：《贵州省生态文明建设体制机制创新及对策建议》，《黑龙江教育》（理论与实践）2016 年第 3 期。
③ 史巍娜：《贵州省生态文明建设体制机制创新及对策建议》，《黑龙江教育》（理论与实践）2016 年第 3 期。

2. 关于试点多、推广少问题

在试点经验总结与快速推广方面，我们认为应抓好以下几个方面的工作。

其一，相关职能部门要组织精干力量及时总结试点经验。

其二，可设立招标课题，委托省内外优秀科研团队，总结和发掘试点经验。

其三，试点经验总结出来以后，要作必要的科学评价，然后制订科学规范的推广方案，在全省推广。

3. 关于政府责任落实和认识不到位及执法不严导致环境问题依旧突出问题

针对政府责任落实和认识不到位及执法不严现象，我们认为应采取如下措施。

一应继续严格执行《贵州省生态文明建设目标评价考核办法（试行）》，充分发挥目标评价考核的"牛鼻子"和"指挥棒"作用，充分体现生态文明建设在干部评价中的作用，引导地方各级党委和政府形成正确的政绩观，并在实践过程中不断完善优化相关的评价考核指标。

二应明确生态环境保护在生态文明建设中的核心地位，建立和完善严格监管所有污染物排放的环境保护管理制度，独立进行环境监管和行政执法。参考国务院大部制机构改革方案，探索实行职能有机统一的生态环境大部门体制改革，综合生态保护和污染防治的职能。健全和强化生态环境司法、责任追究制度和环境损害赔偿制度。

三应继续强化"国家监察、地方监管、单位负责"的生态环境监管体制建设，加强环保区域派出机构能力建设。探索在条件适宜地区推行省以下环境保护主管机构垂直管理，也可根据各地实际情况，在重点乡镇设立县（市、区）环保局的派出机构，由县（市、区）环保局垂直管理，或者在乡镇政府内部设立专管职位，从事乡镇环保工作。

（二）解决绿色屏障建设制度创新试验难点问题的对策

1. 打破部门藩篱，建立统一的规范标准

应充分利用信息技术，构建全省统一、纵向联动、横向协同的空间规划信息平台、自然资源登记和管理平台、环保大数据平台，实现全流程智能化管理与信息共享。具体对策如下。

一要加强顶层设计和统筹协调，完善制度标准体系，统筹信息化项目建设管理，破除数据孤岛，推动信息资源整合互联和数据开放共享，促进业务协同。

二要加强数据资源规划，建立生态资源和环境信息资源目录体系，明确数据资源采集责任，避免重复采集，逐步实现"一次采集，多次应用"，建立环境大数据全省统一收集、计算分析、联动平台。

三要通过贵州省"云上贵州"等平台，使环保大数据平台与贵州省人口基础信息库、法人单位资源库、自然资源和空间地理基础库等的基础数据资源相互兼容，拓展吸纳相关厅委办局、行业、大型企业和互联网关联数据，形成环境信息资源中心，实现数据互联互通；明确各部门数据共享的范围边界和使用方式，厘清各部门进行数据管理及共享的义务和权利，制定数据资源共享管理办法，编制数据资源共享目录。

2. 充分利用高校智力资源，加强专业技术人员培养

在充分利用高校智力资源、加强专业技术人员培养方面，应抓好以下几个方面的工作。

一是以贵州高校和研究机构为主体（也可依托省外高校和研究机构），加强生态环境保护人才队伍培养。要依托高校和研究机构的科技资源、设备、人才、技术优势，发挥高校和研究机构在培养生态文明建设人才、普及生态文明知识、树立生态文明理念、提供生态文明建设科学技术及服务等方面的重要作用。

二是创新体制机制和推进机构编制制度改革，充分保障生态环境保护从业人员的合法权益。建立生态文明建设跨部门人才需求协调机制，根据各部门的人才需求，消除省属高校、市属高校、民办高校之间的行政级差，以问题为导向，加大对各高校环保、林业、水利工程等生态相关领域学科的扶持力度，扩大培养范围和招生人数，倡导省内高校和政府部门之间的交流互动，促进科学研究和建设行动的互动融合。

三是开展生态绿色屏障建设相关专业领域的培训项目。邀请省外生态文明建设领域的优秀团队和个人来黔，或选送省内相关职能部门和省内高校相关专业的技术人员到省外，针对空间规划、自然资源资产管制、环境保护技术方法、环保大数据建立等方面进行定期、全面、系统的培训，并将培训情况纳入相应的考核体系。

3. 保障和强化市场在资源配置中的作用

在保障和强化市场在资源配置中的作用方面，我们认为应注意以下几个方面的问题。

第一，要处理好市场与政府以及上下级政府之间的关系。国家的自然资源所有权由政府来行使，因而应明确政府在自然资源配置中的作用，确定政府管理自然资源的边界。应建立有效的监督制约机制，规范政府在自然资源用途管制中的权力运行，防止权力行使的随意性，杜绝政府以用途管制为借口侵犯公众合法资源权益的现象。厘清中央政府与地方各级政府的职责，保证自然资源用途管制制度从中央到地方的有效实施，明确各级政府的自然资源用途管制权限，发挥地方政府在自然资源用途管制中的能动性和自觉性。

第二，要注意市场配置自然资源的范围界定及制度完善。根据自然资源的天然属性和社会需求，对市场配置自然资源的范围进行界定，完善自然资源统一登记制度，健全自然资源资产产权制度。构建让一般民事主体取得开发利用自然资源权利的自然资源用益物权，完善资源用益物权的流转制度，使自然资源开发利用权利在不同民事主体之间流转，充分保障参与主体的权益。

第三，要完善资源性产品的市场化定价机制，保障自然资源经营管理企业享有更大的定价自主权。全面实施生态产品有偿使用制度，推动生态产品价格改革，建立符合市场导向、体现生态效益和生态附加值的价格形成机制。探索"西水东调""西电东送""西煤东运"场景下水资源和煤矿资源的定价改革，充分考虑贵州省为其他区域提供能源的直接成本和机会成本，以反映生态产品的真实价值。[①]

第四，要提升自然资源用途管制的科学性。应成立一个由环境科学、地理科学、农林技术、水利工程等相关领域的专家组成的技术指导委员会，根据本地区自然地理现状和经济社会发展需求，因地制宜地制定相应的自然资源用途管制制度，保障自然资源的可持续利用。

第五，要加大培育环境治理和生态保护市场主体力度，营造公平、透明、规范的市场环境。在方式上，应由政府推动为主转变为政府推动与市场驱动

---

① 史巍娜：《贵州省生态文明建设体制机制创新及对策建议》，《黑龙江教育》（理论与实践）2016 年第 3 期。

相结合，加快推进环境治理和生态保护市场化，提高市场主体的积极性，推进供给侧结构性改革。

第六，要认真贯彻执行《贵州省人民政府关于进一步激发民间有效投资活力促进经济持续健康发展的实施意见》和《贵州省开展市场准入负面清单制度改革试点实施方案》，全面实施民间资本市场准入负面清单制度，清理废除妨碍统一市场和公平竞争的各种规定和做法，除国家法律法规明确禁止的行业和领域外，一律向民间资本平等开放。禁止排斥、限制或歧视民间资本的行为，制定民间投资进入垄断行业和特许经营领域的具体实施办法，鼓励民间资本参与生态文明建设的相关项目。

第二章

绿色发展制度创新试验

在党的十八届五中全会上，习近平总书记提出了创新、协调、绿色、开放、共享五大发展理念。在五大发展理念中，绿色发展具有十分重要的地位，因为它关系中华民族的永续发展，是"发展的方向"①。中共中央、国务院在《中共中央　国务院关于加快推进生态文明建设的意见》中明确指出，要"坚持把绿色发展、循环发展、低碳发展作为基本途径"。鉴于贵州实现绿色发展的重要性与特殊紧迫性，《国家生态文明试验区（贵州）实施方案》明确指出，要将贵州建设成为"西部地区绿色发展示范区"，并将"开展促进绿色发展制度创新试验"作为国家生态文明试验区（贵州）建设的八大重点任务之一。

一　绿色发展的基本内涵及重要意义

（一）绿色发展的基本内涵

"绿色发展"一词，源于联合国开发计划署《中国人类发展报告2002：绿色发展　必选之路》。胡鞍钢认为，所谓绿色发展之路，就是强调经济发展与保护环境的统一与协调，即更加积极的、以人为本的可持续发展之路。②王金南等认为，绿色发展是环境与资源可持续的、人与自然和谐相处的、环境作为内在生产力的一种发展模式，是一种把环境和资源当作生产力发展要素的发展新模式。③李佐军、王志凯认为，绿色发展的基本内涵从字面上理解，至少包括了绿色和发展两层含义，即既要合理使用资源、保护生态环境，

---

① 秦宣：《五大发展理念的辩证关系》，《光明日报》2016年2月4日。
② 胡鞍钢：《实施绿色发展战略是中国的必选之路》，《绿叶》2003年第6期。
③ 王金南、曹东、陈潇君：《国家绿色发展战略规划的初步构想》，《环境保护》2006年第6期。

又要实现经济增长、社会进步、当代人与后代人的可持续发展，它是一种资源节约型、环境友好型的发展方式，也是最大限度保护生态环境、充分利用可再生能源、全面提高资源利用效率的发展方式。[①] 王玲玲等认为，绿色发展是在生态环境容量和资源承载能力的制约下，通过保护自然环境实现可持续科学发展的新型发展模式和生态发展理念。[②] 欧阳志远认为，绿色发展是对传统工业化模式的根本性变革，是中国道路的重要体现。它既重视解决可持续发展所关注的人口和经济增长与粮食和资源供给的矛盾，同时也强调气候变化的整体性危害。[③] 黄志斌等认为，绿色发展是在资源承载力与生态环境的约束条件下，通过"绿色化""生态化"的实践，达到人与自然日趋和谐、绿色资产不断增殖、人的绿色福利不断提升，实现经济、社会、生态协调发展的过程。[④] 此外，邬晓燕、马洪波等学者也从不同角度对绿色发展的概念做过讨论。[⑤]

可以看出，关于绿色发展，学术界还没有一个统一的定义。由于研究视角不同、学科背景不同，学者们的看法也各不相同。但可以肯定的是，在以下几个方面，学者们已基本达成了共识：其一，绿色发展是一种新型的发展模式，它与传统工业化的"黑色发展"相对应，强调经济发展、人类社会进步和生态环境保护的协调与统一；其二，绿色发展具有"绿色"和"发展"两个核心内容，即"既要金山银山，又要绿水青山"，"绿水青山就是金山银山"；其三，绿色发展最终体现的是人与自然的和谐统一发展，人类生产活动必须建立在合理的自然资源承载力基础上，只有人与自然平衡发展，才是一个良性发展的过程。

（二）绿色发展的重要意义

1. 绿色发展是我国在经济社会发展模式上的重要理论创新

西方的工业化历程已经警示我们，按传统经济模式发展会造成严重的生

---

① 李佐军：《绿色发展的制度保障》，《西部大开发》2014 年第 5 期；王志凯：《加强生态文明认知，推进绿色转型发展》，《中国林业产业》2017 年第 Z2 期。

② 王玲玲、张艳国：《"绿色发展"内涵探微》，《社会主义研究》2012 年第 5 期。

③ 欧阳志远：《社会根本矛盾演变与中国绿色发展解析》，《当代世界与社会主义》2014 年第 5 期。

④ 黄志斌、姚灿、王新：《绿色发展理论基本概念及其相互关系辨析》，《自然辩证法研究》2015 年第 8 期。

⑤ 邬晓燕：《绿色发展及其实践路径》，《北京交通大学学报》（社会科学版）2014 年第 3 期；马洪波：《绿色发展的基本内涵及重大意义》，《攀登》2011 年第 2 期。

态环境问题。目前，我国正处于工业化的重要转型期，面对生态环境恶化、资源供给不足等问题，必须转变传统经济发展模式，进行经济产业结构的优化调整。绿色发展就是一种从传统的"黑色"经济发展模式向"绿色"经济发展模式转变，追求低碳经济、循环经济，以最小的环境代价获取较大的经济效益的理念。绿色发展理念将绿色融入经济发展、社会发展和生态环境保护当中，是一种新型的发展理念，是重要的理论创新。绿色发展理念不仅为我国当下的经济社会发展指明了方向，同时还为促进人类发展和全球生态安全提供了重要的理论参考。

2. 绿色发展是生态文明建设的重要途径

生态文明建设反映的是人与自然之间的和谐发展，经济发展、自然资源和生态环境保护都是非常重要的内在因素。绿色发展强调的是在自然资源承载力的范围内，实现经济与生态环境的协调可持续性发展。绿色发展理念与生态文明建设高度契合，为生态文明建设提供了重要参考。因此，中共中央、国务院在《中共中央　国务院关于加快推进生态文明建设的意见》中明确指出，要"坚持把绿色发展、循环发展、低碳发展作为基本途径"。《生态文明体制改革总体方案》也强调，"发展必须是绿色发展、循环发展、低碳发展"。这表明中国将通过以绿色发展为主导的发展路径进行生态文明建设，并在绿色发展基础上积极探索生态文明建设新路径。

3. 绿色发展是贵州经济社会发展的迫切需求

贵州地处西南腹地，长江、珠江上游，拥有丰富的自然资源，但是长期以来贵州的经济发展在全国的排名都比较靠后。即使近年来贵州的经济增速都高于10%，2011年至2017年，经济增速连续排名居于前列，但是，到2017年，贵州的生产总值也只有13540.83亿元，仍然位于全国倒数第七，全省贫困人口还有280.32万人。[①] 因此，许多学者都用"资源大省、经济小省"来概括贵州省情。[②] 独特的自然地理环境和社会经济发展相对落后的现状，让贵州在高速现代化发展过程中面临各方面的巨大挑战。一方面，贵州要加快现代化进程，加速经济发展，实现全面脱贫的重要目标；另一方面，

---

① 《2017年贵州省国民经济和社会发展统计公报》，中华人民共和国中央人民政府网站，http://www.gov.cn/home/2019-02/12/content_5365146.htm，2019年2月12日。

② 甘梅霞：《自然资源优势与经济增长关系的实证研究——以贵州省为例》，《北方经贸》2013年第2期。

又要保护好脆弱的生态环境，实现自然资源的高效和可持续利用。党的十八大以来，习近平总书记对贵州省生态文明建设寄予厚望，作出了许多重要指示，要求贵州"守住发展和生态两条底线，培植后发优势，奋力后发赶超，走出一条有别于东部、不同于西部其他省份的发展新路"①，为贵州发展指明了方向。贵州省牢牢守住发展和生态两条底线，坚持生态优先、绿色发展，深入践行"绿水青山就是金山银山"的理念。贵州省既保护脆弱的喀斯特生态环境，又推动社会经济发展，助力脱贫攻坚；既让贵州绿起来，又让群众富起来。2018 年和 2019 年，贵州省地区生产总值分别增长 9.1%②和 8.3%③，依旧保持较高的增长速度，这与贵州选择绿色发展的道路密不可分。

二 绿色发展制度创新试验要求及现状

（一）绿色发展制度创新试验要求

为将贵州建设成为"西部地区绿色发展示范区"，《国家生态文明试验区（贵州）实施方案》提出了四个方面的要求，即健全矿产资源绿色化开发机制、建立绿色发展引导机制、完善促进绿色发展市场机制、建立健全绿色金融制度，针对每个方面又提出了若干具体要求（见表 2 - 1）。党的十九届四中全会通过的《中共中央关于坚持和完善中国特色社会主义制度 推进国家治理体系和治理能力现代化若干重大问题的决定》，把"坚持和完善生态文

表 2 - 1 绿色发展制度创新试验要求一览

一级指标	二级指标
健全矿产资源绿色化开发机制	完善矿产资源有偿使用制度，全面推行矿业权招拍挂出让，加快全省统一的矿业权交易平台建设
	建立矿产开发利用水平调查评估制度和矿产资源集约开发机制
	完善资源循环利用制度，建立健全资源产出率统计体系
	2017 年出台贵州省全面推进绿色矿山建设的实施意见及相关考核办法

---

① 陈敏尔：《坚守两条底线 实施两大战略》，人民网，http://www.politics.people.com.cn/n1/2016/0307/c1001 - 28176391.html，2016 年 3 月 7 日。

② 《2018 年贵州省国民经济和社会发展统计公报》，贵州省人民政府网站，http://www.guizhou.gov.cn/zfsj/tjgb/201904/t20190409_2380522.html，2019 年 4 月 9 日。

③ 《贵州省 2019 年国民经济和社会发展统计公报》，贵州省人民政府网站，http://www.guizhou.gov.cn/zwgk/zfxxgk/fdzdgknr/tjxx/tjgb/202004/t20200409_55864325.html，2020 年 4 月 9 日

续表

一级指标	二级指标
建立绿色发展引导机制	2017 年制定绿色制造三年专项行动计划，完善绿色制造政策支持体系，建设一批绿色企业、绿色园区
	建立健全生态文明建设标准体系
	制定节能环保产业发展实施方案，健全提升技术装备供给水平、创新节能环保服务模式、培育壮大节能环保市场主体、激发市场需求、规范优化市场环境的支持政策
	建设国家军民融合创新示范区，鼓励军工企业发展节能环保装备产业
	建立以绿色生态为导向的农业补贴制度
	健全绿色农产品市场体系，建立经营联合体，编制绿色优质农产品目录
	建立林业剩余物综合利用示范机制，推动林业剩余物生物质能气、热、电联产应用
	完善绿色建筑评价标识管理办法，严格执行绿色建筑标准
	建立装配式建筑推广使用机制
	推行垃圾分类收集处置，推动贵阳市、遵义市、贵安新区制定并公布垃圾分类工作方案，鼓励其他市（州）中心城市、县城开展垃圾分类
	建立和完善水泥窑协同处置城市垃圾运行机制，推行水泥窑协同处置城市垃圾
完善促进绿色发展市场机制	2017 年出台培育环境治理和生态保护市场主体实施意见，对排污不达标企业实施强制委托限期第三方治理
	2017 年实行碳排放权交易制度，积极探索林业碳汇参与碳排放交易市场的交易规则、交易模式
	建立健全排污权有偿使用和交易制度，逐步推行企事业单位污染物排放总量控制、通过排污权交易获得减排收益的机制，2017 年建成排污权交易管理信息系统
	推进农业水价综合改革，开展水权交易试点，制定水权交易管理办法
	研究成立贵州省生态文明建设投资集团公司
建立健全绿色金融制度	积极推动贵安新区绿色金融改革创新，鼓励支持金融机构设立绿色金融事业部
	创新绿色金融产品和服务
	加大绿色信贷发放力度，完善绿色信贷支持制度，明确贷款人的尽职免责要求和环境保护法律责任
	稳妥有序探索发展基于排污权等环境权益的融资工具，拓宽企业绿色融资渠道
	引导符合条件的企业发行绿色债券
	推动中小型绿色企业发行绿色集合债，探索发行绿色资产支持票据和绿色项目收益票据等
	健全绿色保险机制
	依法建立强制性环境污染责任保险制度，选择环境风险高、环境污染事件较为集中的区域，深入开展环境污染强制责任保险试点
	鼓励保险机构探索发展环境污染责任险、森林保险、农牧业灾害保险等产品

资料来源：根据《国家生态文明试验区（贵州）实施方案》整理。

明制度体系，促进人与自然和谐共生"作为坚持和完善中国特色社会主义制度、推进国家治理体系和治理能力现代化的若干重大举措之一，①将生态文明制度建设提到了更高的高度。

（二）绿色发展制度创新试验现状

2017 年，中共中央办公厅、国务院办公厅印发《国家生态文明试验区（贵州）实施方案》以来，贵州省紧紧围绕绿色发展制度创新试验要求，在健全矿产资源绿色化开发机制、建立绿色发展引导机制、完善促进绿色发展市场机制和建立健全绿色金融制度等方面不断探索，取得了较好的成果。

1. 健全矿产资源绿色化开发机制

矿产资源是大自然赐予人类的宝贵财富，是国家建设的重要物质基础，完善矿产资源绿色化开发机制，不仅有利于保障国家战略发展需求，同时更能促进人与大自然的和谐共生。贵州省矿产资源种类丰富、储量巨大、特色鲜明，其中煤矿、磷矿、锰矿、铝土矿、金矿等矿产资源储量位居全国前列，②在探索健全矿产资源绿色化开发机制方面有得天独厚的条件。近年来，贵州省建立了矿产资源交易平台，建立了矿产资源登记、有偿使用、评估开发等相关制度机制，推进绿色矿山建设，为矿产资源绿色化开发提供了标准。

在矿产资源有偿使用方面，鉴于矿产资源对国家战略、经济发展有非常重要的意义，具有不可再生、消耗性等特点，《中华人民共和国矿产资源法》（2009 年修正）第 5 条明确规定，"国家实行探矿权、采矿权有偿取得的制度"。矿产资源有偿使用大致包括矿业权有偿取得和矿产资源有偿开采两部分，但相关制度一直还不够完善、健全，存在许多问题。③ 近年来，贵州省

---

① 《中共中央关于坚持和完善中国特色社会主义制度　推进国家治理体系和治理能力现代化若干重大问题的决定》，中华人民共和国中央人民政府网站，http://www.gov.cn/zhengce/2019-11/05/content_5449023.htm，2019 年 11 月 5 日。
② 宋生琼、夏清波、冉启洋：《贵州省矿产资源及其勘查开发现状、存在问题与建议》，《国土资源情报》2012 年第 10 期；孙亚莉、江金进、曾芳：《贵州省矿产资源综合开发利用现状及建议》，《中国国土资源经济》2017 年第 7 期。
③ 殷燚：《试论建立和完善我国矿产资源有偿使用制度》，《中国地质矿产经济》2002 年第 1 期；张彦平、王立杰：《论我国矿产资源有偿使用制度及完善》，《中国矿业》2007 年第 12 期；李国平：《完善我国矿产资源有偿使用制度与生态补偿机制的几个基本问题》，《中共浙江省委党校学报》2011 年第 5 期。

不断完善矿产资源有偿使用机制，出台了一系列相关制度。早在 2014 年 10 月，贵州省人民政府办公厅就印发了《关于全面推行矿业权招拍挂出让制度的通知》，开始了全面推行矿业权招拍挂出让制度探索。2015 年，贵州省建立了公共资源交易中心，确保土地/矿业权等资源交易实时化和公开化。2017 年 8 月 18 日，贵州省公共资源交易中心完成了第一宗页岩气探矿权拍卖，贵州省产业投资（集团）有限责任公司以 12.9 亿元的成交价竞得贵州省正安页岩气勘查区块探矿权，这是页岩气竞争出让试点工作推进中的一个成功案例。2017 年 12 月，贵州省国土资源厅等五部门印发了《贵州省全民所有自然资源资产有偿使用制度改革试点实施方案》，要求 2017 年出台贵州省矿产资源开发利用、土地复垦、矿山环境恢复治理"三案合一"方案和开展贵州省页岩气竞争出让试点；2018 年出台《贵州省矿产资源权益金制度改革实施办法》。根据中共中央办公厅、国务院办公厅《关于印发〈矿业权出让制度改革方案〉的通知》，贵州省为矿业权出让制度改革全国 6 个试点省区之一。2018 年中共贵州省委办公厅、贵州省人民政府办公厅印发了《贵州省矿业权出让制度改革试点实施方案》，要求加快推进矿业权出让制度改革试点工作，建立了"政府统筹、平台交易、部门登记"的矿业权出让新机制，建成了"竞争出让更加全面，有偿使用更加完善，事权划分更加合理，监管服务更加到位，矿群关系更加和谐"的矿业权出让制度。2019 年，贵州省自然资源厅印发了《贵州省自然资源厅关于健全矿产资源绿色化开发机制完善采矿权审批登记管理有关事项的通知》，对采矿权审批登记管理权限划分、采矿权出让的范围、设置采矿权的基本条件和要求、规范采矿权竞争性出让程序、规范采矿权新立（延续）登记管理、完善采矿权变更（注销）登记管理、强化监督管理等有关事项进行了规范。

在建立矿产开发利用水平调查评估制度和矿产资源集约开发机制方面，2016 年 12 月，国土资源部、国家发展和改革委员会、工业和信息化部、财政部、国家能源局联合印发了《矿产资源开发利用水平调查评估制度工作方案》，对矿产资源开发利用提出了要求。作为生态文明建设排头兵，贵州省将其作为重要任务纳入《贵州省矿产资源总体规划（2016—2020 年）》，要求在矿产资源开发利用管理方面，要加强探矿权、采矿权管理，促进资源开发利用布局优化与结构调整，建立矿产资源开发利用水平调查评估制度、矿业企业高效和综合利用信息公示制度；强化"三率"管理和考核，严格执行国土资源部已颁发的矿产资源合理开发利用"三率"最低指标要求等。2017年6月，贵州省国土资源厅将《矿产资源开发利用方案》《土地复垦方案》《矿山地质环境恢复治理方案》三个方案合并，编制为《矿产资源绿色开发利用"三合一"方案》，并印发了《矿产资源绿色开发利用方案（三合一）审查备案工作指南（试行）》。该指南对矿产资源绿色开发利用审查备案权限进行了划分，规范了审查程序，明确了审查要点。总体来说，"三案合一"不仅提高了矿业权审批效率，减轻了矿业权人负担，同时也进一步落实了企业主体责任，推动了矿产资源绿色开发利用机制的不断完善。

在完善资源循环利用制度、建立健全资源产出率统计体系方面，贵州省人民政府早在2007年就印发了《贵州省人民政府关于促进循环经济发展的若干意见》，该意见明确提出"我省循环经济发展总体上仍处于起步阶段，粗放型增长方式仍未根本转变，尤其是缺乏有效的激励政策和约束机制，管理体制和相关法规体系不健全等问题制约着循环经济发展"，并要求"通过试点，提出发展循环经济的重大技术和项目领域，完善促进再生资源循环利用、降低污染排放的政策措施，建立资源循环利用机制，探索按照循环经济模式规划建设和完善工业园区以及建设资源节约型、环境友好型城镇的思路，为发展循环经济提供示范"[①]。2017年，贵州省人民政府办公厅先后印发了《贵州省发展食用菌产业助推脱贫攻坚三年行动方案（2017—2019年）》《贵州省畜禽养殖废弃物资源化利用工作方案》。前者明确要求，"要科学利用生产过程中产生的废弃菌棒、菌渣资源，发展循环经济，将菌棒、菌渣转化成生物质燃料、有机肥料、其它食用菌栽培基质等具有一定经济价值的产品，实现菌棒、菌渣的无害化、资源化利用，大力推广菌渣—有机肥—果（菜）园等循环利用模式，促进生态循环农业发展"[②]。后者提出，要全面推广"畜—沼—菜（粮、果、茶）"等生态循环农业模式。此外，针对磷矿、锰矿等矿产资源也大力发展循环经济产业项目，开始资源循环利用模式和方法的探索，如贵州金正大诺泰尔磷资源循环经济产业园项目、贵州能矿锰业集团有限公司锰资源循环经济示范项目。六盘水贵州日恒资源利用有限公司

① 《贵州省人民政府关于促进循环经济发展的若干意见》，中华人民共和国商务部网站，http://www.mofcom.gov.cn/aarticle/b/g/200709/20070905095031.html，2007年9月14日。

② 《贵州省发展食用菌产业助推脱贫攻坚三年行动方案（2017—2019年）》，贵州省人民政府网站，http://www.guizhou.gov.cn/zwgk/zcfg/szfwj_8191/qfbf_8196/201710/t20171026_1078410.html，2017年9月11日。

采用立磨和球磨联合粉末系统进行生产，大大提高了矿渣的利用率，实现了矿渣从以前的填埋处理到再次循环利用的突破。[①] 总体上，贵州省积极推进发展循环经济，广泛促进各行各业资源循环利用，支持环保产业发展，为资源循环利用和环境保护提供物质技术保障。

在绿色矿山建设及相关考核办法方面，贵州省按步推进，成效明显。2018 年，贵州省国土资源厅等 11 个部门联合印发了《贵州省全面推进绿色矿山建设的实施意见》及考核办法，制定十条措施全面推进绿色矿山建设，提出 2020 年底前完成 800 个以上绿色矿山建设，并于 2018 年 6 月召开了动员部署视频会议。[②] 各地方积极响应并制定实施方案，如毕节市制定了《毕节市绿色矿山建设三年行动方案（草案）》。截至 2019 年，贵州绿色矿山建设取得明显成效。一是理论工作机制形成良性互动新格局。贵州省突出政府的主导地位，以矿山企业为建设主体，将绿色矿山建设工作纳入政府年终绩效考核，加大政策、财政扶持力度，形成了建设绿色矿山工作合力。二是建立标准、制度，构建绿色矿山建设长效机制。出台贵州省地热行业绿色矿山建设要求、绿色矿业发展示范区建设要求、开展绿色勘查项目示范工作实施方案、绿色勘查示范项目评价验收标准、《矿产资源绿色开发利用方案（三合一）审查备案工作指南（试行）》、《贵州省矿山地质环境治理恢复基金管理办法》、《贵州省国家生态文明示范区建设——矿山集中"治秃"行动方案》等。发布贵州省地方标准《固定矿产绿色勘查技术规范》，这也是我国绿色勘查领域发布的第一个地方标准。三是积极打造典型，推进矿山生态恢复治理。扎实推进矿山生态恢复治理，826 个历史遗留矿山已自然恢复，完成人工工程治理 1589.85 平方公里。2019 年度完成铜仁、黔南、六盘水等 9 个国家级绿色矿山名录申报。积极打造贵州省绿色矿山典型，瓮福（集团）有限责任公司瓮福磷矿投入 3468.63 万元进行矿山地质环境保护与土地复绿，矿区绿化面积达 2209.4 亩，可绿化区域绿化覆盖率达到 100%；利用先进采选技术装备、应用矿山数字化软件对矿产储量进行动态管理以实现高效生产，矿石开采回采率达 99.35%，选矿回收率达 88.66%，职工满意度达 94.20%。

---

① 周沁蓓：《废渣变成"香饽饽"——贵州日恒资源利用有限公司发展循环经济小记》，六盘水市人民政府网站，http://www.gzlps.gov.cn/ywdt/jrld/201712/t20171225_62612333.html，2017 年 12 月 25 日。

② 《全省绿色矿山建设动员视频部署会在贵阳召开》，贵州省自然资源厅网站，http://zrzy.guizhou.gov.cn/xwzx/xwdt/201806/t20180626_25284999.html，2018 年 6 月 26 日。

贵州锦丰矿业有限公司锦丰（烂泥沟）金矿选冶厂选冶总回收率达 86.31%，达到世界领先水平；投入废石堆场生态恢复资金 1292.96 万元，累计恢复灌木林地 26.58 万平方米，平地为水浇地 18.45 万平方米。①

2. 建立绿色发展引导机制

在制定绿色制造三年专项行动计划方面，2018 年 4 月，贵州省经济和信息化委员会制定了《贵州省绿色制造三年行动计划（2018—2020 年）》，要求坚守生态和发展两条底线，深入实施工业强省战略和大生态战略行动，积极推进绿色制造政策支持体系建设，促进工业绿色发展和转型升级，明确了产业绿色化改造、工业绿色化转型、提高生产绿色化水平、促进园区绿色化发展、推动能效绿色化提升、深化资源绿色化利用、强化科技绿色化创新、实施环境绿色化整治八项重点任务。② 在具体实践上，贵州省贵阳国家高新技术产业开发区起了先锋作用，它以大数据、大健康、高端制造和高端服务业为主导产业，全面推进互联网＋、大数据＋产业深度融合。2018 年，贵州省一园区两企业上榜国家绿色制造示范名单，分别是贵州省贵阳国家高新技术产业开发区上榜绿色园区名单，贵州中伟正源新材料有限公司、遵义三岔拉法基水泥有限公司上榜绿色工厂名单，获批国家绿色示范园区。

在建立健全生态文明建设标准体系方面，2016 年 9 月 1 日，贵州省《生态文明体制改革实施方案》正式实施，明确提出到 2020 年构建自然资源资产产权制度、国土空间开发保护制度、空间规划体系、资源总量管理和全面节约制度、资源有偿使用和生态补偿制度、环境治理体系、环境治理和生态保护市场体系、生态文明绩效评价考核和责任追究制度等制度体系。③ 2017 年 4 月，中共贵州省委、贵州省人民政府印发了《贵州省生态文明建设目标评价考核办法（试行）》，决定从绿色发展指数、体制机制创新和工作亮点、公众满意程度、生态环境事件四个方面每年对 9 个市（州）及贵安新区进行考核。各地市（州）也积极响应，如贵阳市制定了《贵阳市生态文明体制改革

① 《贵州绿色矿山建设成效明显》，中华人民共和国自然资源部网站，http://www.mnr.gov.cn/dt/dfdt/201912/t20191206_2487004.html，2019 年 12 月 6 日。

② 《省人民政府办公厅关于转发省经济和信息化委贵州省绿色制造三年行动计划（2018—2020年）的通知》，贵州省人民政府网站，http://www.guizhou.gov.cn/zwgk/zcfg/szfwj_8191/qfbf_8196/201804/t20180417_1114163.html，2018 年 4 月 17 日。

③ 《贵州省印发〈生态文明体制改革实施方案〉》，贵州省人民政府网站，http://www.gzgov.gov.cn/xwdt/jrgz/201709/t20170925_878802.html，2017 年 9 月 25 日。

实施方案（2016—2020 年）》，遵义市制定了《遵义市生态文明建设实施方案》。为更好地建立和完善生态文明建设标准体系，充分发挥标准化在生态文明建设中的支撑和引领作用，2018 年，国家标准委印发了《生态文明建设标准体系发展行动指南（2018—2020 年）》，明确了生态文明建设标准体系框架，提出了生态文明建设标准研制重点方向和主要行动。贵州省迅速起草编制《贵州省生态文明标准体系建设实施方案（草稿）》，并组织召开生态文明标准体系建设调研座谈会征求意见建议。2019 年 9 月，贵州省市场监督管理局印发《贵州省生态文明建设标准体系框架》和《贵州省生态文明建设标准体系明细表》，标准体系框架共分为三级层次，总体涵盖贵州省生态文明建设各行业、各环节的细化层次、重点内容、标准需求，构成了支撑全省生态文明建设的完整标准体系，其中一级层次包括基础与管理、绿色屏障、绿色经济、生态文化与旅游、生态脱贫、生态环境大数据六大领域，二级层次涉及 35 个方面，三级层次涉及 182 个部分。同时，《贵州省生态文明建设标准体系明细表》涉及相关国家、行业、地方标准共 2513 个。根据《贵州省生态文明建设目标评价考核办法（试行）》，2016 年贵州省首次进行了评价考核，贵阳市（81.567）、遵义市（81.010）的绿色发展指数排在全省前两位，综合评定安顺市、遵义市获优秀等次，六盘水市、贵阳市、黔东南州获良好等次，铜仁市、毕节市、黔西南州、黔南州获合格等次。

在制定节能环保产业发展实施方案方面，贵州省将节能环保产业作为一个重要发展方向和内容纳入了《贵州省"十三五"新兴产业发展规划》（第五部分），指出需紧紧围绕国家生态文明试验区建设需要，重点发展高效节能、先进环保和资源综合利用产业，加快发展环境服务行业，形成新的经济增长点；支持各个示范城市、示范园区、示范基地的试点工作。[①]《贵州省绿色制造三年行动计划（2018—2020 年）》明确提出，要协同推进工业节能环保产业与绿色制造市场化机制，发展节能环保装备制造和服务等工业绿色经济产业。[②] 此外，为了更好地引导绿色产业和节能环保产业创新发展，贵州省发展和改革委员会编制了《贵州省绿色经济"四型"产业发展引导目录（试行）》，该目录涉及旅

---

① 《贵州省"十三五"新兴产业发展规划》，贵州省工业和信息化厅网站，http://www.gxt.guizhou.gov.cn/ztzl/zsyz/201805/t20180504_9604500.html，2018 年 5 月 4 日。

② 《省人民政府办公厅关于转发省经济和信息化委贵州省绿色制造三年行动计划（2018—2020 年）的通知》，贵州省人民政府网站，http://www.guizhou.gov.cn/zwgk/zcfg/szfwj_8191/qfbf_8196/201804/t20180417_1114163.html，2018 年 4 月 17 日。

游、大数据、民族特色文化、节能环保服务等 15 个产业门类，共计 400 个条目。①《贵州省 2015 年及 2016 年第一季度高新技术产业发展报告》显示，全省节能环保产业增速排第一位，达到了 47.9%。此外，贵州省大力支持节能环保产业进行科技立项研究，"贵州省节能环保产业现状与节能环保产业园区发展模式"课题研究已于 2017 年 11 月完成验收，其成果对贵州省环保节能产业发展及发展模式的选择具有积极的意义。贵州省制定环保产业发展规划，通过政策扶持、科技立项等多种途径支持环保产业发展，为贵州省坚持绿色发展道路增加了底气。

在建设国家军民融合创新示范区方面，贵州省首先建立贵州省军民融合公共服务平台（https://www.gzjmrh.com/），为企业提供资源供需平台，并成立专家智库，为产业发展提供智力支持。其次，贵州省做好整体谋划，积极开展试点探索。2016 年，贵州省经济和信息化委员会制定了《贵州省军民融合产业发展"十三五"规划》，提出打造"贵遵安"军民融合示范带，推进军民融合示范区及军民融合产业发展，加强小孟工业园、安顺高新技术产业区、贵安新区高端装备产业园等平台建设，并列出了拟建设重点项目。② 安顺市积极响应，出台了《关于大力推进安顺市军民深度融合改革发展的实施意见》，成立了由市长担任组长的航空产业发展领导小组。2016 年 1 月至 9 月，该市军民融合产业累计实现工业总产值 67.32 亿元，同比增长 14.7%，占全市工业总产值的 14.84%；累计实现工业增加值 16.97 亿元，同比增长 15.25%，占全市工业增加值的 13.79%。③ 2017 年，在贵州装备工业博览会上各单位展示了许多军民融合发展成果，如航天十院耐腐蚀耐高温材料技术在开采技术装备、应急救援技术装备等民用领域的应用，中德西格姆精密制造有限公司与军工企业合作生产的武器装备已交付军方使用等。④ 2019 年 1 月，贵州省委军民融合发展委员会第一次全体会议审议通过了《中共贵州省委　贵州省人民政府　贵州省军区关于加快推进军民融合深度发展的实施意

① 《关于〈贵州省绿色经济"四型"产业发展引导目录（试行）〉的公告》，贵州省人民政府网站，http://www.guizhou.gov.cn/xwdt/tzgg/201709/t20170926_996639.html，2016 年 10 月 12 日。

② 《省人民政府关于贵州省军民融合产业发展"十三五"规划的批复》，贵州省人民政府网站，http://www.guizhou.gov.cn/zwgk/zcfg/szfwj_8191/qfh_8194/201709/t20170925_822500.html，2016 年 10 月 29 日。

③ 胡丽华：《安顺市创建军民融合示范区》，《贵州日报》，http://www.szb.gzrbs.com.cn/gzrb/gzrb/rb/20161228/Articel03003JQ.htm，2016 年 12 月 28 日。

④ 李唯睿：《军民融合　提升"贵州制造"》，《当代贵州》2017 年第 27 期。

见》《中共贵州省委军民融合发展委员会关于建立省级军民融合发展协同工作组织体系的意见（试行）》《中共贵州省委军民融合发展委员会工作规则》《中共贵州省委军民融合发展委员会办公室工作规则》，为贵州省奋力开创军民融合发展新局面提供了坚强的政治保障。

在建立以绿色生态为导向的农业补贴制度方面，贵州省坚决落实国家决策部署，以绿色生态为导向进行农业补贴，出台了一系列补贴管理办法。省林业厅印发了《贵州省公益林保护和经营管理办法（2014 年修订）》，明确了地方财政森林生态效益补偿补贴方案。2014 年，省水库和生态移民局、省财政厅印发了《关于对移民素质提升和购置农机具实施补贴的通知》，明确了对符合要求的移民子女教育费用或其他职业技术培训费用进行补贴以及对移民户购置农机具进行补贴的补贴方案。2016 年 5 月，贵州省人民政府办公厅印发了《省人民政府办公厅关于建立病死畜禽无害化处理机制的实施意见》，明确要求建立健全无害化处理补贴政策体系，将病死畜禽无害化收集、处理设备纳入农机购置补贴范围。省农委和省财政厅还组织起草了《贵州省2018—2020 年农业机械购置补贴实施方案（征求意见稿）》。2020 年 1 月，农业农村部办公厅印发了《农业农村部办公厅关于肥料包装废弃物回收处理的指导意见》，明确要求"完善以绿色生态为导向的农业补贴制度，发挥市场在资源配置中的决定性作用，政府重点在使用、收集、回收环节进行引导和支持。鼓励供销合作社、专业化服务机构和个人回收肥料包装废弃物"，并要求在全国范围内进行试点工作。[①] 据此，2020 年 5 月，贵州省农业农村厅印发了《贵州省 2020 年肥料包装废弃物回收处理模式探索实施方案》，要求探索开展适宜本地的肥料包装废弃物回收处理模式和工作机制，鼓励开展试点工作，并提出了五大主要任务。

在健全绿色农产品市场体系方面，贵州省不断加强农产品品牌开发和建设，搭建好促销平台，探索多元化销售途径，积极支持农产品营销相关课题研究，形成了具有贵州特色的绿色农产品市场体系。目前，贵州省搭建了一系列农产品销售平台，如贵州绿色优质农产品库和贵州绿色农产品推介平台，整合了农产品种类、产出区域、价格及企业等农产品信息，促进了贵州省绿

---

① 《农业农村部办公厅关于肥料包装废弃物回收处理的指导意见》，中华人民共和国农业农村部网站，http://www.moa.gov.cn/gk/zcfg/nybgz/202001/t20200120_6336334.htm，2020 年 1 月20 日。

色农产品的销售。2017 年 5 月，贵州省人民政府办公厅印发了《贵州省绿色优质农产品促销工作实施方案》，明确指出围绕带动贫困农户脱贫增收目标，完善省内和省（境）外两个市场，加快构建农产品冷链物流、质量安全追溯和批发零售市场三个体系，大力促进贵州绿色优质农产品销售，不仅仅在省内医院、机关、企业、旅游景区、高速公路服务区等地方设立销售点，同时还利用"互联网＋"等新手段向省外及国外进行展示销售。① 2017 年 6 月，中共贵州省委办公厅、贵州省人民政府办公厅印发了《贵州省绿色农产品"泉涌"工程工作方案（2017—2020 年）》，强调要加强生态原产地绿色农产品的保护，加快品种品质品牌建设，提出重点发展生态畜牧业、茶产业、蔬菜产业、中药材产业、精品果业、马铃薯产业、核桃产业、油料产业、特色粮食产业、水产业"十大类绿色农产品"，在发展方式、经营制度、质量监管等方面加大改革创新力度。② 2017 年 6 月，省农委会主办了以"走向生态文明新时代，共享绿色农业发展红利"为主题的"贵州生态日"全省绿色农产品展示推广暨质量安全宣传活动，推广贵州省知名度较高、品质较好、市场前景较好的绿色农产品，提高了贵州绿色农产品的知名度。③ 同时，贵州省人民政府发展研究中心和省商务厅成立联合课题组，对贵州省绿色优质农产品市场营销开展了深入调研，形成了《聚焦中高端产品，打造生态化品牌，用市场的办法实现"黔货出山""黔货出国"——关于加快贵州省绿色优质农产品市场营销体系建设的调研报告》，认为贵州省绿色优质农产品营销主要存在六个方面的突出问题，并提出了四个解决方法和四条保障措施。④ 此外，2017 年，贵州省还进行贵州绿色优质农产品质量安全追溯体系项目建设，浙江甲骨文超级码科技股份有限公司、贵州省标准化院、贵州省食品安全云三家单位以资源共享形式合作，旨在建设贵州绿色优质农产品标准体系、

① 《省人民政府办公厅关于印发贵州省绿色优质农产品促销工作实施方案的通知》，贵州省人民政府网站，http://www.guizhou.gov.cn/zwgk/zcfg/szfwj_8191/qfbh_8197/201709/t20170925_824385.html，2017 年 5 月 10 日。
② 《省委办公厅 省人民政府办公厅印发〈贵州省绿色农产品"泉涌"工程工作方案（2017—2020 年）〉》，贵州省人民政府网站，http://www.guizhou.gov.cn/zwgk/zdlygk/snxx_31723/hnzc_31725/201811/t20181107_1894601.html，2017 年 5 月 31 日。
③ 《贵州生态日：绿色农产品"争宠"》，人民网，http://www.gz.people.com.cn/n2/2017/0618/c222152-30342644-2.html，2017 年 6 月 18 日。
④ 《贵州省政府发展研究中心完成加快全省绿色优质农产品市场营销体系建设的调研报告》，贵州省人民政府网站，http://www.guizhou.gov.cn/xwdt/dt_22/bm/201801/t20180112_1090403.html，2018 年 1 月 12 日。

贵州绿色优质农产品质量追溯体系、贵州绿色优质农产品品控追溯体系，为贵州绿色优质农产品的质量安全保驾护航。

在建立林业剩余物综合利用示范机制，推动林业剩余物生物质能气、热、电联产应用方面，贵州省积极探索林业剩余物综合利用机制，将其纳入《贵州省"十三五"节能减排综合工作方案》（第21条）。

在完善绿色建筑评价标识管理办法方面，省住房和城乡建设厅等有关部门积极探索，于2012年8月发布了《贵州省绿色建筑评价标识管理办法（试行）》。经过4年的试行实践，不断修订，于2016年发布了《贵州省绿色建筑评价标识管理办法》。2018年1月，省住房和城乡建设厅印发了《关于发布〈贵州省绿色建筑评价标准〉等4项贵州省工程建设地方标准的通知》，该标准将国家推荐标准《绿色建筑评价标准》（GB/T 50378—2014）的本地化指标具体化并作了部分延伸，结合贵州省的实际情况编制，对可持续发展具有重要的指导意义。

在装配式建筑推广使用方面，2017年10月，贵州省人民政府办公厅发布了《贵州省人民政府办公厅关于大力发展装配式建筑的实施意见》，该意见将装配式建筑的发展划分为试点示范期（2017—2020年）、推广应用期（2021—2023年）和积极发展期（2024—2025年）三个阶段，明确了发展装配式建筑的目标是力争到2025年底，全省装配式建筑占新建建筑面积比例达到30%，形成适应装配式建筑发展的市场机制和环境，建立完善的法律法规、技术标准和监管体系，培育一批设计、施工、部品部件规模化生产企业，培育一批具有现代装配建造技术水平的工程总承包企业，带动形成一批与之相适应的专业化技能队伍；此外，还提出了发展过程中的八个重点任务以及相关的政策支持和保障措施。

在推行垃圾分类收集处置方面，根据《生活垃圾分类制度实施方案》，2017年11月，贵州省发展和改革委员会和省住房和城乡建设厅印发了《贵州省生活垃圾分类制度实施方案》，要求2020年底前在贵阳市、遵义市、贵安新区先行实施生活垃圾强制分类。贵阳市率先制定了《贵阳市生活垃圾分类制度实施方案》。此外，贵阳市还针对餐饮垃圾出台了《餐厨废弃物管理办法（试行）》，明确规定对餐厨废弃物实行分类投放和专业收集、运输、集中处理。遵义、安顺、六盘水等地方也相继出台垃圾分类相关实施方案。2019年1月，《贵州省生态文明建设领导小组办公室关于全面推进我省生活垃圾分类工作的通知》要求，到 2020 年底，基本制定出台生活垃圾分类相关法规、规章，形成一批生活垃圾分类示范区；在进入焚烧和填埋设施之前，可回收生活垃圾（可回收物和易腐垃圾）回收利用率在 35% 以上。积极探索创新体制机制，提出"以建立居民'绿色账户''环保档案'等方式，对正确分类投放生活垃圾的居民给予可兑换积分奖励"及"逐步将生活垃圾强制分类主体纳入环境信用体系"等创新性机制。

在建立和完善水泥窑协同处置城市垃圾运行机制方面，早于 2013 年 9 月 22 日，贵州省人民政府就印发了《贵州省推行水泥窑协同处置生活垃圾实施方案》，决定从 2013 年起到 2015 年 3 年内实施 47 个水泥窑协同处理生活垃圾项目。① 2016 年，工信部和财政部批复同意贵阳市、遵义市、六盘水市、安顺市、铜仁市、黔南州 6 个市（州）水泥窑协同处置固体废物试点示范实施方案，支持贵阳海螺盘江水泥有限责任公司等 8 个水泥窑协同处置生活垃圾重点示范项目（见表 2 - 2）。

表 2 - 2　贵州省水泥窑协同处置固体废物试点示范项目一览

序号	项目名称
1	贵州贵阳海螺盘江水泥有限公司利用水泥工业新型干法窑处置生活垃圾及污泥工程
2	遵义市南部城区生活垃圾利用水泥窑协同处置项目
3	遵义市中心城区生活垃圾利用水泥窑协同处置项目
4	台泥（安顺）水泥有限公司 200 吨/日水泥窑协同处置城市生活垃圾项目
5	玉屏县利用水泥窑协同处理城市生活垃圾项目
6	水城县利用水泥窑协同处理城市生活垃圾项目
7	贵定县利用水泥工业新型干法窑处置生活垃圾工程
8	习水县利用水泥窑协同处理城市生活垃圾项目

资料来源：《贵州省组织开展水泥窑协同处置固体废物试点示范》，中华人民共和国工业和信息化部网站，http://www.miit.gov.cn/n1146285/n1146352/n3054355/n3057542/n3057551/c5252523/content.html，2016 年 9 月 13 日。

与卫生填埋、高温堆肥和焚烧等传统的城市生活垃圾处置方式相比，水泥窑协同处置城市生活垃圾的方式具运行费用低、经济效果好、建设投资少和无害化彻底等优点，同时还能充分利用垃圾焚烧进行发电，创造经济价

① 《省政府印发〈贵州省推行水泥窑协同处置生活垃圾实施方案〉》，贵州省人民政府网站，http://www.guizhou.gov.cn/xwdt/djfb/201709/t20170925_875422.html，2013 年 9 月 22 日。

值。① 自 2013 年以来，贵州省已建成贵阳海螺盘江、贵定海螺盘江、遵义海螺盘江、遵义砺锋水泥（原遵义三岔拉法基水泥有限公司）、玉屏科特林、安顺台泥、水城海螺盘江、习水赛德、黔西西南水泥等企业共 9 套水泥窑协同处置生活垃圾（污泥）装置，日处理生活垃圾能力为 2950 吨，年无害化处置垃圾能力为 90 万吨左右，每年可节约填埋土地约 260 亩、节约能源 18.4 万吨标准煤。2018 年，贵州省协同处置生活垃圾达 50 万吨，占全省垃圾处置量的 9% 左右；还协同处置污泥 10 万吨。②

3. 完善促进绿色发展市场机制

在对排污不达标企业实施强制委托限期第三方治理方面，贵州省环境保护厅早在 2014 年就开始启动了第三方治理工作，2015 年发布了《贵州省环境污染第三方治理实施办法（暂行）》。2017 年 12 月，贵州省发展和改革委员会和环境保护厅制定了《贵州省培育发展环境治理和生态保护市场主体实施意见》，要求到 2020 年，全省环保产业总产值达到 400 亿元，年均增长 15% 以上；培育一批具有重要影响力、带动力的环保龙头企业，打造一批聚集度高、优势特征明显的环保产业示范基地和科技转化平台，要求推行环境污染第三方治理模式，对排污不达标企业实施强制委托期限第三方治理。

在实行碳排放权交易制度方面，2016 年 4 月，《贵州省发展改革委关于同意贵州环境能源交易所有限公司作为贵州省碳排放权交易服务平台的函》同意贵州环境能源交易所有限公司作为贵州省碳排放权交易服务平台，该平台成为全国非试点地区第一个被省级碳交易主管部门确定的省级碳排放权交易服务平台，为全省开展碳排放权交易夯实了基础。2017 年 3 月，贵州省人民政府发布了《贵州省"十三五"控制温室气体排放工作实施方案》，提出通过建立碳排放权交易制度、建设碳排放权交易市场和强化碳排放权交易基础支撑能力，最终建立完善碳排放权交易市场。此外，贵州省利用丰富的林业碳汇资源，开展单株碳汇精准扶贫试点工作，探索"互联网 + 生态建设 + 精准扶贫"的扶贫新模式。作为贵州省单株碳汇项目正式实施的第一个试点

①　李晓静、野祎宁、戴淑芬、熊运贵：《水泥窑协同处置城市垃圾的优势分析》，《建筑经济》2015 年第 3 期；刘典福、谢军、孙雍春、周超群：《我国水泥窑协同处置城市生活垃圾技术进展》，《能源研究与利用》2019 年第 1 期。

②　《贵州省 9 套装置年无害化处置垃圾能力 90 万吨》，新华网，http://www.m.xinhuanet.com/gz/2019 – 06/23/c_1124659823.htm，2019 年 6 月 23 日。

村，关口村共有近110户贫困户参与碳汇树项目，其中有95户约6万株柳杉符合碳汇树的要求。截至2019年6月，全村共销售了35271株碳汇树，收益为105813元，2018年户均增收约1114元。① 2020年2月，《省人民政府办公厅关于深化公共资源交易平台整合共享的实施意见》要求进一步深化碳排放权等公共资源交易领域改革，创新机制、优化服务、强化监管，促进公共资源交易市场健康有序发展。

在排污权有偿使用和交易制度及排污权交易管理信息系统建设方面，贵州省先后出台了《贵州省排污权有偿使用和交易试点方案》和《贵州省排污权交易指标补充规定（暂行）》，对排污权有偿使用和交易进行规范管理。2015年5月，贵州省环境保护厅下发了《贵州省环境保护厅关于开展贵州省排污权初始分配的通知》，为开展和推进排污权有偿使用和交易奠定了基础。为建设好排污权交易管理信息系统，构建更好的排污权有偿使用和交易制度，贵州省公开招标环境科技项目，2016年6月，贵州省公开招标"贵州省排污权交易及数据云管理体系相应系统及平台建设项目"（项目编号：GBZ2016 - N2003）;② 2017年10月，贵州省公开招标"《贵州省排污权交易实施细则》环境科技项目"（项目编号：ZFCG - LBLH2017031 - 9）和"《贵州省排污权初始分配及有偿使用办法》环境科技项目"（项目编号：ZFCG - LBLH2017031 - 8）。③

在推进农业水价综合改革、开展水权交易试点方面，早于2013年，贵州省贵定县、惠水县就成为全国农业水价综合改革试点县。在结合试点工作经验并深入调研基础上，省水利厅推行农田水利工程"建、管、养、用"一体化，农业灌溉的事由农民自己办的新模式，试点区域范围内农业节水达到了15%。④ 2017年3月，贵州省人民政府办公厅印发了《省人民政府办公厅关于推进农业水价综合改革的实施意见》，提出用10年时间，建立健全农村水

---

① 《碳汇交易有望成为贵州山区群众增收新渠道》，贵州省人民政府网站，http://www.guizhou.gov.cn/xwdt/mtkgz/201906/t20190624_5111798.html，2019年6月24日。

② 《贵州省排污权交易及数据云管理体系相应系统及平台建设项目废标公告》，贵州省政府采购网，http://www.ccgp - guizhou.gov.cn/home/view - 1153488085289816 - 4676565421360313.html，2016年7月12日。

③ 《〈贵州省排污权初始分配及有偿使用办法〉环境科技项目采购公告》，中国政府采购网，http://www.ccgp.gov.cn/cggg/dfgg/jzxcs/201710/t20171026_9055683.htm，2017年10月26日。

④ 《贵州农业水价综合改革透视——农民用水自治打通水价改革"最后一公里"》，中国节水灌溉网，http://www.jsgg.com.cn/Index/Display.asp? NewsID = 20464，2015年10月14日。

价相关的体制机制，实现先进节水技术的应用，优化农村种植结构，促进农村用水方式由粗放式向集约式发展。截至 2020 年铜仁市、六盘水市、安顺市、遵义市等市（州）、县已经出台了推进农业水价综合改革实施方案，多地推进农村水价综合改革试点。2018 年 5 月 23 日，省水利厅组织召开了水权交易试点调研工作座谈会，对由珠江水利科学研究院编制贵州省试点县水权工作实施方案及贵州省水权交易管理办法进行了讨论。2020 年 5 月，贵州省发展和改革委员会与水利厅印发了《关于加强农村供水价格管理的通知》，旨在加强农村供水价格管理，维护农民权益，提高群众满意度并增强其获得感，促进农村供水可持续发展。

4. 建立健全绿色金融制度

在建立健全绿色金融制度方面，2016 年 12 月，《省人民政府办公厅关于加快绿色金融发展的实施意见》强调，要加快绿色金融发展，构建具有贵州特色的绿色金融体系，明确了贵州省绿色金融发展的总体要求和主要目标，提出要建立多层次的绿色金融组织体系、多元化的产品和市场服务体系和多层级的绿色金融政策支持体系。2017 年 6 月 23 日，中国人民银行、贵州省发展和改革委员会、环境保护部等六部门联合印发了《贵州省贵安新区建设绿色金融改革创新试验区总体方案》，要求加快推进贵州建设生态文明先行示范区，充分发挥绿色金融在调结构、转方式、促进生态文明建设、推动经济可持续发展等方面的积极作用，探索绿色金融引导西部欠发达地区经济转型发展的有效途径，为构建中国绿色金融体系积累经验。2017 年 9 月，贵州省人民政府办公厅印发了《贵安新区建设绿色金融改革创新试验区任务清单》，强调要加强各部门之间的沟通衔接，信息报送要及时并加强监督检查。为加快绿色金融发展，贵安新区于 2016 年 1 月设立中共贵州贵安新区绿色金融港工作委员会、贵州贵安新区绿色金融港管理委员会。2017 年 10 月，贵州银行、贵阳银行、海际证券等地方法人金融机构决定在贵安新区成立绿色金融事业部。2018 年 7 月，《贵州贵安新区管理委员会办公室关于印发〈贵安新区绿色金融改革创新试验区建设实施方案〉的通知》提出保持绿色信贷投放规模，支持金融机构提供更多绿色金融产品和服务，建立完善绿色金融体系。方案提出，到 2020 年，实现贵安新区绿色信贷贷款余额达到 300 亿元，力争达到 500 亿元；绿色债券规模累计达到 50 亿元，力争达到 100 亿元；绿色基金规模达到 100 亿元，力争达到 200 亿元；绿色保险覆盖面不断扩大，形成辐射面广、影响力强的绿色金融综合服务体系，推动贵安新区绿色资源资本化和经济社会绿色转型发展。①

在创新绿色金融产品和服务方面，中国人民银行贵阳中心支行、中国银监会贵州监管局等相关部门积极探索绿色金融产品，兴业银行早在2014年就在贵州成立了首家生态支行，对绿色信贷实行差异化政策。2018年9月，贵州省贵安新区13家银行业金融机构组织召开了贵安新区绿色金融行业自律机制成立大会，表决通过《贵州省贵安新区绿色金融行业自律机制工作指引（暂行）》，共同签署了《贵州省贵安新区绿色金融行业自律机制公约（暂行）》，通过行业自律管理，规范、引导和监督市场主体有序开展绿色金融业务，通过机制建设规范引导标准制定和制度创新，推进贵安新区绿色金融改革创新试验区内绿色金融行业的市场化进程。

在加大绿色信贷发放力度、完善绿色信贷支持制度、明确贷款人的尽职免责要求和环境保护法律责任方面，2019年6月，贵州省地方金融监管局和贵安新区管委会联合发布《贵州省绿色金融项目标准及评估办法（试行）》，重点围绕生态利用，绿色能源，清洁交通，建筑节能与绿色建筑，生态环境保护及资源循环利用，城镇、园区绿色升级，生物多样性保护等七大产业，制定了绿色项目评估标准。该办法建立了（重大）绿色金融项目的评估标准、程序、流程以及资金投放后的跟踪管理监督机制，为贵州省绿色产业、绿色金融的发展奠定了良好的基础。贵州银行结合"三变"改革和美丽乡村建设，大力支持小微企业、个体经营户发展乡村旅游；贵阳银行推出了茶园贷、猕猴桃贷等涉农绿色信贷产品，发放了全国首笔数据资产抵质押贷款；工商银行贵州省分行开展了专利权、商标权、特许经营权等无形资产的抵质押贷款；农业银行贵州省分行开发了美丽乡村贷、毛尖贷、药品专利权抵质押贷款等产品，并以"后置抵押"方式给予贵安云谷绿色项目3亿元的绿色信贷等。截至2019年二季度末，在全省的共同努力下，绿色金融取得了初步成效，融资规模达3189.088亿元，贵安试验区达164.4265亿元。其中，全省绿色贷款达2605.2754亿元，贵安试验区达164.4265亿元；全省绿色金融债达100亿元；全省绿色企业境内股票融资464.151亿元，绿色基金募集余

---

① 《贵安新区绿色金融改革创新试验区建设实施方案》，贵州贵安新区管委会网站，http://www.gaxq.gov.cn/zwgk/xxgkml/jcxxgk/zcwj/xqwj/201812/t20181217_1985853.html，2018年7月5日。

额 101.4291 亿元，投资余额 196.616 亿元。①

　　绿色债券是指将所得资金专门用于资助符合规定条件的绿色项目或为这些项目进行再融资的债券工具，是近年来国际社会为应对气候环境变化开发的一种新型金融工具。② 我国绿色债券发展始于 2015 年 12 月，由中国人民银行推出。2015 年 12 月，国家发改委办公厅印发了《绿色债券发行指引》，明确了绿色债券募集资金主要适用范围和支持重点。2018 年 8 月，贵阳银行成功发行贵州省首只绿色金融债券，该只绿色金融债券注册金额 80 亿元，首期发行金额 50 亿元，期限 3 年，发行利率为 4.34%。债券募集资金全部用于《绿色债券支持项目目录》中规定的绿色产业项目，涉及污染防治、资源节约与循环利用、生态保护和气候变化适应等领域。2019 年 11 月，贵州省水投集团公司成功发行 32 亿元绿色债券，中天城投集团有限公司成功获批发行绿色债券不超过 49 亿元。

　　绿色保险在学术界被普遍认为是指环境污染责任保险。③ 2007 年 12 月，国家环境保护总局在《关于环境污染责任保险工作的指导意见》中指出，环境污染责任保险是以企业发生污染事故对第三者造成的损害依法应承担的赔偿责任为标的的保险。工业化时代污染事故频发，一些污染事故受害者得不到及时赔偿，引发出一系列社会矛盾，环境污染责任保险对维护污染受害者合法权益，降低企业风险，加强企业环境风险防范意识具有重要的意义。2017 年 12 月，环境污染责任保险服务平台发布及政策研讨会在贵阳市成功召开，环境污染责任保险服务平台的推出为推动环境污染强制责任保险制度实践提供了一套系统性、实用性方案和工具。2017 年 12 月 18 日，贵州省环境保护厅印发了《贵州省关于开展环境污染强制责任保险试点工作方案》，提出贵州省 2018 年将在遵义市、黔南州、贵安新区开展环境污染强制责任保险试点。2019 年 3 月，中国人民财产保险股份有限公司在贵安新区建立全国首个"绿色金融"保险服务创新实验室，为贵州生态文明建设、绿色金融发

---

① 《两年来，贵州绿色金融融资规模达 3189.088 亿元》，百家号，https://www.baijiahao.baidu.com/s？id=1646076078357206465&wfr=spider&for=pc，2019 年 9 月 30 日。

② 秦绪红：《发达国家推进绿色债券发展的主要做法及对我国的启示》，《金融理论与实践》2015 年第 12 期；郑颖昊：《经济转型背景下我国绿色债券发展的现状与展望》，《当代经济管理》2016 年第 6 期。

③ 富若松：《绿色保险研究》，《首都经济贸易大学学报》2005 年第 4 期；吕秀萍、黄华、程万昕、贾建国：《基于可持续发展的绿色保险研究——一个新的视角》，《生产力研究》2011 年第 11 期。

展添砖加瓦。

在依法建立强制性环境污染责任保险制度，选择环境风险高、环境污染事件较为集中的区域，深入开展环境污染强制责任保险试点方面，2017 年 12 月，贵州省环境保护厅、中国保险监督管理委员会贵州监管局联合出台《贵州省关于开展环境污染强制责任保险试点工作方案》，该方案确定在遵义市、黔南州、贵安新区开展试点工作，明确了开展环境污染强制责任保险试点工作范围，以及准备阶段、试点阶段、推广阶段试点工作步骤。2019 年 1 月，贵州省印发《贵州省生态环境厅关于印发〈贵州省环境污染责任保险风险评估指南（试行）〉的通知》，2019 年 3 月，贵州省环境污染强制责任保险已完成第一批试点企业承保出单工作，标志着贵州省环境污染强制责任保险试点取得了阶段性胜利，也为新一轮全国环境污染强制责任保险试点工作奠定了坚实的基础。①

在鼓励保险机构探索发展环境污染责任保险、森林保险、农牧业灾害保险等产品方面，贵州省始终保持"政府引导、市场运作、自主自愿、协同推进"的原则，以"共保经营"为主要方式，逐步扩大贵州省绿色保险险种和范围，探索绿色保险新路子。至今，贵州省出台了《省人民政府办公厅关于进一步做好全省政策性农业保险工作的通知》《关于绿色金融助推林业改革发展的指导意见》等文件，先后启动了烤烟险、茶叶险、中药材险、辣椒险等多个涉农保险。市（州）政府也积极开展试点，如铜仁市积极探索"保险＋融资"试点，不断提升保险在现代农业中的地位与作用，助推乡村振兴。2018 年，在种植业方面，铜仁市全市中央政策性农业保险涵盖水稻、玉米、小麦、油菜、马铃薯等多个农产品品种，投保面积总计 145.68 万亩，参保农户达 62.86 万户次，实现保费收入 3954.41 万元，已赔款 156.72 万元。其中，水稻投保 78.51 万亩，玉米投保 34.24 万亩，油菜投保 24.6 万亩，马铃薯投保 8.15 万亩，小麦投保 0.18 万亩。在畜牧业方面，全市中央政策性农业保险开办品种有能繁母猪险和育肥猪险，总计投保 53.7 万头，参保农户达 49.46 万户次，实现保费收入 1919.42 万元，已赔款 436.18 万元。其中，能繁母猪投保 8.66 万头，育肥猪投保 45.04 万头。②

① 《贵州省环境污染强制责任保险已完成第一批试点企业承保出单工作》，贵州省生态环境厅网站，http://www.sthj.guizhou.gov.cn/zcfg/gzdt_70650/201903/t20190306_16606995.html，2019 年 3 月 4 日。

② 《"保险＋融资"为铜仁市农业撑起"保护伞"》，贵州省人民政府网站，http://www.guizhou.gov.cn/xwdt/dt_22/df/tr/201812/t20181207_1959892.html，2018 年 12 月 7 日。

三　绿色发展制度创新试验的重难点问题

（一）绿色发展制度创新试验的重点问题

经考察贵州绿色发展制度创新试验现状，我们认为，存在以下几个重点问题。

1. 绿色发展信息化、公开化问题

从前面的叙述可以看出，《国家生态文明试验区（贵州）实施方案》关于"绿色发展"的具体要求，绝大部分贵州都已达标，但仍有少部分没有取得实质性进展（当然，不排除有了解不到位的情况）。如在建立健全资源产出率统计体系方面，目前还没有相关的方案；在以绿色生态为导向的农业补贴制度方面，也没有检索到相关的方案、制度或报道；在 2017 年建成排污权交易管理信息系统方面，虽然能够检索到"贵州环境能源交易网"（http://gzeeex. cn/），网站上规划了碳排放权交易、排污权交易、物流交易、水权交易和节能量交易板块，但似乎已停止运行，最近的更新仍然停留在 2015 年。这说明相关部门并没有向社会公开绿色发展具体情况。

尽管建立专门的信息平台，将绿色发展情况信息化、公开化有十分重要的意义，如便于政府及时总结绿色发展进程，深入了解绿色发展中存在的薄弱环节，及时制定应对策略，有利于政府各部门之间的交流与沟通等，可由于绿色发展涉及的领域、行业和部门很多，协调起来有相当大的困难，故相关工作举步维艰，不仅相关的平台尚未建立或建设缓慢，相关的体制机制建设也严重滞后。因此，缺乏全面的信息化、公开化机制和专门信息平台是贵州绿色发展制度创新试验存在的一个重点问题。

2. 绿色矿山、绿色金融发展问题

习近平总书记在中央政治局第三次集体学习时强调，要建设资源节约、环境友好的绿色发展体系。[①] 绿色发展体系建设是一项系统性工程，必须有相应的制度和科学技术作支撑。洪大用认为，绿色发展体系建设需要完善资源环境监测体系、绿色发展决策体系、绿色产业布局体系、生态产品供给体

---

① 《习近平：深刻认识建设现代化经济体系重要性　推动我国经济发展焕发新活力迈上新台阶》，中华人民共和国中央人民政府网站，http://www.gov.cn/xinwen/2018 – 01/31/content_5262618. htm，2018 年 1 月 31 日。

系、生态环境治理体系、绿色技术创新体系、绿色投融资体系和绿色发展价值体系等。[①] 建设绿色发展体系对于生态文明建设、经济社会发展等都有非常重要的意义。作为国家生态文明试验区，贵州应当把构建绿色发展体系作为重要任务，在绿色发展体系建设方面作出示范。可就目前的具体情况看，还存在缺陷，主要表现在如下几个方面。

第一，绿色矿山建设制度不完善。贵州省矿产资源丰富，针对矿产开发带来的一系列环境污染、矿山地质灾害、生态破坏等问题，2015 年，贵州省印发了《贵州省矿山地质灾害和地质环境治理恢复保证金管理办法》，要求对绿色矿山建设企业收取一定比例保证金，缴纳金额根据矿山设计开采规模、缴存基价、开采影响系数、开采年限等参数进行计算。在绿色矿山建设企业资金缺口本身就很大的背景下，再收取一定比例的保证金无疑是雪上加霜，煤炭企业资金短缺最为突出。为解决煤矿复工复产资金困难，2016 年 11 月，贵州省召开金融机构支持煤矿企业对接会，签订了《贵州省金融支持煤矿企业复工复产"政金企"合作协议书》，为 72 处煤矿提供专项贷款 9.65 亿元。[②] 显然，在绿色矿山制度建设方面，还有很多问题值得我们深入研究解决。

第二，绿色金融制度及绿色市场不完善。绿色金融体系是指通过绿色信贷、绿色债券、绿色股票指数、绿色发展基金、绿色保险、碳金融等金融工具和相关政策支持经济向绿色化转型的制度安排。绿色金融是实现绿色发展的重要保障，也是生态文明建设的重要内容。2016 年，中国人民银行、财政部等在《关于构建绿色金融体系的指导意见》中指出，构建绿色金融体系的主要目的是动员和激励更多社会资本投入绿色产业，同时更有效地抑制污染性投资。[③] 可就贵州目前的情况来看，在绿色金融体系建设方面，还存在一系列问题。其一，绿色发展法治保障不足。目前贵州的生态文明法治建设主要针对的是生态环境保护及治理，而关于绿色金融，还没有制定相应的法规，在排污权交易、碳排放权交易等方面，都还无法可依。其二，缺乏地方探索

---

① 洪大用：《加快建设绿色发展体系》，《人民日报》2018 年 4 月 24 日，第 7 版。
② 《我省召开金融机构支持煤矿企业对接会》，贵州省能源局网站，http://nyj.guizhou.gov.cn/zwgk/xxgkml/xwfbh/201704/t20170427_27678756.html，2016 年 11 月 9 日。
③ 中国人民银行、财政部等：《关于构建绿色金融体系的指导意见》，中华人民共和国生态环境部网站，http://www.mee.gov.cn/gkml/hbb/gwy/201611/t20161124_368163.htm，2016 年 8 月 31 日。

和顶层设计之间的衔接机制。地方政府拥有的权限较低,不利于地方进行业务创新。其三,绿色标准不统一。目前,国内有两套绿色债券标准,分别是中国人民银行下属的中国金融学会绿色金融专业委员会制定的《中国绿色债券项目支持目录(2015 年版)》和国家发改委制定的《绿色债券发行指引》。前者的绿色标准共有六大类(一级分类)和 31 个小类(二级分类),而后者的绿色标准有十二大项。此外,在绿色金融工具之间也存在标准差异,2012年银监会通过的《绿色信贷指引》等文件对绿色信贷制定了认定标准,中国人民银行和国家发改委也分别对绿色债券制定了认定标准,二者之间没有形成统一的标准。① 在绿色市场方面,也存在不少问题。如在消费品市场中,一些无绿色专用商标、没有专门机构认证甚至假冒伪劣产品大肆流通,冲击绿色市场,不仅侵害了消费者权益,更阻碍了绿色发展步伐。这种现象出现的原因主要包括两个方面:一是政府监管不力,对绿色产品的认证体制不完善,认证技术的专业性不足;二是市场主体自身素质不高,没有对绿色产品的真正价值和意义形成科学全面的认知与理解。当然,绿色市场体系建设也要遵循市场规律,在发展绿色产品,特别是绿色农产品时,要防止出现产品供需关系失衡。

3. 绿色发展意识问题

由于经济、教育相对落后,贫困地区较多,总体上看,贵州居民的生态文明意识普遍不强。如为了加强城市垃圾分类管理,作为试点城市的贵阳市制定了《贵阳市生活垃圾分类制度实施方案》《餐厨废弃物管理办法(试行)》等一系列制度性文件,可许多市民在扔垃圾时,并没有生活垃圾分类意识,在公共区域扔垃圾时对垃圾箱上的标识也视而不见。一些地方干部为了追求经济发展目标,对生态环境保护不够,环境法治观念不强。2012 年,中央纪委驻环境保护部纪检组组长傅雯娟在贵州进行生态文明建设调研时,就要求贵州"加大对生态文明建设理论和实践的学习、宣传和贯彻力度,使全省上下深刻认识生态文明建设的重大意义,让生态文明建设成为各级各部门的自觉行为",要"主动查找生态文明建设中存在的问题和困难"②。

---

① 王辉、田辉、蓝虹:《贵州绿色金融发展的实践与建议》,《中国经济时报》2018 年 4 月 11 日。
② 《傅雯娟在贵州调研生态文明建设时强调 发挥独特优势建设生态文明》,中华人民共和国生态环境部网站,http://www.mee.gov.cn/ywdt/hjnews/201202/t20120209_223272.shtml,2012年 2 月 9 日。

（二）绿色发展制度创新试验的难点问题

经考察贵州绿色发展制度创新试验现状，我们认为，存在以下几个难点问题。

1. 绿色矿山建设标准问题

绿色矿山建设标准体系的建立，是为了监督管理绿色矿山，推动矿产资源开发在综合利用、节能减排、环境保护、土地复垦等方面的技术进步，引导和规范矿产资源的开发与使用。为达到这一目的，在绿色矿山建设标准体系建构中，就应强化标准的量化。因为标准不量化，就难以作出客观的评价。《国家级绿色矿山试点单位验收评价指标及评分表》虽然设置了十大类35项指标，但量化指标仅有6项，其余的均为定性指标。贵州是矿产资源大省，矿产种类繁多，统一绿色矿山建设标准本身就很不容易，要将标准量化则更难。

2. 绿色金融资金问题

作为首批国家级绿色金融改革创新试验区，贵安新区在推进绿色金融方面虽然取得了不少成果，但从贵州全省来看，绿色金融在发展中还存在不少问题。除前文所述的绿色金融体系建设不完善以外，绿色金融资金匮乏、来源单一也是较为突出的问题。据贵安新区绿色金融发展研究课题组估算，"十三五"期间贵州省需要在固废处理、节能、污水处理、生态产品开发等绿色发展相关领域投资2.6万亿元，但截至2016年，绿色金融总供给为1530.8亿元，绿色金融供需差距巨大。[①] 不仅如此，绿色金融的资金来源还比较单一，以银行贷款为主。因此，绿色金融资金匮乏、来源单一是制约绿色发展的一个难点问题。

四　解决绿色发展制度创新试验重难点问题的对策

（一）解决绿色发展制度创新试验重点问题的对策

1. 关于绿色发展信息化、公开化问题

在推动绿色发展信息化、公开化方面，我们认为，应采取如下措施。

---

① 王辉：《贵州绿色金融发展的实践与建议》，《中国经济时报》2018年4月11日。

第一，要健全贵州省生态文明建设网的平台功能，并让平台的作用得到充分发挥。首先，加强对生态文明建设的宣传，建立贵州生态文明建设官方网络平台或专栏。目前，贵州省生态文明研究会、贵州省经济社会发展研究会和贵州省工业清洁生产促进会已联合建立了贵州省生态文明建设网（http://www.gzstwmjsw.com/），但并没有起到较好的宣传作用。其次，配置网络平台或专栏管理人员，对网络平台或专栏内容进行专业管理。如此更加有利于相关政策文件的全面统计，相关时事要闻的及时发布，避免发布重要信息不全面、不及时，内容分类不明确等问题。最后，可以加强重要或有重大意义文章转载，这对生态文明建设相关工作者能力的提升起到非常积极的作用，同时可以为生态文明建设实践提供丰富的理论支持。

第二，要加强贵州省生态文明建设网的版面建设。首先，网站应该区分生态文明建设相关信息的性质，并对其进行分类。比如应将国家层面和贵州省层面的信息区分开来，不能混杂在一起。其次，应设立贵州省生态文明建设专栏，专门发布贵州省的生态文明建设信息，专栏应呈现生态文明建设主要任务、主要建设部门、建设进展等内容，并对重要内容进行清单式总结。最后，可以开设疑难问题板块，或以科研项目形式公开招标，集合社会群体的智慧与建议，更好地解决生态文明建设过程中的困难，促进生态文明建设顺利进行。

2. 关于绿色矿山、绿色金融发展问题

第一，在绿色矿山发展方面，首先，应完善矿产开发与生态环境保护的配套法律法规，建立监督管理及技术指标体系，并将标准量化。其次，应加强地质环境容量评价和矿山地质环境调查，确定区域地球化学基线，研制矿床地质环境模型，制定区域环境评价指标体系。通过加大科技投入促进科技创新，开发急缺矿种绿色选治工艺和设备，选择典型矿山开展绿色矿山建设新方法的研究和试验，在总结经验的基础上研究制定绿色矿山建设的规范和标准等，提高绿色矿山建设工作的科技水平。在完善矿山自然生态环境治理备用金制度方面，可以建立矿山企业环境保护信用评价体系，根据矿山企业发展实际情况及信用度收取一定的环境治理备用金，这样可以有效促进矿山企业良性发展，同时也能减轻矿山企业的经济发展压力。

第二，在绿色金融发展方面，要加强与绿色金融体系建设相关的财政、金融、环保政策与相关法律法规建设，建立健全不同层次政府之间的衔接机

制，以及政府与其他社会群体之间的沟通合作机制。支持设立各类绿色发展基金，实行市场化运作，将权力下放到地方政府，对各类绿色发展基金投资项目进行第三方评估。采取放宽市场准入、完善公共服务定价机制、实施特许经营模式、落实财税和土地政策等措施，完善收益和成本风险共担机制。同时发展绿色融资工具，拓宽绿色融资渠道，创新金融产品。修订不合理的制度或标准，统一不同标准。强化政府部门在绿色市场建设中的职能与作用，加强绿色市场监管，维护好绿色市场秩序。对于市场中出现的绿色产品应当实行严格的认证制度，不合格的产品或者企业禁止进入市场。加大市场抽查力度，不定期开展绿色产品排查，赋予环保部门、工商部门相应的市场监管权力。监督检查的结果应当及时向社会公布。整治绿色市场经济秩序应当处理好认证、监管、处罚三者之间的关系，建立更为细致的执行制度。对合格或者不合格的绿色产品实行认证责任制，对认证主体实行终身责任制。

3. 关于绿色发展意识问题

一要加强绿色发展理念的宣传教育，引导公众树立绿色生活理念。在学校、机关单位、社区积极开展生态文明绿色发展教育，普及绿色生活知识，加强学生的生态文明观、居民的绿色消费观、政府官员的绿色政绩观教育，引导居民从小事做起。

二要培育全民生态文明价值观。鼓励全社会积极践行节约资源和保护环境的生活方式，只要社会公众都投入保护环境的行动中来，就能实现生活方式的绿色化转变，就能加快生态文明建设步伐，实现环境和经济的协同发展。此外，应加强生态文明意识的培育，创新让老百姓可接受、可融入的生态文明绿色发展宣传方式，让区域内老百姓能切实感受到生态文明绿色发展所带来的好处。

（二）解决绿色发展制度创新试验难点问题的对策

1. 关于绿色矿山建设标准问题

要有效解决绿色矿山建设标准问题，我们认为，应从以下几个方面入手。

一要抓好《关于加快建设绿色矿山的实施意见》的贯彻落实工作。为建设绿色矿山，2017年3月，国土资源部、财政部、环境保护部等印发了《关于加快建设绿色矿山的实施意见》，提出要建立绿色矿业发展工作新机制，研究建立国家、省、市、县四级联创，企业主建，第三方评估，社会监督的绿色矿山建设工作体系，健全绿色勘查和绿色矿山建设标准体系，完善配套激励政策体系，构建绿色矿业发展长效机制，为绿色矿山建设提供了基本遵循，应将其落实落细。

二要加强与相关高校及研究机构的协同合作。可以设立专项基金项目，对绿色矿山建设进行基础性研究，在此基础上建立绿色矿山大数据，并量化评价标准，形成一套健全的绿色矿山建设标准体系。

三要鼓励支持产、学、研深度融合，加强选矿工艺和设备创新。

2. 关于绿色金融资金问题

其一，政府相关部门应建立健全绿色金融制度和出台相关配套法规，加强绿色金融监管，防范绿色金融风险，保证参与绿色发展资金的安全和合理利用。

其二，要制定相应的政策措施，倡导社会资金参与绿色金融发展。要鼓励相关企业与高校、科研机构合作，以市场为导向，通过产、学、研融合的方式，带动绿色新产品、绿色新工艺、绿色新技术的创新发展。

其三，要积极发展创新绿色保险、绿色债券等绿色金融产品，开展绿色金融服务，减少绿色金融资金压力，激发绿色金融活力。

第三章

生态脱贫制度创新试验

贵州"既面临全国普遍存在的结构性生态环境问题，又面临水土流失和石漠化仍较突出、生态环保基础设施严重滞后等特殊问题；既面临加快发展、决战决胜脱贫攻坚的紧迫任务，又面临资源环境约束趋紧、城镇发展和农业生态空间布局亟待优化的严峻挑战"①，故《国家生态文明试验区（贵州）实施方案》不仅将"生态脱贫攻坚示范区"作为国家生态文明试验区（贵州）建设的一个战略定位，而且将"开展生态脱贫制度创新试验"作为国家生态文明试验区（贵州）建设的一个重点任务，其目的就是要通过"大生态与大扶贫深度融合"，实现"绿水青山就是金山银山"的科学构想。

一 生态脱贫与生态文明建设的关系

（一）生态脱贫的基本内涵

除"生态脱贫"外，理论与实际工作中还经常使用"生态扶贫"这个提法。这两种提法应为同一概念的不同表述，其实质就是要把生态环境保护和建设作为脱贫攻坚的一个重要途径，即通过生态环境保护和建设达到脱贫攻坚的目的。

关于生态脱贫的基本内涵，学术界多有讨论，虽有各种不同的说法，但所表达的意思基本一致。杨文举认为，生态扶贫是在既定资源环境状况和经济发展水平下，凭借各种可能途径增强贫困户的生态环境意识，通过改善环境，平衡生态，依托现代农业、工业和信息产业等领域科技知识，大力发展

---

① 中共中央办公厅、国务院办公厅：《国家生态文明试验区（贵州）实施方案》。

生态化产业，使贫困地区的经济社会发展和生态环境保护相协调。① 罗霞等认为，生态扶贫是指从改变贫困地区的生态与环境入手，加强基础设施建设，从而改变贫困地区的生产与生活环境，使贫困地区实现可持续发展的一种扶贫方式。② 查燕等侧重于从生态系统的角度来界定生态扶贫，认为生态扶贫是从改变贫困地区的生态环境入手，通过加强基础设施建设，改变贫困地区生产与生活环境，强化贫困地区的生态服务功能，探索一条投资少、效益高、符合国情的可持续扶贫方式。③ 刘慧、叶尔肯·吾扎提从人口、资源和环境的关系视角讨论了生态扶贫，认为生态扶贫要坚持生态建设与扶贫开发同步进行、生态恢复与脱贫致富相互协调的原则，为贫困地区提供生态就业机会，通过生态移民和劳务输出减轻人口对生态环境的压力。④ 杨文静将绿色发展理念与扶贫相结合，认为生态扶贫是指在绿色发展理念下，以实现贫困地区绿色、可持续发展为指向，将生态保护与扶贫开发有机结合，在保护生态环境中发展经济，在经济发展中保护生态环境的一种绿色扶贫思想和方式。⑤ 沈茂英、杨萍认为，生态脱贫是在贯彻落实国家主体功能区制度基础上，以保护和改善贫困地区生态环境为出发点，以提供生态服务产品为归宿，通过生态建设项目的实施，发展生态产业，构建多层次生态产品与生态服务消费体系，培育生态服务消费市场，以促进贫困地区生态系统健康发展和贫困人口可持续生计能力提升，实现贫困地区人口、经济、社会可持续发展的一种扶贫模式。⑥ 骆方金认为，生态扶贫是以绿色发展理念为指导，以脱贫致富和生态改善为目标，以增强扶贫脱贫主体绿色扶贫脱贫能力为根本，以贫困地区生产生活条件改善为基础，以科技进步和创新为动力，以制度建设和创新为保障，政府引导下企业、社会组织和志愿者协同参与的绿色高效的新型扶贫方式。⑦ 李仙娥等认为，生态扶贫是五大发展理念（创新、协调、绿色、

① 杨文举：《西部农村脱贫新思路——生态脱贫》，《重庆社会科学》2002 年第 2 期。

② 罗霞等：《生态扶贫（新词·新概念）》，《人民日报》2002 年 10 月 28 日。

③ 查燕、王惠荣、蔡典雄、武雪萍：《宁夏生态扶贫现状与发展战略研究》，《中国农业资源与区划》2012 年第 1 期。

④ 刘慧、叶尔肯·吾扎提：《中国西部地区生态扶贫策略研究》，《中国人口·资源与环境》2013 年第 10 期。

⑤ 杨文静：《生态扶贫：绿色发展视域下扶贫开发新思考》，《华北电力大学学报》（社会科学版）2016 年第 4 期。

⑥ 沈茂英、杨萍：《生态扶贫内涵及其运行模式研究》，《农村经济》2016 年第 7 期。

⑦ 骆方金：《生态扶贫：概念界定及特点》，《改革与开放》2017 年第 5 期。

开放和共享）在扶贫开发领域的具体表现，是一种新型可持续发展的扶贫模式，侧重于生态保护与经济发展的协调统一，在生态建设中脱贫，在脱贫中保护生态。① 章力建、李广义等认为，生态脱贫是一条投资少、效益高、符合中国国情的可持续发展方式。② 张振敏基于包容性理论认为，生态脱贫是以国家生态补偿政策为主导，充分发挥牧民在发展经济和保护环境中的积极性，依据生态脱贫的要求转变生产经营方式，保护生态环境，增加农民收入，从而达到协调生态保护和经济发展的目标。③ 沈茂英、杨萍在全面梳理生态扶贫的内在逻辑后认为，主体功能区制度是生态扶贫的制度约束，生态建设项目是生态扶贫的项目载体，生态产业发展是生态扶贫的产业支撑，生态服务消费市场建设是生态扶贫的持续动力，生态补偿制度是生态扶贫的制度保障，生态产品的持续供给与生态系统的健康发展是生态扶贫的资源基础，贫困人口发展能力提升是生态扶贫的最终归宿。④

（二）生态脱贫与生态文明建设

1. 贵州的生态环境与经济社会发展特征

贵州的生态环境特征十分明显，主要表现在以下几个方面。第一，冬暖夏凉，气候宜人，山川秀丽，环境优美。总体上看，贵州属于亚热带湿润季风气候，有典型的温暖湿润特征。1月的平均气温多在3~6℃，7月的平均气温多在22~25℃。"爽爽贵阳""多彩贵州"已享誉中外。可受特殊的地形地貌影响，贵州的立体气候特征又十分明显，有"一山有四季，十里不同天"之说。独特的气候与地形地貌使贵州的环境十分优美，荔波喀斯特地貌、赤水丹霞地貌、铜仁梵净山等都已成功申报为世界自然遗产，黄果树大瀑布早就驰名中外。第二，自然资源丰富。贵州不仅有十分丰富的动植物资源，矿产资源、水资源等也十分丰富。第三，生态环境脆弱。贵州山高、坡陡、土壤层薄，生态环境极为脆弱，一经破坏就极难修复。第四，环境问题突出。

---

① 李仙娥、李倩、牛国欣：《构建集中连片特困区生态减贫的长效机制——以陕西省白河县为例》，《生态经济》2014 年第 4 期。
② 章力建、吕开宇、朱立志：《实施生态扶贫战略提高生态建设和扶贫工作的整体效果》，《中国农业科技导报》2008 年第 1 期；李广义：《桂西石漠化地区生态扶贫的应对之策研究》，《广西社会科学》2012 年第 9 期。
③ 张振敏：《内蒙古牧区生态减贫研究》，博士学位论文，中国农业科学院，2013。
④ 沈茂英、杨萍：《生态扶贫内涵及其运行模式研究》，《农村经济》2016 年第 7 期。

在过去一段时期，人地矛盾较为突出，存在严重的水土流失与石漠化问题。

贵州的经济社会发展特征同样十分明显，主要表现在以下两个方面。第一，经济社会发展水平低。2011 年以来，贵州经济增长速度虽然位居全国前列，但由于基础差、底子薄，整体经济发展水平仍然落后。2017 年，全省人均生产总值 37956 元，居全国倒数第七位；居民人均可支配收入 16704 元，明显低于全国平均水平。① 第二，贫困人口多、贫困程度深。2015 年，贵州有建档立卡贫困人口 493 万、贫困村 9000 个、贫困县 66 个，分别占全国的 8.8%、7.0% 和 7.9%，贫困发生率高达 14%，比全国高 8.3 个百分点。② 截至 2017 年，贵州仍有贫困人口 280 万人。③ 余下的这些贫困人口都是难啃的"硬骨头"，扶贫攻坚任务十分艰巨。

如何处理好环境问题和脱贫攻坚问题，实现全国同步小康，是摆在贵州面前的艰巨任务。

2. 生态环境与脱贫致富的辩证关系

在过去相当长的一段时期内，人们习惯于把生态环境与脱贫致富对立起来，好像要保护生态环境就不能脱贫致富，要脱贫致富就不能保护生态环境。这是极端错误的。因为保护生态环境与脱贫致富的关系，实质就是"绿水青山"与"金山银山"的关系。二者不是对立的，而是统一的。

关于"绿水青山"与"金山银山"的关系，习近平总书记有很多论述。早在 2006 年，他就精辟地阐发了近代以来人类处理"绿水青山"与"金山银山"的关系的三个认识阶段。他说："在大多数国家特别是发展中国家，经济发展和环境保护都是一对处于紧张状态的矛盾，是要金山银山还是要绿水青山，这似乎是个'两难'的问题。从人们认识和实践的发展来说，处理这两者的关系大致会经过三个阶段。一是牺牲绿水青山以换取金山银山，这发生在许多地方的经济起飞期；二是认识到环境污染的危害，开始进行环境治理，既要金山银山，也要绿水青山；三是认识到绿水青山就是金山银山，环境本身就能带来财富，这是一种更高的境界。"④ 2014 年 3 月 7 日，在参加

---

① 源于贵州省统计局《贵州统计年鉴 2017》。
② 源于《贵州省"十三五"脱贫攻坚专项规划》。
③ 孟海：《贵州扶贫攻坚六年减少贫困人口 670.8 万人》，央广网，http://www.news.cnr.cn/native/city/20180404/t20180404_524187299.shtml，2018 年 4 月 4 日。
④ 习近平：《坚持以人为本的科学理念　推进社会主义和谐社会在浙江的实践》，《今日浙江》2006 年第 21 期。

全国人大会议贵州代表团审议时，他进一步指出："正确处理好生态环境保护和发展的关系，是实现可持续发展的内在要求，也是推进现代化建设的重大原则。绿水青山和金山银山决不是对立的，关键在人，关键在思路。保护生态环境就是保护生产力，改善生态环境就是发展生产力。让绿水青山充分发挥经济社会效益，不是要把它破坏了，而是要把它保护得更好。要树立正确发展思路，因地制宜选择好发展产业，切实做到经济效益、社会效益、生态效益同步提升，实现百姓富、生态美有机统一。"①

习近平总书记关于"绿水青山就是金山银山"的科学论断，深刻地阐明了生态环境与脱贫致富的关系。《国家生态文明试验区（贵州）实施方案》中的"生态脱贫"，就是要在保护生态环境的基础上，将"绿水青山"变为"金山银山"，实现百姓富与生态美的有机统一。

二 生态脱贫制度创新试验要求及现状

（一）生态脱贫制度创新试验要求

为将贵州建设成为"生态脱贫攻坚示范区"，《国家生态文明试验区（贵州）实施方案》提出了四个方面的要求，即健全易地搬迁脱贫攻坚机制、完善生态建设脱贫攻坚机制、完善资产收益脱贫攻坚机制、完善农村环境基础设施建设机制，针对每个方面又提出了若干具体要求（见表3-1）。

表3-1 生态脱贫制度创新试验要求一览

一级指标	二级指标
健全易地搬迁脱贫攻坚机制	对住在生存条件恶劣、生态环境脆弱、自然灾害频发等地区的农村贫困人口，利用城乡建设用地增减挂钩政策支持易地扶贫搬迁，建立健全易地扶贫搬迁后续保障机制
	对迁出区进行生态修复，实现保护生态和稳定脱贫双赢
	通过统筹就业、就学、就医，衔接低保、医保、养老，建设经营性公司、小型农场、公共服务站，探索集体经营、社区管理、群众动员组织的机制，确保贫困群众搬得出、稳得住、能致富

---

① 习近平：《习近平等分别参加全国人大会议一些代表团审议》，央广网，http://www.china.cnr.cn/news/201403/t20140308_515020982.shtml，2014年3月8日。

续表

一级指标	二级指标
完善生态建设脱贫攻坚机制	支持贵州自主探索通过赎买以及与其他资产进行置换等方式，将国家级和省级自然保护区、国家森林公园等重点生态区位内禁止采伐的非国有商品林调整为公益林，将零星分散且林地生产力较高的地方公益林调整为商品林，促进重点生态区位集中连片生态公益林质量提高、森林生态服务功能增强和林农收入稳步增长，实现社会得绿、林农得利。2018年在国家级和省级自然保护区、毕节市公益林区内开展试点
	以盘活林木、林地资源为核心，推进森林资源有序流转，推广经济林木所有权、林地经营权新型林权抵押贷款改革，拓宽贫困人口增收渠道
	建立政府购买护林服务机制，引导建档立卡贫困人口参与提供护林服务，扩大森林资源管护体系对贫困人口的覆盖面，拓宽贫困人口就业和增收渠道
	制定出台支持贫困山区发展光伏产业的政策措施，促进贫困农民增收致富
	开展生物多样性保护与减贫试点工作，探索生物多样性保护与减贫协同推进模式
完善资产收益脱贫攻坚机制	推进开展贫困地区水电矿产资源开发资产收益扶贫改革试点，探索建立集体股权参与项目分红的资产收益扶贫长效机制
	深入推广资源变资产、资金变股金、农民变股东"三变"改革经验，将符合条件的农村土地资源、集体所有森林资源、旅游文化资源通过存量折股、增量配股、土地使用权入股等多种方式，转变为企业、合作社或其他经济组织的股权，推动农村资产股份化、土地使用权股权化，盘活农村资源资产资金，让农民长期分享股权收益
完善农村环境基础设施建设机制	实施农村人居环境改善行动计划，整村整寨推进农村环境综合整治
	探索建立县城周边农村生活垃圾村收镇运县处理、乡镇周边收镇运片区处理、边远乡村就近就地处理的模式，到2020年实现90%以上行政村生活垃圾得到有效处理
	通过城镇污水处理设施和服务向农村延伸、建设农村污水集中处理设施和分散处理设施，实现行政村生活污水处理设施全覆盖
	2017年制定贵州省培育发展农业面源污染治理、农村污水垃圾处理市场主体方案，探索多元化农村污水、垃圾处理等环境基础设施建设与运营机制，推动农村环境污染第三方治理
	建立农村环境设施建管运协调机制，确保设施正常运营
	逐步建立政府引导、村集体补贴相结合的环境公用设施管护经费分担机制
	强化县乡两级政府的环境保护职责，加强环境监管能力建设
	建立非物质文化遗产传承机制和历史文化遗产保护机制，加强传统村落和传统民居保护

资料来源：根据《国家生态文明试验区（贵州）实施方案》整理。

（二）生态脱贫制度创新试验现状

1. 易地搬迁脱贫攻坚

在健全易地搬迁脱贫攻坚机制方面，2015 年以来，贵州省出台了 57 个政策文件，包括 4 个纲领文件、21 个操作性文件和 32 个部门协作支持文件，具体如下。

（1）4 个纲领文件。包括《贵州省人民政府关于深入推进新时期易地扶贫搬迁工作的意见》《中共贵州省委　贵州省人民政府关于精准实施易地扶贫搬迁的若干政策意见》《中共贵州省委办公厅　贵州省人民政府办公厅关于贯彻落实"六个坚持"进一步加强和规范易地扶贫搬迁工作的意见》《中共贵州省委　贵州省人民政府关于加强和完善易地扶贫搬迁后续工作的意见》，全面系统解决了"搬哪些人""怎么搬""搬到哪""搬后怎么办"等一系列问题，即"六个坚持""五个三""五个体系""五步工作法"。[①] 其中，"六个坚持"指：坚持省级统贷统还，坚持以自然村寨整体搬迁为主，坚持城镇化集中安置，坚持以县为单位集中建设，坚持让贫困户不因搬迁而负债，坚持以产定搬、以岗定搬。"五个三"指：盘活承包地、山林和宅基地——三块地，统筹就业、就学和就医——三大问题，衔接低保、医保和养老——三类保障，建设经营性公司、小型农场和公共服务站——三个场所，探索集体经营、社区管理、群众动员组织机制——三个机制。"五个体系"指：完善公共服务保障体系，完善文化服务体系，完善培训和就业体系，完善社区治理体系，完善基层党建体系。"五步工作法"指：一是高起点规划，着力抓好顶层政策设计，让地方清楚地知道怎么干才能干得好；二是高规格推进，着力抓好工作部署，形成"五级书记抓搬迁"格局；三是高标准实施，着力抓好干部培训，切实提高干部政策掌握和政策落实的工作能力；四是高频率监管，着力抓好督促检查，真正压紧压实各方责任；五是高强度执纪，着力抓好追责问责，全力保障搬迁工作健康有序推进。以上 4 个纲领性文件构成了贵州易地扶贫搬迁政策的完整体系，成为全省易地扶贫搬迁的根本遵循和行动指南。

（2）21 个操作性文件。为将以上 4 个纲领性文件落实落细，贵州省相关

---

① 程晖：《努力打造易地扶贫搬迁的"贵州样板"》，《中国经济导报》2020 年 4 月 9 日。

部门进一步出台了 21 个操作性文件。如在易地扶贫搬迁对象方面，出台了《贵州省易地扶贫搬迁对象识别登记办法》，明确了迁出地区和迁出对象的条件和识别登记程序。在易地扶贫搬迁就业和产业扶持方面，出台了《贵州省易地扶贫搬迁就业和产业扶持实施意见》，规定搬迁到城镇安置的，必须确保每户一人以上实现稳定就业；搬迁到中心村继续从事农业生产经营的，必须逐户落实扶贫产业、扶贫项目和扶贫资金。在易地扶贫搬迁工程管理方面，出台了《贵州省易地扶贫搬迁工程管理暂行办法》，明确了易地搬迁工程建设的基本原则，即坚持政府主导、群众自愿，量力而行、保障基本，统筹规划、合理布局，自力更生、精准脱贫。在易地扶贫搬迁工作考核方面，出台了《贵州省易地扶贫搬迁工作考核办法》，明确了易地搬迁工作的考核对象、考核内容、考核方式和考核结果运用，将其纳入《贵州市县两级党委和政府脱贫攻坚工作成效考核办法》规定的奖励和惩戒范围。在用好用活增减挂钩政策积极支持易地扶贫搬迁方面，出台了《关于用好用活增减挂钩政策积极支持易地扶贫搬迁的实施意见》，明确了贵州省易地扶贫搬迁增减挂钩政策的目标、原则、指标、资金、管理和奖励政策等。在易地扶贫搬迁资金监督管理方面，出台了《贵州省易地扶贫搬迁资金监督管理办法》，规定国家发改委安排用于易地扶贫搬迁的中央预算内投资，按有关规定进行管理；贵州省扶贫开发总公司承接和承贷的易地扶贫搬迁资金，实行从省到县再到项目专户存储、专账核算、物理隔离、封闭运行管理；此外，还制定了资金监管和责任追究制度。由此可见，这些文件对易地扶贫搬迁对象识别、工程建设、就业和产业扶持、增减挂钩、资金监督管理、工程考核，以及后续扶持和社区管理基本公共服务体系、培训和就业服务体系、文化服务体系、社区治理体系、安置点社会治安综合治理、迁出地资源盘活及收益、安置点基层党建的操作办法和政策措施等作了进一步的细化和明确。

（3）32 个部门协作支持文件。为加强部门之间的协作，按时打赢脱贫攻坚战，贵州省还出台了 32 个部门协作支持文件，明确了省直相关部门针对易地扶贫搬迁的配套支持政策，形成了较为完善的政策体系和体制机制，对易地扶贫搬迁各个环节实行标准化管理。[①]

由此可见，以上关于易地扶贫搬迁的政策文件构成了一套独具贵州特色

---

① 杨静、谢朝政：《贵州易地扶贫搬迁走新路获双赢》，中华人民共和国中央人民政府网站，http://www.gov.cn/xinwen/2019-07/12/content_5408645.htm，2019 年 7 月 12 日。

的政策与制度体系。贵州省在易地搬迁脱贫攻坚的政策和制度建设方面，已经取得了丰硕的成果。

由于有了上述制度保障，贵州省取得了十分显著的易地扶贫搬迁成绩。2016—2018 年三个年度易地扶贫搬迁安置项目总体进展顺利，并取得决定性进展。首先，安置点建设顺利推进。全省共计建设集中安置点 946 个，安置人口 1790765 人，占安置人口总数的 95.25%；其他安置点 245 个，安置人口 89248 人，占安置人口总数的 4.75%。其次，搬迁入住如期完成。2016—2017 年度约 121 万人搬迁任务全部完成。其中，2016 年 547 个项目实际搬迁入住 10.19 万户 44.75 万人；2017 年度 263 个项目实际搬迁入住 17.29 万户 76.19 万人。再次，工程建设管理规范。2018 年 136 个安置点项目中，124 个安置点全面完成项目审批、规划、选址、用地、环评、质监、施工图审查、招投标等前期工作，占项目总数的 91.2%。最后，资金筹措保障到位。按人均 6 万元投资测算，共需要投资 1128 亿元。其中，中央预算投资补助 119.52 亿元，群众自筹资金 68.48 亿元，省级集统筹资金 940 亿元。①

2. 生态建设脱贫攻坚

在完善生态建设脱贫攻坚机制方面，贵州省已开始探索。2017 年 2 月 13 日，省发展和改革委员会、省扶贫办联合印发了《贵州省"十三五"脱贫攻坚专项规划》，要求：要推进重点生态功能区建设，加大石漠化治理和退耕还林还草力度，实施土地整治，提升贫困地区可持续发展能力；要逐步扩大对贫困地区和贫困人口的生态补偿范围，增加护林员等公益性岗位，使贫困群众通过参与生态保护实现就业脱贫；要加快发展生态利用型产业（蔬菜、水果、生态茶叶和道地中药材等），积极发展循环农业、绿色农业、立体农业和生态渔业等现代山地高效农业等。为了积极发展绿色经济、建造绿色家园、完善绿色制度、筑牢绿色屏障、培养绿色文化，大力推进生态文明建设，2017 年 4 月 1 日，省林业厅牵头制定的《贵州省"十三五"生态建设规划》获省人民政府批复同意。该规划提出了"十三五"期间全省的生态建设目标（见表 3 - 2）和重点建设任务（即建设和保护森林生态系统、保护和治理草地生态系统、恢复和保护湿地生态系统、改良和保护农田生态系统、建设和

---

① 《贵州：2019 上半年全面完成易地扶贫搬迁目标任务》，中国发展网，http://www.chinadevelopment.com.cn/news/zj/2019/02/1463493.shtml，2019 年 2 月 27 日。

改善城市生态系统、防治水土流失、保护生物多样性、保护地下水资源、发展山地特色农林牧生态经济和强化生态建设气象保障），提出到2020年，全省自然生态系统要步入良性循环，天更蓝、水更清、地更绿，人民群众生产生活条件得到改善，人与自然和谐程度明显提高。2018年1月9日，省人民政府办公厅印发的《贵州省生态扶贫实施方案（2017—2020年)》确定了贵州省生态扶贫的十大重点任务，即退耕还林建设扶贫工程、森林生态效益补偿扶贫工程、生态护林员精准扶贫工程、生态区位人工商品林赎买改革试点工程、自然保护区生态移民工程、以工代赈资产收益扶贫试点工程、农村小水电建设扶贫工程、光伏发电项目扶贫工程、森林资源利用扶贫工程、碳汇交易试点扶贫工程，强调要加强组织领导、加快项目落实、健全工作机制、强化资金保障、加大政策支持力度。其中，以工代赈资产收益扶贫试点工程从2018年开始，每年从中央资金中安排4000万元以上，重点支持全省14个深度贫困县开展试点，切实使贫困户收益来源多元化，多方位推动贫困户提高收入水平，确保项目覆盖的贫困户人均增收1900元左右。到2020年，要通过生态扶贫助推全省30万户以上贫困户、100万以上建档立卡贫困人口实现增收脱贫、稳定致富，在摆脱贫困中不断增强保护生态、爱护环境的自觉性和主动性，实现百姓富和生态美的有机统一。

表3-2　"十三五"期间贵州省生态建设目标

序号	指标	目标
1	森林覆盖率	60%
2	退化草地治理率	52%
3	湿地面积保有量	315万亩
4	重要江河湖泊水功能区水质达标率	85%
5	农田实施保护性耕作比例	20%
6	城市绿地率	33%
7	人均公园绿地面积	9平方米
8	城市建成区绿化覆盖率	35%
9	水土流失治理率	30%
10	自然保护区、风景名胜区、湿地公园、森林公园、山体公园等各类受保护面积占国土面积比例	8%以上
11	国家重点保护物种和典型生态系统类型保护率	95%以上

资料来源：根据《贵州省"十三五"生态建设规划》整理。

在林业生态保护与恢复方面，中央和省级财政从专项转移支付预算中安排了补助资金，并制定了一系列管理办法，如《林业改革发展专项资金管理办法》《中央对地方重点生态功能区转移支付办法》《贵州省林业改革发展资金管理办法》《贵州省林业生态保护恢复资金管理办法》等。这些文件明确了中央在林业生态保护与恢复、林业改革发展和建档立卡贫困人口提供护林服务等方面的一系列补助政策。

在生物多样性保护方面，贵州省政府于 2015 年 12 月 24 日印发了《贵州生物多样性保护战略与行动计划（2016—2026）》和《贵州省自然保护区建设与发展总体规划（2016—2026）》，明确了生物多样性保护的指导思想、基本原则和战略任务安排，认真落实生物多样性保护优先区域、优先行动和优先项目计划，确保贵州省特色优势与最重要、受威胁的生物多样性资源得到优先保护与可持续性利用，并责令贵州省环境保护厅牵头会同有关部门建立完善生物多样性部门协调机制，研究和制定生物多样性保护和管理的方针、政策、法规，及时解决生物多样性保护和管理中的困难和问题。

在实践方面，贵州省也取得了诸多可圈可点的成就。首先，省林业厅倡导大力发展林下经济，即依托森林资源和林地空间，发展林下种植、林下养殖、相关产品采集加工和森林景观利用等业态，达到经济社会发展与森林资源保护双赢的目的，实现"近期得利、长期得林、远近结合、以短补长、协调发展"的综合效益，能够在短时间内形成明显的经济收益，有效助推脱贫攻坚。此外，还编制了《贵州省林下种养殖项目推广指南》，针对 16 个深度贫困县和 20 个极贫乡镇分别提出了进行短周期林下种植、养殖推广种类（品种），列出了部分技术支撑单位和种苗生产单位名单，以确保资金、技术、种苗等要素保障到位。[①] 其次，还将国家储备林建设作为重点工作任务。2020 年，省林业厅预计全省营造林任务为 420 万亩，其中，新造竹林 5 万亩（改培 35 万亩）、新造油茶林 30 万亩（改培 60 万亩）、新造花椒林 10 万亩、新造皂角林 10 万亩、新造菌材林 20 万亩（改培 10 万亩）、新造刺梨林 10 万亩；国家储备林建设任务为 150 万亩，[②] 带动 10 万以

---

① 方春英：《贵州省 16 个深度贫困县集中推进林下经济示范项目》，新华网，http://www. gz. xinhuanet. com/2019 - 09/06/c_1124967028. htm，2019 年 9 月 6 日。

② 《省林业局下文要求各地做好疫情防控期间林木种苗生产和供应工作》，贵州省林业局网站，http://www. lyj. guizhou. gov. cn/xwzx/tzgg/202002/t20200219_50105691. html，2020 年 2 月 19 日。

上贫困人口脱贫。① 到 2035 年，贵州省国家储备林建设规模将达到 2000 万亩。② 最后，国家发改委、财政部、自然资源部、国家林草局联合印发通知，下达 2019 年第二批退耕还林还草年度任务，安排贵州省退耕还林任务 328 万亩，居全国首位，而且本轮退耕还林已覆盖全省 84 个县（市、区），涉及农户830 万人，其中建档立卡贫困农户多达 170 万人，实现人均增收 1560 元。③

3. 资产收益脱贫攻坚

资产收益脱贫攻坚要通过"三变"（资源变资产、资金变股金、农民变股东）改革来实现，即将符合条件的农村土地资源、集体所有森林资源、旅游文化资源通过存量折股、增量配股、土地使用权入股等多种方式，转变为企业、合作社或其他经济组织的股权，推动农村资产股份化、土地使用权股权化，盘活农村资源、资产、资金，让农民长期分享股权收益。

"三变"改革起源于贵州省六盘水的米罗镇，④ 最成功的例子是安顺塘约。⑤ 自 2015 年起，为推广"三变"改革，六盘水市先后制定了《六盘水市资金变股金操作办法（试行）》《六盘水市农村承包土地的经营权抵押贷款试点工作实施方案》《六盘水市"三变"改革入股合同管理办法（试行）》《六盘水市"三变"改革入股合同备案办法（试行）》《六盘水市 2016 年"三变"改革重点工作安排》《六盘水市农村贫困人口参与"三变"改革进退管理办法（试行）》等。在六盘水市成功推广经验基础上，2016 年 1 月，中共贵州省委办公厅、贵州省人民政府办公厅印发了《关于在全省开展农村资源变资产资金变股金农民变股东改革试点工作方案（试行）》，开始了"三变"改革在全省试点。为确保试点取得成效，中共贵州省委政策研究室、贵州省农业委员会制定了《贵州省农村"三变"改革统计监测指标体系（试行）》。为让贫困农民在改革中获利，同年 7 月 8 日，国家税务总局贵州省税务局印

① 游正兰：《今年贵州省计划建成 200 万亩国家储备林》，新华网，http://www. m. xinhuanet. com/ gz/2020 - 04/05/c_1125816124. htm，2020 年 4 月 5 日。

② 刘智强：《贵州将建设国家储备林 2000 万亩》，新华网，http://www. xinhuanet. com/2019 - 08/11/c_1124862585. htm，2019 年 8 月 11 日。

③ 毛淑宜：《国家下达贵州贫困地区退耕还林任务 328 万亩　规模居全国首位》，新华网，http://www. gz. xinhuanet. com/2019 - 10/28/c_1125160320. htm，2019 年 10 月 28 日。

④ 罗凌、崔云霞：《再造与重构：贵州六盘水"三变"改革研究》，《贵州社会科学》2016 年第 12 期。

⑤ 冯道杰、程恩富：《从"塘约经验"看乡村振兴战略的内生实施路径》，《中国社会科学院研究生院学报》2018 年第 1 期；彭海红：《塘约道路：乡村振兴战略的典范》，《红旗文稿》2017 年第 24 期。

发了《关于服务全省农村资源变资产资金变股金农民变股东改革试点工作的实施意见》，要求全省各地税务局积极发挥税收职能作用，服务全省"三变"改革试点。贵州省人民政府办公厅还印发了《金融支持我省农村"三变"改革十条政策措施》，要求从贷款、保险和税务等方面对"三变"改革试点予以支持。

在以上诸多政策的大力支持下，六盘水市积极开展"三变"改革探索——资源变资产、资金变股金、农民变股东，激活农村生产要素，并取得可喜成果。截至 2018 年 5 月底，该市按股分红拥有 40.69 万亩集体土地、28.3 万亩"四荒地"，4244 万平方米水域和 8.66 万平方米房屋入股到企业、合作社、家庭农场等经营主体，共整合财政资金 8 亿元，1136 个经营主体参与"三变"改革，有 50.14 万户农户成为股东（其中贫困户 12.2 万户），带动 165.33 万名农民（其中贫困人口 31.65 万人）受益。"三变"改革促进了现代山地特色高效农业发展，增强了集体经济实力，拓宽了农民增收致富路径。全市农民人均可支配收入从 2013 年的 6015 元增长到 2016 年的 8267 元，入股农户年均分红 2804 元；2015 年底已全面消除"空壳村"，全市村集体经济积累达 2.85 亿元，村集体收入最高的达 1382 万元，最低的为 5 万元。① 经贵州省试点，自 2017 年起，"三变"改革已开始在全国推广，② 2020 年，"三变"改革试点将 100% 覆盖贵州贫困村。③

贵州省"三变"改革成效显著，得到习近平总书记多次肯定。贵州省"三变"改革经验于 2017 年、2018 年和 2019 年连续三年被写入中央一号文件，④ 即《中共中央　国务院关于深入推进农业供给侧结构性改革加快培育农业农村发展新动能的若干意见》《中共中央　国务院关于实施乡村振兴战略的意见》《中共中央　国务院关于坚持农业农村优先发展做好"三农"工作的若干意见》，同时，还被写入《乡村振兴战略规划（2018—2022）》

---

① 《贵州六盘水：开展"三变"改革激发农村发展活力》，人民网，http://www. country. people. com. cn/n1/2018/0528/c419842 - 30018391. html，2018 年 5 月 28 日。

② 窦祥铭：《深化农村集体产权制度改革的探索与实践——以安徽省首批 13 村"三变"改革试点为例》，《安徽行政学院学报》2017 年第 6 期。

③ 程曦、贾过之：《到 2020 年，贵州"三变"改革试点将 100% 覆盖贫困村！》，澎湃网，https://www. thepaper. cn/newsDetail_forward_3856931，2019 年 7 月 6 日。

④ 刘鹏：《贵州"三变"改革经验连续三年写入中央一号文件》，中国新闻网，http://www. chinanews. com/gn/2019/02 - 20/8759787. shtml，2019 年 2 月 20 日。

之中。①

4. 农村环境基础设施建设

在完善农村环境基础设施建设机制方面，2015 年 12 月 30 日，贵州省人民政府印发了《关于贵州省水污染防治行动计划工作方案的通知》，提出以县级行政区域为单元实施农村综合整治，大力实施农村生活污水治理，完善"村收集、镇转运、县处理"的农村生活垃圾处理模式，积极推进城镇污水、垃圾处理设施建设和服务向农村延伸；深化"以奖促治"政策，实施农村清洁工程，开展河道清淤疏浚工作，推进农村环境连片整治；到 2020 年，90%的行政村生活垃圾得到有效处理，新增完成环境综合整治建制村 3000 个。2016 年 6 月，贵州省人民政府又印发了《关于加快人居环境整治工作的实施意见》，将农村人居环境整治纳入省政府对市（州）的考核范围。2017 年 2 月 13 日，贵州省发展和改革委员会、省扶贫办联合制定了《贵州省"十三五"脱贫攻坚专项规划》，要求着力改善贫困乡村生产生活条件，实施农村人居环境改善行动计划，整村整寨推进农村环境综合整治，并提出了继续推进"六个小康"建设（即小康路建设、小康水建设、小康房建造、小康电建设、小康讯建设和小康寨建设）的具体措施。2017 年 8 月 31 日，贵州省人民政府制定了《贵州省农村"组组通"公路三年大决战实施方案（2017—2019 年）》。该方案提出，2017—2019 年，共投资 388 亿元，对 39110 个 30 户以上具备条件的村民组实施 9.7 万公里通组公路硬化建设，实现通组公路由"通不了"向"通得了""通得好"转变，全面提高农村公路通畅率，切实提升农村群众出行质量。其中，2017 年，投资 100 亿元，实施通组公路硬化 2.5 万公里，沟通 10080 个 30 户以上村民组，实现 76% 以上的村民组通硬化路；2018 年，投资 200 亿元，实施通组公路硬化 5 万公里，沟通 20161 个 30 户以上村民组，实现 92% 以上的村民组通硬化路，提前一年实现深度贫困地区"组组通"硬化路；2019 年，投资 88 亿元，实施通组公路硬化 2.2 万公里，沟通 8869 个 30 户以上村民组，实现 100% 的村民组通硬化路。贵州素有"地无三里平"之说，以山地和丘陵为主，农村交通是脱贫攻坚的"硬骨头"。但是，自贵州启动农村"组组通"硬化路三年大决战以来，截至 2019

---

① 陈诗宗、刘定珲：《贵州省"三变"改革写入〈乡村振兴战略规划〉》，新华网，http://www.m.xinhuanet.com/gz/2018-10/02/c_1123515032.htm，2018 年 10 月 2 日。

年6月，全省已完成7.87万公里农村"组组通"硬化路,① 实现了3.99万个30户以上自然村寨100%通硬化路，惠及1200万农村人口，其中建档立卡贫困人口达183万人；带动农业产业发展500余万亩，乡村旅游村寨突破3000个，新增农用车等38万余辆,② 彻底解决了长期制约贵州农村发展的交通瓶颈问题,③ "毛细血管"通组连户铺就了乡村振兴坦途。④ 2018年4月19日，贵州省委、省政府印发了《中共贵州省委 贵州省人民政府关于乡村振兴战略的实施意见》，对全省乡村振兴工作作了周密的安排部署，将"大力推进农村人居环境治理，加快建设美丽乡村"列为全省乡村振兴的重大任务之一，制定《农村人居环境整治三年行动》，启动实施乡村振兴"十百千"示范工程，重点打造10个示范县、100个示范乡镇、1000个示范村，通过示范引领和辐射带动，树立典型和样板，到2020年，全省各地全部实现村容村貌整洁；加快推进基础设施、生活垃圾污水治理、"厕所革命"等方面提档升级，到2020年，基本建成生态宜居的美丽乡村。⑤ 2018年6月30日，贵州省人民政府办公厅印发了《贵州省推进"厕所革命"三年行动计划（2018—2020年）》，明确了"厕所革命"的重大意义、总体要求、目标任务、重点工作和保障措施，正式吹响农村"厕所革命"的冲锋号。⑥ 为此，贵州省农委针对农村卫生厕所制定了《贵州省农村卫生厕所建设改造实施方案（2018—2020年）》，提出按照"全方位覆盖、彻底性革命"的基本思路，通过政策引导、部门联动、标准规范、分类指导、调度考核等方式，到2020年，建设改造173万户户用卫生厕所，力争实现农村户用卫生厕所普及率达到85%、行政村公共厕所全覆盖。2018年，完成70万户农户卫生厕所和

① 刘小明：《贵州两年建成7.87万公里农村"组组通"硬化路》，中国新闻网，http://www.chinanews.com/tp/2019/06–20/8870552.shtml，2019年6月20日。

② 刘小明：《贵州省农村"组组通"硬化路三年大决战即将胜利收官》，贵州贵安新区管理委员会网站，http://www.gaxq.gov.cn/xwdt/jrtt/201906/t20190627_5114288.html，2019年6月27日。

③ 《贵州脱贫攻坚·组组通篇：为你家乡硬化路出份力》，贵阳网，http://www.gywb.cn/system/2020/07/29/030619819.shtml，2020年7月29日。

④ 《贵州："毛细血管"通组连户铺就乡村振兴坦途》，中国公路网，http://www.chinahighway.com/article/65381148.html，2020年1月3日。

⑤ 《贵州全面推开农村人居环境整治 力争2020年90%村庄生活垃圾得到治理》，贵州网络广播电视台网站，https://www.gzstv.com/a/45ad5bea2a5149d2a431363c40ad204a，2019年8月20日。

⑥ 锐锋：《贵州：吹响农村"厕所革命"冲锋号》，人民网，http://www.gz.people.com.cn/n2/2018/0713/c194827–31813614.html，2018年7月13日。

5000 个村级公共卫生厕所建设改造，其中，农村危房改造 19.59 万户，易地扶贫搬迁 24.44 万户，水库移民搬迁 0.49 万户，水源保护地、自然保护区搬迁 0.48 万户，城中村、城郊村、棚户区农户改造 3.24 万户，其他农户 21.76 万户实施户用卫生厕所建设改造；2019 年，建设改造 53 万户户用卫生厕所，行政村公共厕所普及率达到 75%；2020 年，建设改造 50 万户户用卫生厕所，行政村公共厕所普及率达到 100%。为了按时保质保量完成《贵州省农村人居环境整治三年行动实施方案（2018—2020）》目标任务，贵州省紧抓分类推进农村"厕所革命"、大力推进农村生活垃圾治理、梯次推进农村生活污水治理、全面开展村庄清洁行动、整治提升村容村貌、建立健全农村人居环境整治长效管护机制等九项工作。这九项工作被贵州省农村人居环境整治联席会列为 2020 年贵州省农村人居环境整治工作要点。

在文化遗产传承保护机制建设方面，贵州省也做了诸多尝试，并取得了良好的效果。贵州文化遗产较多，其中，列入世界文化遗产的就有 4 处，分别为海龙囤遗址、施秉云台山、赤水丹霞和荔波喀斯特，列入中国传统村落名录的有 426 个村落。[①] 但是，由于诸多原因，这些传统村落逐渐消亡，保护工作迫在眉睫。为此，贵州省人民政府于 2015 年 5 月 9 日出台了《关于加强传统村落保护发展的指导意见》，明确了传统村落保护发展的总体要求、重点任务和政策措施。2017 年 8 月 3 日，贵州省第十二届人民代表大会常务委员会第二十九次会议通过了《贵州传统村落保护和发展条例》。在以上指导意见和条例指导下，贵州省探索出了一条实现保护与发展并进的路径及 14 种经验模式，[②] 最为显著的成就为黔东南苗族侗族自治州通过州检察院、州文体广电旅游局、州住房和城乡建设局和雷山县人民政府签订《黔东南州传统村落保护和发展（雷山试点）框架协议》，探索出了"政府 + 文旅公司 + 合作社"的传统村落保护与发展新模式，[③] 并于 2020 年 6 月 2 日获批为传统

①　贵州省人民政府：《省人民政府关于加强传统村落保护发展的指导意见》，贵州省人民政府网站，http://www.guizhou.gov.cn/zwgk/zcfg/szfwj_8191/qff_8193/201709/t20170925_822020.html，2017 年 9 月 25 日。

②　罗亮亮：《传统村落如何实现保护与发展并进？贵州探索出 14 种经验模式》，百家号，http://www.baijiahao.baidu.com/s? id = 1644255391633423144&wfr = spider&for = pc，2019 年 9 月 10 日。

③　《贵州黔东南：探索传统村落保护与发展新模式》，中华人民共和国最高人民检察院网站，https://www.spp.gov.cn/spp/dfjcdt/202006/t20200615_465367.shtml，2020 年 6 月 15 日。

村落集中连片保护利用示范市（州）。① 为了加强非物质文化遗产保护，贵州省文化和旅游厅于 2020 年 6 月 23 日出台了《贵州省非物质文化遗产保护专项资金管理办法》，明确专项资金由省财政设立，按照统一管理、分级负责、合理安排、专款专用、公开透明和讲求绩效的原则，用于省级非物质文化遗产保护名录项目的管理和保护。

三 生态脱贫制度创新试验的重难点问题

（一）生态脱贫制度创新试验的重点问题

1. 制度建设存在薄弱环节

关于生态脱贫，贵州虽然制定了不少制度，但还存在不少薄弱环节。如前文所述，关于生态脱贫制度创新试验，《国家生态文明试验区（贵州）实施方案》有四个方面的要求，即健全易地搬迁脱贫攻坚机制、完善生态建设脱贫攻坚机制、完善资产收益脱贫攻坚机制、完善农村环境基础设施建设机制，针对每个方面又提出了若干具体要求。可从具体的制度建设情况看，除了易地搬迁和"三变"改革外，其他方面都还相对较为薄弱。

在完善生态建设脱贫攻坚机制方面，除了《贵州省生态扶贫实施方案（2017—2020 年）》外，还不见其他的专项政策文件。《贵州省"十三五"脱贫攻坚专项规划》《贵州省"十三五"生态建设规划》部分内容虽然涉及生态脱贫，但不是关于生态脱贫的专项实操性政策文件。

在完善农村环境基础设施建设机制方面，虽然《贵州省"十三五"脱贫攻坚专项规划》《贵州省生态扶贫实施方案（2017—2020 年）》《中共贵州省委 贵州省人民政府关于乡村振兴战略的实施意见》有部分内容涉及农村环境基础设施建设，但没有关于农村环境基础设施建设的专项制度，更没有农村环境基础设施长效运营管理方面的实操性政策与制度。

在健全易地搬迁脱贫攻坚机制方面，虽然出台了系列办法和意见，如《贵州省易地扶贫搬迁对象识别登记办法》《贵州省易地扶贫搬迁就业和产业扶持实施意见》《贵州省易地扶贫搬迁工程管理暂行办法》《贵州省易地扶贫搬迁工作考核办法》《关于用好用活增减挂钩政策积极支持易地扶贫搬迁的

---

① 《贵州一地上榜公示！2020 年传统村落集中连片保护利用示范名单出炉》，百家号，https://www.baijiahao.baidu.com/s？id=1668439393746850721&wfr=spider&for=pc，2020 年 6 月 3 日。

实施意见》《贵州省易地扶贫搬迁资金监督管理办法》等，涉及易地扶贫搬迁对象识别登记、就业和产业扶持、工程管理、工作考核、增减挂钩政策支持、资金监督管理等内容，但在"对迁出区进行生态修复，实现保护生态和稳定脱贫双赢"方面，目前还没有制定相关制度。

由此可见，贵州省在生态脱贫制度创新试验方面，尚存在诸多政策与制度薄弱环节，急需加强制度建设。

2. 缺乏对"村痞"的有效管理制度

在当前的农村留守人口中，除了老人、妇女和儿童外，事实上还有另一类人存在。他们虽有劳动生产能力，但不思进取、得过且过，有严重的等、靠、要思想；他们虽然不横行乡里、欺压百姓，但成了易地搬迁、基础设施建设、"三变"改革和生态建设等的巨大障碍，我们姑且把这类人称为"村痞"。下文试以 A 村为例说明。

A 村交通便利，距某市 25 公里，距某高速公路路口 5 公里，距某机场 15 公里。该村生态环境良好，森林覆盖率高达 65%。其基岩主要为寒武系砂岩、页岩和碳酸盐岩。由于风化作用，土层厚，加之植被覆盖率高，土壤肥沃。令人费解的是，A 村居然是省一类贫困村。为此，我们对 A 村进行了深入调研，发现存在以下突出问题。

其一，基础设施建设严重滞后。虽然村里有一条公路，但有的村民组还没有通硬化路；其二，产业发展严重不足，甚至缺失，既没有一家上规模的合作社（企业），也没有一项重点产业，农民主要种植辣椒、水稻和玉米等农作物；其三，易地搬迁脱贫工作开展不顺利。

A 村之所以存在这些问题，与"村痞"有很大的关系，主要表现在以下几个方面。

第一，给基础设施建设带来严重阻碍。一般情况下，基础设施建设是需要占用土地的，如修路、建桥等。每当村里有基础设施建设项目时，一般村民都会大力支持，也同意通过互换、补偿等方式让出他们的土地。可遇到"村痞"就没那么容易了，他们为了获取更多的个人利益，要么漫天要价、言而无信，要么蛮横无理、从中作梗，导致一些基础设施建设项目无法顺利开展，甚至化为泡影。

第二，阻碍脱贫产业发展。为帮助群众脱贫致富，A 村引进外资发展相关产业，可受"村痞"蛊惑，部分村民（包括"村痞"）收回了流转给投资公司的土地，使投资公司进退两难：如果继续经营，由于土地处于插花状态，成本会增加，收益会下降，达不到预期投资收益；如果放弃经营，不但前期投入全部打水漂，而且还要赔偿未毁约村民的土地流转费用。在这样的情况下，该产业目前处于停滞状态。

第三，给易地扶贫搬迁带来阻碍。根据贵州省易地扶贫搬迁政策，村里动员符合条件的贫困户易地搬迁时，也遇到了极大阻力。究其原因，"村痞"不但不积极配合，还蛊惑其他贫困户不配合搬迁，导致易地扶贫搬迁工作无法顺利进行。

可以看出，不破除"村痞"障碍，脱贫攻坚工作就会受到严重影响，可目前还没有相应的管理制度，急需出台相关政策，做好制度建设工作。

3. 农村基础设施建设与农业产业发展统筹推进不够

贵州既是脱贫攻坚的主战场，也是乡村振兴的前沿阵地，更是国家生态文明试验区建设的试验田，肩负着探索可推广可复制的制度建设经验重任，理应将农村基础设施建设与农业产业发展有机地结合起来。可是，贵州省在农村基础设施建设方面，少有地方把农村基础设施建设与农业产业发展有机融合起来协调统筹推进的，诸多关于农村基础设施建设的政策文件，比如《关于贵州省水污染防治行动计划工作方案的通知》《关于加快人居环境整治工作的实施意见》《贵州省农村"组组通"公路三年大决战实施方案（2017—2019年）》《农村人居环境整治三年行动》《贵州省推进"厕所革命"三年行动计划（2018—2020年）》等，均按照城市建设的标准，如按《贵州省城乡厕所规划建设指引导则》《城市公共厕所设计标准》《环境卫生设施设置标准》《城市环境卫生设施规划规范》等技术规范标准来执行和考核，这与贵州农村的实际情况有较为明显的脱节现象。比如，贵州省绝大部分村庄聚落（包括零星散户）将猪圈作为生活肥水和人畜粪便的分散式自然降解池，可是政府按照以上城市建设标准，通过管道将其收集起来集中处理，这不但会造成生态环境风险，而且会大大提高处理成本，更重要的是老百姓失去了从事农业生产的"农家肥"。这导致有限资源（包括人力、物力和财力）未实现高效利用，造成不必要的浪费。因此，我们认为，必须按照因地制宜的原则，协调统筹推进农村基础设施建设与农业产业发展，才能尽快实现二者有机融合，达到乡村振兴的目的。

（二）生态脱贫制度创新试验的难点问题

1. 生态与脱贫的制度衔接问题

关于生态与脱贫，贵州省都制定了不少制度，但要么是针对脱贫的，要么是针对生态的，没有将二者很好地衔接起来。如《贵州省"十三五"脱贫攻坚专项规划》虽然将"坚持生态脱贫"作为六大基本原则之一，但并无具体的内容。无论就"两不愁"（不愁吃、不愁穿）和"三保障"（义务教育、基本医疗和住房安全）的基本目标看，还是就贫困地区发展和贫困人口脱贫主要指标看（见表3-3），都没有与"生态"有关的内容。而《贵州省生态文明建设目标评价考核办法（试行）》关于"绿色发展指数"的6个方面49项指标中，又没有一个涉及"脱贫"（见表3-4）。

表3-3 "十三五"时期贵州贫困地区发展和贫困人口脱贫主要指标

指标	2015 年	2020 年	属性
建档立卡贫困人口（万人）	493	实现脱贫	约束性
建档立卡贫困村（个）	9000	0	约束性
贫困县数量（个）	66	0	约束性
实施易地扶贫搬迁贫困人口（万人）		130	约束性
农村居民人均可支配收入增速（%）	14.4	年均增速高于全国贫困地区平均水平	预期性
贫困地区农村集中供水率（%）	80	≥85	约束性
建档立卡贫困户危房改造率（%）		100	约束性
贫困县义务教育巩固率（%）		93	预期性
建档立卡农村贫困人口因病致贫率（%）		基本消除	预期性
建档立卡贫困村村集体经济年收入（万元）		≥5	预期性

资料来源：《贵州省"十三五"脱贫攻坚专项规划》。

表3-4 贵州省"绿色发展指数"指标体系

一级指标	二级指标	子目标分值
资源利用	能源消费总量	2
	单位 GDP 能源消耗降低	3
	单位 GDP 二氧化碳排放量降低	3
	用水总量	2

续表

一级指标	二级指标	子目标分值
资源利用	单位 GDP 用水量降低率	3
	单位工业增加值用水量降低率	2
	农田灌溉水有效利用系数	2
	耕地面积（耕地保有量）	3
	新增建设用地面积（新增建设用地规模）	3
	单位 GDP 建设用地面积降低率	2
	一般工业固体废物综合利用率	1
	农作物秸秆综合利用率	1
环境治理	化学需氧量排放降低率	3
	氨氮排放量降低率	3
	二氧化硫排放量降低率	3
	氮氧化合物排放量降低率	1
	危险废物处置利用率	1
	城乡生活垃圾无害化处理率	2
	城乡污水集中处理率	2
	环境污染治理投资占 GDP 比重	1
环境质量	县级以上城市空气质量优良天数比例	3
	县级以上城市细颗粒物（$PM_{2.5}$）浓度降低率	3
	地表水达到或好于 III 类水体比例	3
	地表水劣 V 类水体比例	3
	重要江河湖泊水功能区水质达标率	2
	县级以上城市集中式饮用水水源水质达到或优于 III 类水比例	2
	单位耕地面积化肥使用量	1
	单位耕地面积农药使用量	1
生态保护	森林覆盖率	3
	森林蓄积量	3
	湿地保护率	2
	自然保护区面积	1
	生态保护区红线区域面积	1
	新增水土流失治理面积	1
	治理石漠化面积	2
	新增矿山恢复治理面积	1

续表

一级指标	二级指标	子目标分值
增长质量	人均 GDP 增长率	2
	居民人均可支配收入	2
	第三产业增加值占 GDP 比重	2
	"四型"产业增加值占 GDP 比重	2
	战略性新兴产业增加值占 GDP 比重	2
	研究与试验发展经费支出占 GDP 比重	2
绿色生活	公共机构人均能耗降低率	1
	新能源汽车保有量增长率	2
	绿色出行（城镇每万人口公共交通客运量）	2
	生态产品认证数量	2
	城市建成区绿地率	1
	农村自来水累计受益率	2
	农村卫生厕所普及率	1

资料来源：《贵州省生态文明建设目标评价考核办法（试行）》。

2. 生态与脱贫的实际工作衔接问题

理论与实践都充分证明，生态文明建设与脱贫攻坚是统一的，可在基层的实际工作中，二者脱节乃至对立的现象十分严重。我们在实地调研中发现，相当一部分干部群众对生态文明的认识与理解极为有限，有的甚至丝毫不知，不仅不知道什么是生态文明，更不知道如何建设生态文明；不仅不能将"绿水青山"较好地转变为"金山银山"，污染、破坏生态环境的现象也屡见不鲜。出现这样一些情况的原因主要如下。

第一，脱贫攻坚任务重、压力大。党的十八大以来，贵州虽有 670 万贫困人口摆脱了贫困，但截至 2017 年，仍有贫困人口 280 万人。由于贫困程度深、脱贫能力弱，这些人是脱贫攻坚最难啃的"硬骨头"。因此，贵州是全国脱贫攻坚的主战场，是全国全面建成小康社会任务最艰巨的省份之一。为实现 2020 年与全国同步全面建成小康社会的奋斗目标，各级党委、政府都把脱贫攻坚作为当前的头等大事，各基层干部都签订了"军令状"，都肩负着沉甸甸的脱贫攻坚责任。在这样的情况下，用于生态文明建设的精力必然不够。

第二，对保护生态环境与脱贫致富的关系认识不深、理解不透。尽管保护生态环境与脱贫致富是统一的，其实质就是"绿水青山"与"金山银山"的关系，习近平总书记也多次深刻地阐明了二者的关系，并明确指出"绿水青山就是金山银山"，可不少干部、群众由于文化水平有限，加上缺乏系统培训，根本无法悟深悟透，其结果就是只看到眼前利益而看不到长远利益。

第三，将"绿水青山"转变为"金山银山"的能力不强。如前文所述，由于自然地理环境极为特殊，贵州的自然资源十分丰富。更为重要的是，贵州相当多的自然资源不仅有极高的生态环境价值，还有极高的经济、社会价值，是"绿水青山就是金山银山"的典型。可由于基层干部的科技文化水平有限，不少地方都不能很好地将"绿水青山"转变为"金山银山"，脱贫攻坚缺乏产业支撑。

3. 易地扶贫搬迁农户的就业问题

2020 年 4 月 21 日，习近平总书记考察安康市平利县老县镇易地搬迁居民区锦屏社区时指出，移得出、稳得住、住得下去，才能安居乐业，要实实在在做好就业工作。[①] 只有搞好就业，才能实现"挪穷窝""稳得住""奔富路"，过上"新生活"。[②] 关于易地扶贫搬迁，贵州省虽然已经制定了 57 个政策与制度文件，通过"六个坚持""五个三""五个体系""五步工作法"等举措，全面系统地解决了"搬哪些人""怎么搬""搬到哪""搬后怎么办"等一系列问题，但就业问题依然是易地扶贫搬迁的难点问题，部分安置点仍然存在就业率较低、收入低、就业结构不合理、就业渠道单一、就业信息不畅等问题。就业问题事关易地扶贫搬迁的成败，是难啃的"硬骨头"，因此，必须高度重视。

通过大量调研发现，贵州省易地扶贫搬迁工作在就业方面尚存在以下困难。第一，就业供需矛盾仍然突出，政府主导的公共就业平台难以满足搬迁户的需求。第二，易地扶贫搬迁农户本身文化素质低，"等、靠、要"思想严重，就业后续扶贫工作难度大。第三，不少易地扶贫搬迁农户"思维懒惰"，培训意愿不强，学习接受能力弱，导致培训效率低。第四，诸多易地扶贫搬迁地点在乡镇，经济实力较差，就业后劲严重不足。第五，易地扶贫

① 张晓松：《习近平谈易地搬迁脱贫：后续帮扶最关键的是就业》，新华网，http://www.xinhuanet.com/politics/leaders/2020-04/22/c_1125888069.htm，2020 年 4 月 22 日。
② 安蓓、林碧锋、杨洪涛、彭韵佳：《"挪穷窝""奔富路"——易地搬迁让贫困人口开启安居乐业新生活》，中华人民共和国中央人民政府网站，http://www.gov.cn/xinwen/2020-04/27/content_5506780.htm，2020 年 4 月 27 日。

搬迁农户劳动技能低，家乡情结严重，导致劳务输出工作难以开展。

由此可见，贵州省在易地搬迁脱贫攻坚方面，需要在搬迁后续工作方面加强政策引导与制度建设，努力整合多方面资源，扎实解决好"稳得住"和"奔富路"的问题。

4. 生物多样性保护与减贫协同推进问题

据《2020 年全球粮食危机报告》统计，2019 年有 1.35 亿人处于粮食危机中，生物多样性是食物多样性的基础，生物多样性的减少不可避免地引发食物多样性危机。联合国粮食及农业组织（FAO）2019 年发布的《世界粮食与农业多样性报告》指出，人类栽培种植了超过 6000 种植物作为食物，但仅有不到 200 种具有显著的生产水平，而我们重点种植的粮食作物主要有玉米、水稻、小麦、马铃薯、大豆和木薯等。可见，我们的粮食作物仍较为单一，会影响人类的营养结构。

有关研究表明，[①] 贵州物种资源极为丰富，现有动物 1056 种，包括兽类 209 种，鸟类 478 种，爬行类 105 种，两栖类 63 种，占全国总数的 32.15%；现有植物 7483 种，包括维管束植物 5691 种，木本植物 1599 种，被子植物 193 种，其中，仅分布在贵州的就达 280 种。

但是，由于经济、文化和社会发展较为落后，贵州的生物多样性保护存在诸多突出矛盾和问题，集中体现在以下五个方面：一是保护与社会发展之间的矛盾，二是资源保护与资源利用之间的矛盾，三是保护区功能划分不合理造成的矛盾，四是林业政策法规的相关规定不符合实际造成的矛盾，五是社区农牧与野生动物保护的矛盾。

以上诸多矛盾和问题，使贵州省的生物多样性保护与减贫协同推进存在较大难度，需要系统的政策文件和制度来统筹政府和社会力量共同解决，并探索出一条行之有效的路径。

四 解决生态脱贫制度创新试验重难点问题的对策

（一）解决生态脱贫制度创新试验重点问题的对策

1. 关于制度建设问题

如前所述，关于生态脱贫，贵州虽然制定了不少制度，但还存在不少薄

---

① 曾辉、张光辉、蒲应春：《贵州省生物多样性概况及其保护》，《林业实用技术》2013 年第 9 期。

弱环节。为较好解决这个问题，我们建议，应抓好以下几个方面的工作。

首先，应对已制定的制度作一次全面的清理。关于生态脱贫制度创新试验，《国家生态文明试验区（贵州）实施方案》的具体要求较多，包括 4 个一级指标、18 个二级指标（前有论述），不仅包含的具体内容多，而且涉及的地区和职能部门广。在较为有效的沟通交流机制尚未建立健全的情况下，对已制定的制度作一次全面的清理十分必要，不仅有助于我们及时发现问题，而且有助于我们及时采取相应的应对措施。要做好清理工作就应注意以下几个问题：其一，要明确牵头部门；其二，要拿出制度清单；其三，要形成总结报告。

其次，要针对薄弱环节采取必要的应对措施。根据全面清理情况，比照《国家生态文明试验区（贵州）实施方案》的具体要求，找出薄弱环节，分析问题存在的原因，然后有针对性地制定应对策略。能尽快落实的，要敦促有关地区或部门尽快落实；不能尽快落实的，要明确责任单位和责任人，根据具体情况制定切实可行的行动方案。

再次，要做好统筹协调工作。《国家生态文明试验区（贵州）实施方案》关于生态脱贫制度创新试验的具体要求，不仅内容较为庞杂，而且涉及多个地区和部门，做好统筹协调工作十分重要。要注意制度间的有效衔接，尽量避免"政出多门"，更不能出现制度上的矛盾与冲突。

最后，要抓好制度的落实落细工作。制定制度的目的是解决实际问题，制度制定了，就应抓好制度的贯彻落实工作；不将制度落实落细，制度再好，也没有任何意义。在生态脱贫制度创新试验方面，我们已制定了不少制度，但这些制度的具体执行情况如何，在执行的过程中又存在一些什么样的问题，这些必须引起我们的高度重视。

2. 关于"村痞"的有效管理问题

要较好解决"村痞"问题，切实推进生态脱贫工作，我们认为，应抓好以下几个方面的工作。

一要加强宣传教育。要根据每个"村痞"的行为特点，采取灵活多样的方式对其进行深刻的教育，要阐明生态脱贫及全面小康社会建设的重大意义，并详细说明其行为会带来一些什么样的影响，包括对社会、集体、他人、自己的影响，尤其是对其子孙后代的影响，让其从灵魂深处认识到自己的错误，改正自己的行为，自觉参与到生态脱贫及全面小康社会建设的行动中来。

二要建立健全相应的规章制度。脱贫攻坚是一个系统工程，就工作对象看也包括客体和主体两个方面。如果说主体是党和政府的话，客体则是贫困人口。辩证法的基本原理告诉我们，脱贫攻坚工作要进展顺利，主体和客体必须密切配合。可就当前的脱贫攻坚工作情况看，明显存在较为尖锐的矛盾：一方面，为如期全面建成小康社会，各级干部尤其是身处脱贫攻坚工作第一线的干部，都肩负沉甸甸的责任，都感受到了前所未有的压力，并涌现了许多感人的故事；可另一方面，相当一部分贫困人口尤其是"村痞"无动于衷，不仅不感激党和政府，而且把脱贫攻坚工作第一线干部的艰辛付出视为理所当然，甘愿坐享其成，有的甚至把脱贫攻坚工作当成天赐的"发横财"的机会，无故刁难脱贫攻坚工作人员。这一现象必须引起我们的高度重视，应建立健全相应的规章制度，从激励与约束两个方面最大限度激发广大贫困人口尤其是"村痞"自发脱贫的积极性与主动性，自觉配合党和政府的脱贫攻坚工作。

3. 关于农村基础设施建设与农业产业发展统筹推进问题

要统筹推进农村基础设施建设与农业产业发展，我们认为，应着重解决以下问题。

第一，科学布局，因地制宜地开展农村基础设施建设和推进农业产业发展。要建立完善的村庄规划编制体系，把规划放在首位，要高站位、高起点地进行科学规划设计。村庄规划不但要注重保护生态环境、改善人民生活、繁荣传统文化，还要为将来的农业产业发展预留足够的空间，从而为村庄整体发展绘制一幅生机盎然的"蓝图"。

第二，整合各方面的资源，一本"蓝图"绘到底，构建促进农村基础设施建设与农业产业发展的长效机制。加强党委、政府的领导，着力构建"政府主导、农民主体、企业参与、社会帮扶、市场运作"的美丽乡村建设工作格局，各负其责，快速、高效、优质地推进农村基础设施建设与农业产业发展，将乡村建设成为"生态宜居、生产高效、生活美好、人文和谐"的美丽乡村。

（二）解决生态脱贫制度创新试验难点问题的对策

1. 关于生态与脱贫的制度衔接问题

要较好解决生态与脱贫的制度衔接问题，我们认为，应注意以下几个问题。

第一，要统筹兼顾。制度是针对具体问题的，问题不同制度也必然不同。但若问题有内在的必然联系，制度就不能彼此孤立。《贵州省"十三五"脱贫攻坚专项规划》针对的是脱贫攻坚，而《贵州省生态文明建设目标评价考核办法（试行）》针对的是生态文明建设。从表面上看，脱贫攻坚与生态文明建设是两个不同的问题，其实不然，因为二者之间有十分紧密的内在联系，是统一的，而不是对立的。对此，习近平总书记已作了十分深入的论述（前有论述）。既如此，我们在制定相应的制度时，就要注意制度间的相互呼应，即便主管部门不同，也不能割裂制度间的联系，让制度彼此独立，"老死不相往来"。要避免制度脱节，就必须统筹兼顾，而要统筹兼顾，就应注意以下几个问题：一要认真梳理所要解决的问题与其他相关问题的关系；二要认真梳理已有的相关制度；三要认真研究已有相关制度的具体内容，避免脱节乃至冲突。

第二，要综合考核。脱贫攻坚与生态文明建设不仅有十分紧密的内在联系，而且都是当前贵州急需解决的重大问题，还是党中央同时交给贵州的两大重任，没有轻重缓急之分。既如此，就应注意做到"三同"，即同谋划、同部署、同考核，不仅在相关的考核指标体系设计上要兼顾彼此，而且在相关的考核工作中也要兼顾彼此。只有如此，才能避免二者在制度设计上的脱节。

2. 关于生态与脱贫的实际工作衔接问题

要较好解决生态与脱贫的实际工作衔接问题，我们认为，要制定相应的政策和制度，抓好以下几个方面的工作。

第一，要强化宣传教育。就当前的情况来看，贵州虽然面临脱贫攻坚与生态文明建设双重重任，但二者并不是对立的，而是统一的。要通过灵活多样的宣传教育方式，让干部、群众尤其是基层干部真正明白二者间的辩证统一关系。

第二，要加强系统培训，着力提升干部、群众尤其是基层干部将"绿水青山"转化为"金山银山"的能力。要有针对性地举办各种类型和各种层次的专题培训班，邀请相关专家进行相应的技能培训。

第三，要有针对性地邀请相关专家现场指导。要根据各地的自然地理环境和经济社会条件，邀请相关专家现场指导，因地制宜，制定科学合理的产业发展规划。

3. 关于易地扶贫搬迁农户的就业问题

多项研究表明，易地扶贫搬迁是一项极为复杂的系统工程，[1] 搬迁农民的就业及生计能力恢复受多种因素的影响或制约，因此，我们建议，按照以下思路来制定政策和制度。

首先，要对易地扶贫搬迁农户开展系统的生计恢复能力评估。要分析易地扶贫搬迁农户生计恢复能力的基本特征，评估农户的生计恢复能力，分析其生计恢复能力的影响因素，再结合其他条件，根据易地扶贫搬迁农户的具体情况，合理制定恢复生计能力的策略和方案。[2] 同时，注意抓好以下几个方面的工作：一要加强职业技能培训，增强农户的创收能力；二要加强公共服务体系建设，夯实物质资本基础；三要强化非政府组织的作用，增强社会资本能力；四要合理利用自然资源，协调创新自然资本；五要创新后续保障，提高生计稳定性。[3]

其次，要始终坚定不移地执行"六个坚持"，尤其是要坚持以岗定搬、以产定搬。在安置点选址和前期规划时，就要做好就业市场与搬迁劳动力的"双向调查"，要根据安置地可就业岗位和可脱贫产业合理确定安置点建设规模。精准落实搬迁对象每户1人以上就业目标，大力开展劳动力全员培训，加强产业配套，切实加强社会融入和管理，确保搬迁劳动力充分就业。

最后，要始终坚定不移地构建"五个体系"，尤其是要加强培训和就业体系建设，大力开展职业培训。比如，以提高职业能力为核心，提高职业培训的针对性；加大就业再就业资金投入，大力发展成人职业技术教育；齐抓共管，协调配合，切实完善包括领导管理、就业政策和就业中介等在内的多维度的就业服务体系。

4. 关于生物多样性保护与减贫协同推进问题

要较好解决生物多样性保护与减贫协同推进问题，我们认为，应该采取以下策略来制定相应的政策和制度。

第一，结合贵州生物多样性的实际情况，明确生物多样性保护目标、原

---

① 汪磊、汪霞：《易地扶贫搬迁前后农户生计资本演化及其对增收的贡献度分析——基于贵州省的调查研究》，《探索》2016年第6期；汪磊、汪霞：《易地扶贫搬迁农户就业能力评价研究：以贵州省为例》，《北方民族大学报》2020年第3期。
② 刘伟、黎洁、徐洁：《连片特困地区易地扶贫搬迁移民生计恢复力评估》，《干旱区地理》2019年第3期。
③ 张鹏瑶：《易地扶贫搬迁脱贫户可持续生计影响因素研究》，《经营管理者》2019年第Z1期。

则、方法和步骤。针对生物多样性保护的核心区域，可采取整体易地扶贫搬迁方式，具体策略可参考易地扶贫搬迁的政策和方法；针对生物多样性保护的重点区域，可采取生态建设带动扶贫的方式。

第二，充分利用贵州生物多样性丰富的资源禀赋，在保护的同时大力发展农业产业，带动当地老百姓脱贫致富。全省共有地方优良畜禽品种45个，其中，牛品种8个、马品种1个、猪品种10个、绵羊品种8个、家禽品种15个、兔品种3个，其中，列入国家级畜禽资源保护名录的就有3个。[1] 在这些地方优良品种中，具有特异性状和开发价值的优良品种包括关岭黄牛、思南黄牛、从江香猪、可乐猪、白山羊、黔北麻羊、黔东南小香羊、矮脚鸡、乌骨鸡、竹香鸡、小香鸡、三穗鸭、平坝灰鹅、织金白鹅等。如果能在对以上地方名优品种进行保护的同时加以开发利用，必将实现生物多样性保护与减贫协同推进，实现双赢的目的。

第三，充分利用贵州生物多样性丰富的资源禀赋，在保护的同时大力发展旅游产业，带动当地老百姓脱贫致富。贵州不但具有丰富的生物多样性和遗传多样性，而且生态系统多样性和景观多样性也很丰富，这使得贵州拥有诸多独特的旅游资源，如茂兰国家级自然保护区[2]、赤水桫椤国家级自然保护区、雷公山国家级自然保护区[3]、梵净山国家级自然保护区、石阡鸳鸯湖国家湿地公园[4]等。利用这些保护区发展旅游业，不但可以保护生物多样性，而且可以为当地经济发展作出巨大贡献，有效地带动当地老百姓就业，实现脱贫致富。

此外，还应抓好以下几个方面的工作：一要改变传统的管理模式，充分发挥政府的职能和作用；二要出台野生动物破坏补偿管理办法；三要加大科技扶贫力度，尽快帮助农民脱贫致富；四要解决当地群众的能源使用问题，减少群众生产生活对森林资源的消耗；五要加强宣传教育，强调保护生物多样性的重要性。

---

① 陶宇航、韩勇、杨红文：《生物多样性保护案例》，《贵州省高效生态（有机）特色农业学术研讨会论文集》，2011年。

② 兰洪波、冉景丞、蒙惠理、玉屏、徐获、邓碧林：《茂兰自然保护区生物物种多样性及其保护》，《山地农业生物学报》2009年第2期。

③ 顾先锋、唐秀俊：《自然保护区生物多样性保护与社区经济发展的探讨——以贵州雷公山国家级自然保护区为例》，《宁夏农林科技》2013年第10期。

④ 田应佳、何龙：《贵州石阡鸳鸯湖国家湿地公园生物多样性及保护对策》，《四川林勘设计》2018年第4期。

第四章

生态文明大数据建设制度创新试验

贵州不仅是我国西部唯一的一个国家生态文明试验区，同时也是首个国家大数据综合试验区。有效利用贵州大数据建设优势进行生态文明建设，走出一条大数据生态文明道路，是生态文明试验区（贵州）建设的重要内容，故《国家生态文明试验区（贵州）实施方案》将"开展生态文明大数据建设制度创新试验"作为国家生态文明试验区（贵州）建设的重点任务之一。

一　生态文明大数据在生态文明试验区建设中的作用

大数据（Big Data）是以容量大、类型多、存取速度快、应用价值高为主要特征的数据集合，正快速发展为对数量巨大、来源分散、格式多样的数据进行采集、存储和关联分析，从中发现新知识、创造新价值、提升新能力的新一代信息技术和新型服务业态。[1] 早在 20 世纪 90 年代，就已经出现了"大数据"学术术语。1997 年 10 月，迈克尔·考克斯和大卫·埃尔斯沃思发表了《为外存模型可视化而应用控制程序请求页面调度》，首次提出了"大数据"的概念。2005 年，Hadoop 项目诞生，它是一个由多个软件产品组成的生态系统，这些软件产品功能全面，可进行灵活的大数据分析。2008 年，"大数据"概念开始得到美国计算机业界的广泛认可，计算社区联盟（Computing Community Consortium）发表了一份有影响力的白皮书《大数据计算：创造在商务、科学和社会领域的革命性突破》。同年，《自然》杂志出版了一期专刊，专门讨论未来大数据处理的一系列技术问题和挑战，其中就提出了"Big Data"的概念。此后，大数据迅速成为世界范围内计算机领域的一个发

---

[1]　国务院：《促进大数据发展行动纲要》，2015 年 8 月 31 日。

展热点。各国纷纷将推动大数据的发展作为国家发展战略，将产业发展作为大数据发展的核心。美国高度重视大数据的研发和应用，2012 年 3 月推出大数据研究与发展倡议，将大数据作为国家重要的战略资源进行管理和应用，2016 年 5 月进一步发布"联邦大数据研究与开发计划"，不断加强在大数据研发和应用方面的布局。2014 年，欧盟推出了"数据驱动的经济"战略，倡导欧洲各国抢抓大数据发展机遇。此外，英国、日本、澳大利亚等国也出台了类似政策，推动大数据应用，拉动产业发展。

2009 年，大数据理念与 Hadoop 项目传入中国，大数据理念在中国 IT 界引起强烈反响。2010 年，《IT 时代周刊》记者廖榛撰写了题为《巨头迎来"大数据"时代 EMC 忙于整合数据库实力》的综合报道，通过分析 EMC、甲骨文、微软、IBM、惠普等 IT 企业在大数据领域的角逐，认为"大数据"时代已经到来，大科技公司为之欢欣鼓舞，因为它们已经预见到了其中蕴藏的巨大价值财富。[①] 2010 年，大数据概念在国内被广泛接受，国内计算机行业各大杂志纷纷报道大数据时代的到来，认识到了大数据与传统数据仓库架构的显著差异，认为必须加强数据库平台建设，推动数据分析的进步，大数据科研机构也开始建立起来，[②] 大数据也由理论探讨逐步走向规模化实际行业应用。国内 IT 行业三大巨头——腾讯、阿里巴巴和百度，都在积极拓展大数据产业。2009 年，腾讯就开始基于开源的 Hadoop + Hive 自研腾讯分布式数据仓库 TDW（Tencent distributed Data Warehouse）。到了 2013 年初，TDW 项目已经完成对腾讯公司内部全业务的覆盖，接入量达到百 P 级别。目前，百度已经在开发和运营一整套自主研发的大数据引擎系统，包括数据中心服务器设计、数据中心规划和设计、大规模机器学习、分布式存储、超大规模集群自动化运维、数据管理、数据安全、机器学习、大规模 GPU 并行化平台等。2012 年 7 月，阿里巴巴设立首席数据官，负责全面推进数据分享平台战略，并推出大型的数据分享平台"聚石塔"，为其旗下电商及电商服务商提供数据云服务，并宣称将转型重塑平台、金融和数据三大业务。2014 年，阿里巴巴总裁马云在浙江乌镇举行的首届世界互联网大会演讲中提出，人类已

---

① 廖榛：《巨头迎来"大数据"时代 EMC 忙于整合数据库实力》，《IT 时代周刊》2010 年第 14 期。

② 王珊、王会举、覃雄派、周烜：《架构大数据：挑战、现状与展望》，《计算机学报》2011 年第 10 期。

经从 IT 时代走向 DT（Data Technology）时代，IT 时代以自我控制、自我管理为主，而 DT 时代，重视的是以服务大众、激发生产力为主的技术。2016年1月20日，阿里云宣布开放阿里巴巴十年的大数据能力，发布全球首个一站式大数据平台"数加"，集中发布了20款产品，覆盖数据采集、计算引擎、数据加工、数据分析、机器学习、数据应用等数据生产全链条。百度在大数据方面起步较晚，2014年4月24日才正式宣布对外开放"大数据引擎"，包括开放云、数据工厂、百度大脑三大组件在内的核心大数据能力予以开放，通过大数据引擎向外界提供大数据存储、分析及挖掘的技术服务。同年8月18日，联合国开发计划署与百度宣布启动战略合作，共建大数据联合实验室（Baidu Big Data Lab），目标是探索利用大数据解决全球性问题的创新模式。

近年来，国际大数据产业正在飞速发展。德国著名统计机构 Statista 2019年8月发布的报告显示，2020年全球大数据市场收入规模将达到560亿美元，较2018年预期增长33.33%，较2016年的市场收入规模将翻一倍。[1] 大数据技术引入中国后，得到了社会各界的广泛重视，我国大数据产业也呈现高速增长态势。2017年，我国大数据产业规模为4700亿元人民币，同比增长30%。其中大数据软硬件产品的产值约为234亿元人民币，同比增长39%。[2] 贵州作为国家大数据综合试验区，大数据产业也在迅猛发展。2019年贵州省仅5G数字设施建设投入一项全年累计完成投资就达到127.7亿元，上半年全省规模以上软件和信息技术服务业（1000万元口径）收入同比增长21.5%，均高于预期。[3]

大数据具有容量大、类型多、存取速度快、应用价值高等一系列特点，为我国的生态文明建设提供了全新的具有可操作性的关键技术。借助大数据技术，可以充分汇总生态环境的基础数据，经过高速数据测算、可视化分析、预测性分析和数据管理等过程来搜集、分析各地区各类别的生态数据，可以对生态环境的具体状况进行计量分析，对生态文明建设的成效进行客观评估，预测生态环境的发展趋势，从而总结出更多适合生态文明建设良性运行的客

---

[1] 中国信息通信研究院：《大数据白皮书（2019年）》，2019年12月，第3页。
[2] 中国信息通信研究院：《大数据白皮书（2018年）》，2018年4月，第2页。
[3] 《2019年1—12月全省数字设施建设推进情况》，贵州省大数据发展管理局网站，http://www.dsj.guizhou.cn/zfsj/sjjd/202001/t20200113_42832875.html，2020年1月13日。

观规律，为生态文明建设提供助力。

（一）解决生态文明建设的"信息孤岛"问题

生态文明建设是一个涉及政治、经济、文化、社会等方方面面的系统工程，与环保、林业、国土、气象、水务、旅游、农业、工商等部门均有关系。各部门的生态文明相关数据都由自己的信息中心管理，自成体系，部门之间难以实现及时、有效对接，形成"信息孤岛"，导致信息资源交流不畅，利用率低，从而造成社会公共资源的巨大浪费。同时，各级政府之间、政府与企业之间、政府与公众之间也存在信息流通不畅的现象，给生态文明建设带来极大阻碍。推进生态大数据建设过程中，可以充分利用大数据技术容量大、信息处理速度快的特点，有效解决当前在环境信息资源的归属、采集、开发等方面存在的信息部门化、碎片化问题，提高整体环境管理的效率、协同管理水平和应急响应能力，使生态文明建设更加高效。

（二）破解环境监管难题

目前，生态环境问题日趋突出，若用传统的手段进行环境监管，工作强度和难度都是相当大的，难以实现有效监管。通过大数据技术，可以对污染源进行实时监控，规范数据管理，提升数据处理能力，从而减少人力成本，提高监管效率。要探索在环境监管中引入法治、信用、社会等多种数据源，构建全天候、全时段、全覆盖的立体化监管体系。依托全方位监管所形成的数据信息，将传统依靠拉网式人力检查发现违法行为的监管模式转变为在数据分析基础上及时精准处置的信息化监管模式，不仅可以提高生态环境监管执法的准确性、高效性、主动性和有效性，而且通过建设社会公众参与的环境保护工作平台，可以调动社会资源参与环境监管，从而扩大监管的覆盖面。

（三）为生态文明建设提供科学的决策参考

依靠大数据平台巨大的容量和高速计算能力，通过高效采集、有效整合、全面共享各部门业务数据、企业数据及社会数据，可以将生态文明各项指标科学呈现出来，让我们更加精准地了解生态文明各项内容的现状、面临的问题，为我们的决策参考提供科学依据，推动决策方式从"业务经验驱动"向"数据量化驱动"转型。同时，大数据平台还可以实现实时预警，通过数据处理和测算，将发生的环境问题实时报告，为我们及时解决环境问题提供帮助。利用大数据开展环境形势综合研判、环境容量与承载力分析、环境风险预测预警和工作绩效动态评估，为经济发展与环境保护重大政策制定、规划计划编制、重点工作会商和应急响应指挥等工作提供全面的数据辅助支撑，全面提升社会经济综合宏观调控和生态环境综合治理科学化水平。

二　生态文明大数据建设制度创新试验要求及现状

（一）生态文明大数据建设制度创新试验要求

2014 年 3 月 5 日，十二届全国人大二次会议在北京人民大会堂召开，李克强总理在代表国务院所作的政府工作报告中指出："设立新兴产业创业创新平台，在新一代移动通信、集成电路、大数据、先进制造、新能源、新材料等方面赶超先进，引领未来产业发展。"① 这是政府工作报告中首次提到"大数据"，这一年也被称为"中国大数据政策元年"。从此，大数据逐渐成为各级政府关注的热点，也促进了我国大数据产业更加迅猛地发展。

2015 年 8 月 31 日，国务院印发了《促进大数据发展行动纲要》，认为信息技术与经济社会的交汇融合引发了数据迅猛增长，数据已成为国家基础性战略资源，大数据正日益对全球生产、流通、分配、消费活动以及经济运行机制、社会生活方式和国家治理能力产生重要影响。因此，要全面推进我国大数据发展和应用，加快建设数据强国。《促进大数据发展行动纲要》提出，要大力推动政府部门数据共享，稳步推动公共数据资源开放，统筹规划大数据基础设施建设，其中就包括人居环境、自然资源的大数据建设。② 这说明，以大数据推动生态文明建设，已成为国家的一个重要建设方向。

2015 年 10 月 29 日，中国共产党第十八届中央委员会第五次全体会议公报指出，要"实施国家大数据战略"，这也是"国家大数据战略"首次被党中央正式提出。2016 年 3 月 17 日，《中华人民共和国国民经济和社会发展第十三个五年规划纲要》正式公布，其中第二十七章以"实施国家大数据战略"为标题，进一步指出要"加快政府数据开放共享"，"促进大数据产业健康发展"。2016 年底，工业和信息化部正式发布《大数据产业发展规划

---

① 《2014 年政府工作报告》，中国政府网，http://www.gov.cn/zhuanti/2014gzbg_yw.htm。
② 国务院：《促进大数据发展行动纲要》，2015 年 8 月 31 日。

（2016—2020 年）》，该规划以大数据产业发展中的关键问题为出发点和落脚点，明确了"十三五"时期大数据产业发展的指导思想、发展目标、重点任务、重点工程及保障措施等内容，成为大数据产业发展的行动纲领。①

2017 年 5 月 18 日，国务院办公厅印发了《政务信息系统整合共享实施方案》，指出要坚持统一工程规划、统一标准规范、统一备案管理、统一审计监督、统一评价体系的"五个统一"总体原则，有序组织推进政务信息系统整合，切实避免各自为政、条块分割、重复投资、重复建设。要加快推进政务信息系统整合共享的"十件大事"，加快消除"僵尸"信息系统，促进部门内部信息系统整合共享，提升国家统一电子政务网络支撑能力，推进接入统一数据共享交换平台，加快公共数据开放网站建设，建设完善全国政务信息共享网站，开展政务信息资源目录编制和全国大普查，加快构建政务信息共享标准体系，规范网上政务服务平台体系建设，开展"互联网 + 政务服务"试点，促进跨地区、跨部门、跨层级信息系统互认共享，实现政务数据共享和开放在重点领域取得突破性进展。该实施方案的发布，为破除部门信息壁垒，实现生态文明大数据的共享互通提供了指导。

2017 年 10 月 18 日，习近平总书记在党的十九大报告中提出，要"加快建设制造强国，加快发展先进制造业，推动互联网、大数据、人工智能和实体经济深度融合，在中高端消费、创新引领、绿色低碳、共享经济、现代供应链、人力资本服务等领域培育新增长点、形成新动能"②，高屋建瓴地指出了我国大数据发展重点方向。

国家大数据战略布局，为生态文明建设提供了新的思维和方法。为贯彻落实党中央、国务院的决策部署，充分运用大数据、云计算等现代信息技术手段，全面提高生态环境保护综合决策、监管治理和公共服务水平，加快转变环境管理方式和工作方式，2016 年 3 月 7 日，环境保护部发布了《生态环境大数据建设总体方案》，对生态文明大数据建设的指导思想、基本原则、总体构架、主要目标、主要任务、保障措施等内容做了全面界定，提出了"顶层设计、应用导向""开放共享、强化应用""健全规范、保障安全""分步实施、重点突

---

① 中华人民共和国工业和信息化部：《大数据产业发展规划（2016—2020 年）》，2016 年 12 月 18 日。

② 习近平：《决胜全面建成小康社会 夺取新时代中国特色社会主义伟大胜利——在中国共产党第十九次全国代表大会上的报告》，新华网，http://www.xinhuanet.com//politics/19cpcnc/2017 - 10/27/c_1121867529. htm。

破"四个生态文明大数据建设原则，提出了"一个机制、两套体系、三个平台"的总体架构（见图4-1），即生态环境大数据管理工作机制，组织保障和标准规范体系、统一运维和信息安全体系，以及大数据环保云平台、大数据管理平台和大数据应用平台。方案规定通过生态环境大数据建设和应用，在未来五年实现生态环境综合决策科学化、生态环境监管精准化、生态环境公共服务便民化的目标。这为生态文明大数据建设作出了顶层设计。①

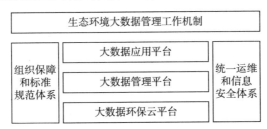

图4-1　生态环境大数据建设总体架构

　　环境监测是生态文明大数据建设的一个重要环节。2017年9月21日，中共中央办公厅、国务院办公厅印发了《关于深化环境监测改革提高环境监测数据质量的意见》②，提出到2020年，通过深化改革，全面建立环境监测数据质量保障责任体系，健全环境监测质量管理制度，建立环境监测数据弄虚作假防范和惩治机制，确保环境监测机构和人员独立公正开展工作，确保环境监测数据全面、准确、客观、真实。在环境监测中引入大数据技术，将极大增强监测的可靠性和时效性。

　　2017年10月2日，《国家生态文明试验区（贵州）实施方案》正式发布，将"开展生态文明大数据建设制度创新试验"作为重点任务之一，包括三个方面的内容。一是建立生态文明大数据综合平台，包括四个要点：其一，建设生态文明大数据中心，推动生态文明相关数据资源向贵州集聚，定期发布生态文明建设绿皮书；其二，打造长江经济带、泛珠三角区域生态文明数据存储和服务中心；其三，2017年建成环保行政许可网上审批系统；其四，2018年完善全省污染源在线监控系统，2019年基本建成覆盖全省的环境质量自动监测网络，2020年建成贵州省生态环境大数据资源中心。二是建立生态

---

① 中华人民共和国环境保护部办公厅：《生态环境大数据建设总体方案》，2016年3月7日。
② 中共中央办公厅、国务院办公厅：《关于深化环境监测改革提高环境监测数据质量的意见》，2017年9月21日。

文明大数据资源共享机制，具体任务是：2018 年制定贵州省生态环境数据资源管理办法，建立生态环境数据协议共享机制和信息资源共享目录，明确数据采集、动态更新责任，推动生态环境监测、统计、审批、执法、应急、舆论等监管数据共享和有序开放，实现全省生态环境关联数据资源整合汇聚。三是创新生态文明大数据应用模式，包括两个要点：一要建立环境数据与工商、税务、质检等部门的信息联动机制；二要建立固定污染源信息名录库，建立环境信用监管体系，试行企业信用报告和信用承诺制度。

（二）生态文明大数据建设制度创新试验现状

1. 制度建立情况

贵州省不仅是我国西部唯一的一个国家级生态文明试验区，同时也是首个国家级大数据综合试验区。2016 年 2 月 25 日，国家发改委、工业和信息化部、中央网信办发函批复，同意贵州省建设国家大数据（贵州）综合试验区，试验区将坚持创新发展、协调发展、绿色发展、开放发展、共享发展理念，围绕数据资源管理与共享开放、数据中心整合、数据资源应用、数据要素流通、大数据产业集聚、大数据国际合作、大数据制度创新等七大主要任务开展系统性试验，通过 3 年至 5 年时间探索，有效打破数据资源壁垒、强化基础设施统筹，打造一批大数据先进产品，培育一批大数据骨干企业，建设一批大数据众创空间，培养一批大数据产业人才，有效推动相关制度创新和技术创新，发掘数据资源价值，提升政府治理能力，推动经济转型升级，通过不断总结可借鉴、可复制、可推广的实践经验，最终形成试验区的辐射带动和示范引领效应。

为了推动试验区生态文明大数据建设，规范生态文明大数据项目管理，2016 年 9 月 13 日，贵州省环境保护厅根据环境保护部、贵州省委和省政府有关规定，结合省厅工作实际，印发了《贵州省生态环境大数据建设项目暂行管理办法》，共 4 章 24 条，明确了有关部门职责，制定了生态环境大数据建设项目管理流程，明确了项目准备、项目采购与实施、项目收尾三个阶段八个步骤的具体管理要求，提供了方案参考目录结构。该办法的出台，有利于进一步规范贵州省生态环境大数据建设项目的管理。[①]

---

① 贵州省环境保护厅：《贵州省环境保护厅关于印发〈贵州省生态环境大数据建设项目暂行管理办法〉的通知》（黔环通〔2016〕170 号），2016 年 9 月 13 日。

2017年2月6日，贵州省大数据发展领导小组办公室发布了《贵州省数字经济发展规划（2017—2020年)》，提出"把发展数字经济作为我省实施大数据战略行动、建设国家大数据（贵州）综合试验区的重要方向，作为我省转型发展的新引擎、服务社会民生的新途径、促进创业创新的新手段，加快发展资源型、技术型、融合型、服务型'四型'数字经济"。贵州大数据战略的实施，为生态文明大数据建设提供了有力支撑。

生态文明大数据建设，依赖于海量信息的采集。2017年2月14日，贵州省人民政府批复了省大数据发展管理局、省经济和信息化委、省发展和改革委员会提交的《贵州省"十三五"信息化规划》，提出要"实施'美丽贵州'建设工程，在城市交通要道、工业园区、山川河流、森林湖泊、重点污染企业和污染源等区域广泛部署环境智能感知设备，实现对水、空气、土壤等环境要素的有效监控"①。拟在2020年前投资1.1亿元，由省环境保护厅负责实施环境智能监测平台项目，建立和完善水、大气、噪声、土壤和自然植被环境智能监测体系，构建污染物排放在线防控体系，建立环境信息智能分析系统、预警应急系统和环境质量管理公共服务系统，实现对重点地区、重点企业和污染源智能化远程监测管理。

2017年4月16日，时任贵州省委书记陈敏尔在中国共产党贵州省第十二次代表大会上的报告中指出，要牢牢守住发展和生态两条底线，全力实施大扶贫、大数据、大生态三大战略行动，奋力开创百姓富、生态美的多彩贵州新未来，为实现中华民族伟大复兴的中国梦而努力奋斗。此后，"大扶贫、大数据、大生态"成为贵州发展的三大战略方向，促进大数据与大生态的深度融合，是贵州发展的一个重要战略。

根据国家生态文明大数据建设的战略部署，生态文明大数据建设首先需要在环境保护领域取得突破，这也是贵州在"十三五"期间的重点工作。2017年6月7日，《贵州省"十三五"环境保护大数据建设规划》正式印发，旨在贯彻落实环境保护部、贵州省委与省政府关于环保大数据的决策部署和工作要求，充分运用大数据、云计算等现代信息技术手段，全面提高贵州省生态环境保护综合决策、监管治理和公共服务水平，加快转变环境管理方式

---

① 贵州省人民政府：《省人民政府关于贵州省"十三五"信息化规划的批复》（黔数呈〔2017〕4号），2017年2月14日。

和工作方式。① 规划对"十二五"以来贵州省生态文明大数据的发展现状和形势进行了分析，认为存在标准规范体系有待健全、数据"聚通用"水平有待提升、基础支撑能力有待提高三大问题，提出要依托"贵州省数字环保""贵州省环保云"平台，以"改善环境质量、防范环境风险"为核心，建设、完善环保业务信息化体系，搭建大数据采集、管理、分析决策应用、可视化展示一站式平台，按照一个中心（环境大数据信息资源管理中心）、两大平台（环境大数据基础设施支撑云平台和环境大数据分析决策应用平台）、三大门户（环境大数据内网门户、环境大数据外网门户、环境大数据移动门户）、四大体系（环保大数据平台的标准规范体系、管理制度体系、安全运行体系及运行维护体系）、七大应用（全面覆盖环境监测监控、监察执法、环境监管、风险应急、行政许可、政务办公、公众服务七大业务层面）的总体构架，全面推动"12347"全省环保大数据体系建设，实现生态监管智能化、环境信息共享化、环境管理科学化、环境服务便民化四个方面的具体目标。规划为贵州省"十三五"期间的环境保护大数据建设指明了方向，为进一步完善环保信息化管理体系、促进生态环境数据互联互通和信息资源共享、推进环境管理转型、提升环境风险防范能力提供了有力支撑。规划还列出了贵州省"十三五"环境保护大数据建设重点项目（见表4-1）。

表4-1 贵州省"十三五"环境保护大数据建设重点项目汇总

序号	建设内容		数量（套）	投资估算（万元）	合计（万元）
1	环境大数据信息资源管理中心	大数据管理标准规范	1	150	150
2		大数据交换系统	1	400	400
3		大数据质量管理系统	1	200	200
4		环境信息系统及数据应用管理	1	100	100
5		大数据共享应用	1	100	100
6		环境大数据系统平台管理	1	300	300
7	环境大数据基础设施支撑云平台	云上贵州服务器等硬件设备租赁	5年	350/年	1750

① 贵州省环境保护厅：《贵州省"十三五"环境保护大数据建设规划》，2017年6月7日。

续表

序号	建设内容		数量（套）	投资估算（万元）	合计（万元）
8	环境大数据分析决策应用平台	环境质量决策分析应用	1	1000	1000
9		环评审批决策分析应用	1	150	150
10		监管执法决策分析应用	1	500	500
11		风险应急决策分析应用	1	150	150
12		核与辐射监测监察应用	1	1500	1500
13		政务办公决策分析应用	1	120	120
14		公众服务决策分析应用	1	100	100
15		大数据分析建模	1	500	500
16	环境大数据可视化应用三大门户		1	500	500
17	环保业务应用信息系统体系	监测监控类系统	1	5000	5000
18		环境监察类系统	1	500	500
19		环境监管类系统	1	1000	1000
20		环境风险应急类系统	1	1500	1500
21		行政许可类系统	1	500	500
22		政务办公类系统	1	100	100
23		公众服务类系统	1	150	150
合计（万元）					16270

资料来源：《贵州省"十三五"环境保护大数据建设规划》。

2017 年 9 月 5 日，贵州省人民政府批复了贵州省大数据发展管理局制定的《智能贵州发展规划（2017—2020 年）》[1]，生态文明大数据建设是其中的重要内容。规划提出，要"推进生态环保智能化应用"，包括从"推进资源环境动态监测系统建设""加强环保监管和应急智能化建设""推进固体废弃物智能化管理"等方面推动智能环保大数据建设。

2017 年 10 月 2 日，《国家生态文明试验区（贵州）实施方案》发布后，贵州省委、省政府对方案中提出的重点任务进行了具体分工，[2] 生态文明大数据建设任务分工为：建立生态文明大数据综合平台，由省环境保护厅、省

---

[1] 贵州省人民政府：《省人民政府关于智能贵州发展规划（2017—2020 年）的批复》（黔府函〔2017〕18 号），2017 年 9 月 5 日。

[2] 中共贵州省委、贵州省人民政府：《贵州省贯彻落实〈国家生态文明试验区（贵州）实施方案〉任务分工方案》，2017 年 12 月 8 日。

大数据发展管理局负责；建立生态文明大数据资源共享机制，由省环境保护厅、省大数据发展管理局、省气象局负责；创新生态文明大数据应用模式，由省环境保护厅、省工商局、省地税局、省国税局、省质监局负责。从分工方案中可以看出，生态文明大数据的建设，主要由省环境保护厅、省大数据发展管理局、省发展和改革委员会、省气象局、省国土资源厅、省工商局、省地税局、省国税局、省质监局等部门负责完成，其中省环境保护厅、省大数据发展管理局是最主要的责任单位，需要全程参与各项任务，其他部门则仅有部分工作涉及，承担辅助性工作。任务分工中列出了国家生态文明试验区（贵州）建设的重点制度成果清单，其中开展生态文明大数据建设的制度包括两项：一是贵州省"十三五"环境保护大数据建设规划，省环境保护厅、省发展和改革委员会、省国土资源厅、省大数据发展管理局、省气象局等部门为责任单位；二是贵州省生态环境数据资源管理办法，省环境保护厅、省林业厅、省气象局为责任单位。其中，《贵州省"十三五"环境保护大数据建设规划》《贵州省生态环境数据资源管理暂行办法》均已发布。①

为了贯彻国家关于环境监测的要求，2018 年 2 月 14 日，贵州省人民政府办公厅印发了《贵州省生态环境监测网络与机制建设方案》②，提出到 2020 年，按照"全面设点、全省联网、自动预警、依法追责"的要求，实现环境质量、重点污染源、生态状况监测全覆盖，建立统一的生态环境监测网络。补充优化全省环境质量监测点位，建设涵盖大气、水、土壤、噪声、辐射等要素的环境质量监测网络，按照统一的标准规范开展监测和评价，客观准确反映环境质量状况；建设覆盖全省所有重点污染源的自动监控体系，对重点行业和企业实施全面有效监控；健全技术规范体系；加强数据质量管理与控制；建设与完善监测大数据平台，实现各部门监测数据互联共享；监测预报预警、信息化能力和保障水平明显提升；初步建成全省统筹、天地一体、部门协同、信息共享的生态环境监测网络，使生态环境监测能力与生态文明建设要求相适应。

2018 年 4 月 12 日，贵州省委书记、省人大常委会主任孙志刚主持召开全省大数据战略行动推进工作专题会议，强调要深入贯彻习近平总书记关于

---

① 贵州省生态环境厅：《贵州省生态环境数据资源管理暂行办法》（黔环通〔2018〕326 号），2018 年 12 月。
② 贵州省人民政府办公厅：《贵州省生态环境监测网络与机制建设方案》，2018 年 2 月 14 日。

大数据发展的重要指示精神，认真落实贵州省第十二次党代会的战略部署，深化"云上贵州"系统平台建设，强化政府数据"聚通用"，推进多"云"融合，要在环境监测等领域推出一批大数据应用，推动大数据战略行动进一步做深做实，促进全省大数据发展跃上新台阶。这一战略的实施，旨在破除部门间的信息壁垒，促进生态文明大数据的互联互通，促进生态文明大数据的实时共享。

2. 生态文明大数据平台建设实施情况

贵州的大数据建设，主要围绕环保数字化以及大数据平台的打造展开。早在2014年，贵州率先在全国开展"7＋N"云工程建设，"环保云"便是7朵云之一。2014年10月15日，"云上贵州"系统平台上线运行。2014年11月30日，7朵云41个应用系统成功迁移"云上贵州"系统平台。2014年11月，贵州省环境保护厅就开始投资贵州省环保云建设项目，开展包括环境自动监控云、环境地理信息云、建设环境公众应用云、建设环境移动应用云、建设环境电子政务云、建设环境监管云等六大"环保云"的应用平台建设，初步形成全省环境业务大数据支撑和应用体系。2017年4月28日，贵州省数字环保业务系统App正式上线，集成了监理监管、项目审批、环境应急、核与辐射、数据中心、行政办公、专项资金项目、环境信用信息等移动版业务系统，实现了各移动版业务系统的一键登录使用，满足了各环保部门人员的移动办公需求。

除了省级环保云外，贵州省还致力于打造覆盖所有市县的大数据平台，支持有条件的市县率先建立生态文明大数据平台。

安顺市是贵州省最早进行环保大数据建设的地级市。2014年11月，安顺市完成环保应急平台建设项目（即"数字环保"一期）建设，2015年9月通过省环境保护厅验收。该工程建立了环境信息化标准体系，搭建了软硬件基础平台，通过数据中心、环境地理信息平台、应急综合管理平台、综合门户系统（内/外网门户、OA办公自动化系统）、环境质量监管系统、污染源管理系统、空气质量发布平台、视频监控系统、水质监控系统、建设项目审批系统的开发建设，整合了污染源在线监控系统、环统系统、排污费征收申报系统、汽车尾气监管系统、"12369"环保举报热线等系统，基本解决了原有的信息化系统相对独立造成的"数据孤岛"等问题，实现了多网合一，数据和资源共享率大幅提高，部分实现了现场端信息化监管。2015年，安顺市环保局获得了省环境保护厅授予的"数字环保平台建设示范先进单位"称号。① 2017 年 9 月 4 日，安顺市环保局投资 75 万元启动"数字环保"扩展项目建设，具体包括安顺市机动车尾气排气监管平台、机动车平台部署服务器、"互联网＋大数据"环境监管平台（网页版）、"互联网＋大数据"环境监管平台（手机版）、现有软硬件系统升级运维、驻场运维、环保舆情监测服务等内容。②

从 2014 年起，省环境保护厅和贵安新区陆续投入了 1500 余万元，初步建成了以"一个中心、两个平台"为核心的贵安新区数字环保云平台。"一个中心"是指环境数据中心，它是整个环境信息化建设的基础与支撑；"两个平台"是指环境综合管理平台和环境质量监控平台，是两个主要的环境信息化管理平台。随着"一个中心、两个平台"的建立和完善，数据更加丰富，贵安新区可以直观、实时地了解到新区范围内各种环境变化情况，并及时应对。新区通过大数据、物联网技术共建设了 5 个大气自动监测站、1 个水自动检测站，污水处理厂也安装了自动监控设备，实现了对新区环境的实时监测，同时所有和污染源相关的信息已经变成了一个数据流。一家工业企业从最开始的环评审批信息到中间监督性监测信息，从污染治理信息到最终的环境监察执法信息以及处罚的记录，全部在这个系统里面可以看到。环保系统的整个业务流程数据融入同一个大数据系统，打通了环境管理全过程的数据信息流，实现了对污染源进行全程化和远程化的管理，"线上数据＋线下执法"的模式使得环保监管工作效率得到了大幅提高。从 2016 年 10 月开始，系统超标报警 8 次，执法 79 次。下一步，贵安新区还将对数据进行并网，把贵安新区建筑施工工地的实时监控数据、海绵城市监测数据等接入数字环保云平台，实现从环保大数据到生态大数据的转化。

贵阳市从 2015 年起开始"贵阳市生态云平台项目（一期）"建设。其建设内容包括"一个规划"（贵阳市生态环境信息资源规划）、"两个平台"（数据融合平台、地理信息平台）、"五个应用子系统"（移动办公、网上行政审批、应急信息管理、行政执法管理、数据铁笼应用）以及现有子系统（空

---

① 安顺市环境保护局：《安顺市"十三五"环境保护及综合治理规划》，2015 年 12 月，第 13 页。
② 安顺市环境保护局：《安顺市"数字环保"扩展建设项目采购文件》，贵州省政府采购网，http://www.ccgp-guizhou.gov.cn/view－1153905922931045－22880748819086163.html，2017 年 9 月 5 日。

气质量在线监控、污染源在线监控等 13 个在线子系统）的完善与移植、配套设施及设备的建设。拟将水环境、空气环境、污染源、气象、水文、林业资源、湿地、地质灾害等数据汇聚到政务资源数据中心，形成支撑"生态云"的块数据，并与相关单位和部门交换共享，建立集采集、分析、对比、预警和快速响应功能于一体的科学决策体系，以适应新时期生态文明建设需要。2017 年，完成了生态环境信息资源规划的顶层设计、数据融合平台及地理信息平台建设以及移动办公系统、网上行政审批系统、行政执法管理系统、应急信息管理系统及数据铁笼应用系统的建设工作，并于 11 月 10 日通过专家技术评审。评审专家对由贵阳市生态文明建设委员会负责组织实施的"贵阳市生态云平台项目（一期）"给予了高度评价，一致认为该平台是集环保、林业及园林于一体的信息化、大数据建设项目，实现了各业务系统自流程的数据汇总分析，体现了大数据在贵阳市生态文明建设委员会各业务部门的有效应用。2017 年，经贵州省大数据发展管理局组织召开专家评审会，最终评选出"贵阳市生态云平台项目（一期）"等 26 个项目作为政府大数据应用专项行动第一批典型示范项目。① 2018 年 3 月 5 日，贵阳市对环保大数据平台二期建设项目进行招标，包括水质自动监测站 3 套、空气自动监测站 6 套，拟总投资 880 余万元。3 月 28 日，北京尚洋东方环境科技有限公司中标，中标金额为 869.1 万元。②

2016 年 11 月 7 日，铜仁市选取松桃县作为环保大数据监管平台建设试点县，着力打造一套集环保数据管理、环保巡查、污染源监测、应急指挥、环保人员管理等相关应用功能于一体的环保大数据监管平台。该环保大数据监管平台，应用系统平台中的卫星定位和远程监控监测系统，形成全天候、多层次的智能多源感知体系，可对环保人员、监管车辆、地理信息等精确定位和监控，实现环境风险源管理"一源一档"，通过客户端技术和移动技术构成图文一体化的环保综合管理系统，实现环保监管信息化。2017 年，松桃县委托的重庆图科科技有限公司完成了环保大数据监管平台建设技术方案编制和建设项目可行性研究报告，拟定了"环保大数据监管平台融资代建"方

---

① 贵阳市生态文明建设委员会：《贵阳市"生态云"平台建设情况》，2018 年 5 月 21 日。
② 贵阳经济技术开发区生态促进局：《环保大数据平台二期建设项目中标（成交）公告》，贵州省政府采购网，http://www.ccgp-guizhou.gov.cn/view-1153905922931045-92587812654651 02.html，2018 年 3 月 28 日。

案，建成木溪水质自动监测站，其他相关工作正在积极推进，环保大数据管理系统已经初步建成。2018 年，松桃县计划实施环保大数据监管平台二期工程建设，努力实现环保执法监管全覆盖。①

同时，铜仁市也在积极推动市级生态文明大数据平台建设，建成了铜仁市土壤环境大数据中心。该中心以从农产品产地、饮用水水源地保护区、地球化学敏感区、重点行业企业用地及其影响区域布设的省控监测点采集的土壤生态数据为基础，通过整合环保、农业、国土等部门的土壤监测数据，统筹土壤环境监测数据采集网络，构建起铜仁市土壤环境信息化管理平台。

2016 年底，六盘水市环境保护局开启"智慧环保"信息化平台建设项目，拟通过"一中心四平台四体系"（即环境应急指挥中心及平台、环保大数据中心平台、环保一张图平台、环保政务服务平台、环境监控体系、环境应急体系、环境管理体系和政务办公体系）建设，建成涵盖环境监测监控、项目审批、环境监察、移动执法、行政处罚、固废管理、核与辐射管理、总量减排、公众服务、环境信访、环境管理决策等板块的专业化、智能化、多维度的"智慧环保"信息化平台，使得环境管理以信息化手段为依托，实现智能管理和科学决策。2017 年 8 月，该项目完成系统平台硬件设施安装调试工作。11 月，完成了应急指挥大厅和网络建设。12 月，开始部署系统软件。2018 年 3 月，开始系统进行内部调试，并修改完善。②

2017 年 6 月 7 日，《黔东南州生态环保大数据公共服务平台（一期）建设方案》通过专家评审，重点建成环境保护大数据标准体系、环境保护数据中心、生态环境大数据监控中心、河长制管理系统、重污染天气预警系统、排污权有偿使用和交易平台、移动办公平台。2017 年 11 月 10 日，"黔东南州生态环保大数据公共服务平台（一期）建设项目"开始招标。2018 年 1 月26 日，浙江成功软件开发有限公司中标，中标金额为 372.99 万元。③

2017 年 12 月 15 日，毕节市环境保护局与聚光科技（杭州）股份有限公司签订环保云平台项目协议，项目总投资 1618 万元，拟在 18 个月内完成系

---

① 松桃县人民政府：《2018 年松桃苗族自治县政府工作报告》，2018 年 1 月 7 日。
② 六盘水市环境保护局：《市环保局政府信息公开答复书》，2018 年 6 月 4 日。
③ 黔东南苗族侗族自治州环境保护局：《黔东南州生态环保大数据公共服务平台（一期）建设项目中标（成交）公告》，贵州省政府采购网，http://www.ccgp-guizhou.gov.cn/view-11539 05922931045-4224069454793662.html，2018 年 1 月 26 日。

统的建设工作。① 该项目拟制定毕节市环境信息资源规划，建设毕节市环境大数据融合平台、环境 GIS 信息平台两套平台，开发大屏数据可视化检测系统、机动车尾气检测系统、固体废弃物管理系统、污染源综合监管平台、环境质量监测评价平台、风险防控与应急综合管理平台、生态环境智慧管理平台、空气质量智慧管理平台等。

黔南州也启动了生态文明大数据平台建设，已建成黔南州数字环保信息化平台、污染源监测系统、空气质量数据可视化系统、环境地理信息系统。目前，各系统平台已基本搭建完成各类子业务模块，并打通了部分相关业务系统数据，其中，污染源监测系统、空气质量数据可视化系统在运行使用方面已经取得了一定的成效。2018 年 2 月 24 日，黔南州数字环保信息化采购项目完成招投标，总中标金额为 588.3 万元，项目包括软件开发技术服务（环境数据资源中心开发服务 1 套，数据分析展示系统开发服务 1 套，多业务支撑平台开发服务 1 套，环境地理信息系统开发服务 1 套，环境视频监控系统开发服务 1 套，污染源综合管理系统开发服务 1 套，水环境综合监管系统开发服务 1 套，移动端数据展示系统开发服务 1 套，移动端视频监控系统开发服务 1 套）、监控中心基础硬件采购（移动终端 100 部，黔南州视频会议系统 1 套，3×4 拼接大屏显示系统 2 套，视频监控设备 33 套）、改造技术服务（视频会议室改造服务 1 套，指挥中心改造服务 1 套）三大内容共计 15 个子项目。② 此外，2017 年 3 月，黔南州的福泉市也启动了"智慧环保"配套基础硬件及网络设施建设项目，包括环境数据资源中心、二维码发布及管理系统、污染源全生命周期管理系统、一张图平台、应急管理指挥系统等。③

仁怀市生态环境局应急指挥中心环保数据中心平台于 2015 年建成并投入使用，是一套集环保数据管理、环保巡查、污染源监测、应急指挥等功能于一体的环保数据中心平台，涵盖在线监控系统、数据中心、领导驾驶舱、固

---

① 毕节市环境保护局：《毕节市环保云平台项目中标（成交）公告》，贵州省政府采购网，http://www.ccgp-guizhou.gov.cn/view－1153905922931045－346393992147781.html，2017 年 12 月 15 日。

② 黔南布依族苗族自治州环境保护局：《黔南州数字环保信息化采购项目中标（成交）公告》，中国政府采购网，http://www.ccgp.gov.cn/cggg/dfgg/zbgg/201802/t20180226_9610229.htm，2018 年 2 月 24 日。

③ 福泉市环境保护局、浙江成功软件开发有限公司：《福泉市环境保护局"智慧环保"建设试点项目技术开发合同书》，2017 年 3 月。

定综合展示、排污许可管理等板块，运用大数据的思维和理念，创新环境治理手段和方式，推动环境治理数据化机制创新，实现生态环境治理能力现代化。与环保数据化相对应的环保布控点建设也同步推进，共建立150个监控点位，180余个高清摄像头全面覆盖城市污水处理厂。同时，对国控源、省控源以及规模以上企业、生活垃圾处理厂实施重点污染源在线监控；在赤水河流域范围和各支流设置30～40个监控点，通过对河流断面和各支流的联动监控，全面掌握赤水河流域环境质量变化情况，全方位、深层次、多角度地守护赤水河流域生态环境安全。

2019年1月，赤水市启动环境监管大数据平台（智慧环保）建设项目论证，拟投资800余万元进行建设，包括"一个中心"（监控中心）、"两个平台"（地理信息平台、数据平台）、"十三大应用系统"（应急管理系统、在线监控系统、监察执法系统等）以及统一网站等内容。9月，该项目进行了招投标，目前正在建设中。

通过各市州生态文明大数据建设的有力支撑，省级生态环境大数据中心也得以良好运转，制定相关数据标准，汇集了环境质量、污染源自动监控、环境应急、环境执法、环评审批等生态环境数据，与贵阳市环境质量数据分析平台、铜仁市土壤环境大数据中心、六盘水市生态环境数据中心、黔南州环境大数据资源中心、安顺市数字环保平台等市（州）生态大数据平台联网运行，打通了省、市两级生态环境数据共享渠道；梳理数据资源目录清单，摸清了省厅生态环境数据资源的"家底"，促进了贵州省生态环境各类数据资源整合互联和数据开放共享。

3. 人员交流与培训

大数据作为一种新兴技术手段，要将其引入生态文明建设中，实现大数据与大生态的深度融合，需要有一定规模的生态文明大数据人才团队。为了及时掌握生态文明大数据建设的技术前沿，搞好生态文明大数据从业人员梯队建设，贵州省开展了多种类型的人员交流与培训活动。

一是重视与环境保护部及其他生态文明试验区之间在大数据方面的交流。2017年7月5日省环境保护厅厅长熊德威同志一行到环境保护部信息中心调研环境信息大数据工作，并与环境保护部信息中心人员进行座谈。环境保护部信息中心主任程春明同志就环境保护部大数据工作的进展情况和各省的新做法进行了介绍，并演示了内部办公系统的使用，并就下步贵州省开展环境大数据工作提出了意见和建议。2017 年 7 月 11—14 日，贵州省环境保护厅政务中心、环境科学研究设计院派员参加了全国环境保护行业智慧环保建设培训班。本次培训旨在推进智慧环保建设和应用，促进物联网、云计算、大数据等技术在信息获取、监测预警、环境监管以及公共服务等方面的应用。2017 年 11 月 4 日，由中国环境报社、环境保护部信息中心、福建省环境保护厅联合举办的"2017 全国环境互联网会议"在福建省福州市举行，贵州省环境保护厅派遣环境科学研究设计院研究人员参加会议。会议紧紧围绕"互联网＋时代，大数据运用与环境监管"主题，就大数据和信息化在环境监管中的应用以及环保信息化的发展方向、目标任务等内容作了主旨演讲。会议针对环境信息化提出了三大行动：大系统行动、建设大数据行动和大平台行动；与会人员就大数据建设、应用和物联网等话题进行了交流讨论，认为应从增强监测预警能力、创新监察执法方式、强化环境监管手段、建立"一站式"污染源管理模式等方面入手，推进生态环境管理转型，对环境污染进行科学、精准打击以及事后监管等。

二是重视对各市县环保大数据工作的培训。2017 年 4 月 18 日，贵州省环境保护厅组织召开全省环评审批三级联网系统培训会。本次培训从环评审批、辐射审批、验收备案三方面对电子系统作了全面介绍，对网上申报系统、建设项目环评审批系统、公示系统等五个子系统的操作使用进行了深入讲解和现场演示。在交流答疑环节，专家就与会人员对系统操作使用的各种疑惑做了进一步的详细解答。此次培训开启了环评审批三级联网系统在全省的全面推广使用。该系统的全面使用将进一步规范贵州省各级环保机构建设项目环评审批、验收备案（审批）流程，标志着贵州省环评审批领域的大数据建设取得了阶段性成果。2017 年 9 月 21—22 日，全省环境信息化工作培训会在贵阳市召开，贵州省环境保护厅各处室及直属单位、各市（州）环保局相关工作人员参加了培训。会议邀请了有关专家，对大数据技术相关知识、省厅网站新平台操作应用、网络技术、信息安全意识及《中华人民共和国网络安全法》等内容作了重点培训和解读。会议中，省环境保护厅与各市（州）环保局就生态环境大数据建设工作开展情况进行了交流，各市（州）环保局参会人员踊跃发言，对各地信息化机构及人员情况、近 3 年信息化资金投入情况以及环保专网应用和信息化项目开展、应用情况等作了详细汇报。

三 生态文明大数据建设制度创新试验的重难点问题

（一）生态文明大数据建设制度创新试验的重点问题

1. 生态文明大数据平台建设的差异性与不规范性

环境保护部《生态环境大数据建设总体方案》指出，生态环境大数据总体架构为"一个机制、两套体系、三个平台"。"一个机制"即生态环境大数据管理工作机制，"两套体系"即组织保障和标准规范体系、统一运维和信息安全体系，"三个平台"即大数据环保云平台、大数据管理平台和大数据应用平台。可见，生态文明大数据平台的建设，是生态文明大数据建设的基础和关键。《国家生态文明试验区（贵州）实施方案》的重点任务中也明确提出，要建立生态文明大数据综合平台，建成覆盖环境监测、监控、监管、行政许可、行政处罚、政务办公、公众服务的贵州省生态环境大数据资源中心，实现生态环境质量、重大污染源、生态状况监测监控全覆盖。

目前，贵州省生态文明大数据平台仍在建设中，各市县建设进度又存在较大差异，建设情况见表4-2。

表4-2 贵州省生态文明大数据平台建设情况一览

建设单位	平台名称	建设时间	平台内容	投资规模（万元）
省环境保护厅（2018年改组为生态环境厅）	"12347"全省环保大数据体系	2017—	一个中心、两大平台、三大门户、四大体系、七大应用。目前已经建成了集全省环境数据中心和6个方面的业务信息系统于一体的"数字环保"及"环保云"综合平台，初步形成全省环境业务大数据支撑和应用体系	
安顺市	环保应急平台	2015年9月通过验收	数据中心、环境地理信息平台、应急综合管理平台、综合门户系统（内/外网门户、OA办公自动化系统）、环境质量监管系统、污染源管理系统、空气质量发布平台、视频监控系统、水质监控系统、建设项目审批系统	
贵安新区	数字环保云平台	2014—2017年	"一个中心、两个平台"（环境数据中心、环境综合管理平台、环境质量监控平台）	1500

续表

建设单位	平台名称	建设时间	平台内容	投资规模（万元）
贵阳市	生态云平台	2015—2018 年	"一个规划"（贵阳市生态环境信息资源规划）、"两个平台"（含数据融合平台、地理信息平台）、"五个应用子系统"（移动办公、网上行政审批、应急信息管理、行政执法管理、数据铁笼应用）以及现有子系统（含空气质量在线监控、污染源在线监控等 13 个在线子系统）的完善与移植	480
六盘水	"智慧环保"信息化平台	2016 年底	"一中心四平台四体系"（即环境应急指挥中心及平台、环保大数据中心平台、环保一张图平台、环保政务服务平台、环境监控体系、环境应急体系、环境管理体系和政务办公体系）	1404.686
黔东南州	生态环保大数据公共服务平台	2018—	环境保护大数据标准体系、环境保护数据中心、生态环境大数据监控中心、河长制管理系统、重污染天气预警系统、排污权有偿使用和交易平台、移动办公平台	972.58
毕节市	环保云平台	2017—	"两大平台"（大数据融合平台、环境 GIS 信息平台）、"八大系统"（大屏数据可视化检测系统、机动车尾气检测系统、固体废弃物管理系统、污染源综合监管平台、环境质量监测评价平台、风险防控与应急综合管理平台、生态环境智慧管理平台、空气质量智慧管理平台）	1618
黔南州	环境大数据资源中心		数字环保信息化平台、污染源监测系统、空气质量数据可视化系统、环境地理信息系统	
铜仁市	土壤环境大数据中心		整合环保、农业、国土等部门土壤监测数据，统筹土壤环境监测数据采集网络，构建起市级土壤环境信息化管理平台	
松桃县	环保大数据监管平台	2016—	集环保数据管理、环保巡查、污染源监测、应急指挥、环保人员管理等相关应用功能于一体的环保大数据监管平台	
仁怀市	环保数据中心平台	2015 年建成	集环保数据管理、环保巡查、污染源监测、应急指挥等功能于一体，涵盖在线监控系统、数据中心、领导驾驶舱、固定综合展示、排污许可管理等板块	
赤水市	环境监管大数据平台（智慧环保）	2019—	"一个中心"（监控中心）、"两个平台"（地理信息平台、数据平台）、"十三大应用系统"（应急管理系统、在线监控系统、监察执法系统等）以及统一网站	937.53

资料来源：贵州省政府采购网、各厅局官网、课题组调研资料。

可以看出，虽然生态文明大数据平台建设的重要性得到普遍认可，但在建设过程中，仍面临不小的问题。

其一，省一级的大数据平台有待进一步完善。虽然贵州省 2014 年就开启了"环保云"建设，也取得了一些成绩，但距离真正意义的生态文明大数据综合平台仍存在较大差距。真正意义的生态文明大数据综合平台，应该实现三种功能。一是基础数据采集与存储。这个平台应是覆盖大气、水、噪声、土壤、森林、固体废物等生态环境因子的一体化生态环境灵敏化监测网络，实时将海量生态环境信息传输到平台中。二是数据的分析整理。通过大数据技术将数据资源进行分析整合，为相关部门提供科学决策服务。三是数据的应用。通过大数据平台整合、处理具体业务，对公众服务实现一站式管理。《贵州省"十三五"环境保护大数据建设规划》也明确提出，要建设"12347"全省环保大数据体系。但目前仅仅建成了集全省环境数据中心和 6 个方面的业务信息系统于一体的"数字环保"及"环保云"综合平台，与生态文明大数据综合平台的目标仍有不小差距。2017 年就已经宣布全面启动的贵州省数字环保业务系统 App，目前仍仅限于本部门使用；"云上贵州"App 内的环境保护厅栏目，至今仍未开放。

其二，贵州省各地生态文明大数据平台建设进展存在较大差异。贵安新区作为贵州省生态文明大数据建设示范点建成了较成熟的生态文明大数据平台，安顺、毕节、六盘水、黔东南州等地已经开始了生态文明大数据平台的建设，铜仁市、遵义市、黔西南州的生态文明大数据平台建设则相对滞后。铜仁市以松桃为试点县开始生态文明大数据平台建设，市级平台只有土壤环境大数据中心，其他方面尚未完成。黔西南州拟投资 415 万元建设"兴义市智慧生态环保信息化平台"，刚于 2019 年 11 月完成招投标，后又因投诉撤标，需要重新启动招投标程序。《遵义市 2018 年环境保护工作要点》中提出："建立环保云大数据平台。建立环保信息平台系统，使用大数据手段覆盖全市污染源企业。环保信息平台真正实现以现代信息技术为手段，环境信息一数一源，一源多用，数据共享，建成一个集网络建设、应用集成、数据共享和信息服务于一体的环境信息综合网络平台。"[①] 2019 年，遵义市再次规划实施"智慧环保大数据融合平台"项目，但仍未取得显著成果。在已开始

---

① 遵义市环境保护局：《遵义市 2018 年环境保护工作要点》（遵市环〔2018〕42 号），2018 年 5 月 2 日。

建设的项目中，投资规模也存在较大差异，有的仅投入几百万元，而有的则投入近 2000 万元，建成规模亦差异较大。

其三，各地生态文明大数据平台的建设缺乏统一规范。从名称上来看，有环保云平台、生态云平台、环保应急平台、生态环保大数据公共服务平台、"智慧环保"信息化平台等名目繁多的称谓；从体系构成来看，所包含的内容千差万别。名称、体系构成的巨大差异，造成各地平台建成后难以实现相互关联，势必对此后构建省一级大数据平台产生严重阻碍。此外，各地的生态文明大数据平台基本设于环保部门之下，而生态文明涉及环保、林业、国土、气象、水务、旅游、农业、工商等方方面面，生态文明大数据平台建设要将相关部门的生态文明数据进行有机整合，才能达到建立平台的目的。

其四，生态文明大数据平台的基础数据采集设施建设较为薄弱。从目前来看，许多生态文明数据采集基础设施仍未健全。例如在湖（库）水质监控方面，全省纳入监测的有红枫湖、百花湖、阿哈水库、乌江水库、梭筛水库、虹山水库、万峰湖和草海 8 个湖（库），而其他湖（库）没有布设监测垂线；河流方面，2013 年全省在长江、珠江两大流域七大水系共 44 条河流上布设了 85 个水质监测断面。2016 年，监控范围扩大到了 79 条河流，设监测断面151 个，较三年前扩大近一倍，但与全面覆盖全省河流的目标仍有较大差距。又如对大气中酸雨含量的监控，仅在 11 个主要城市设置了酸雨监测点，与全面覆盖全省 88 个县（市、区）的目标仍存在不小差距。

2. 生态文明大数据资源共享机制尚未建立

环境保护部《生态环境大数据建设总体方案》明确指出，要推进数据资源全面整合共享，加强生态环境数据资源规划，明确数据资源采集责任，避免重复采集，逐步实现"一次采集，多次应用"，提升数据资源获取能力和效率；建立生态环境信息资源目录体系，实现系统内数据资源整合集中和动态更新，破除"数据孤岛"，加强数据资源整合；明确各部门数据共享的范围边界和使用方式，厘清各部门数据管理及共享的义务和权责，制定数据资源共享管理办法，编制数据资源共享目录，推动开展数据资源共享服务。《国家生态文明试验区（贵州）实施方案》也明确要求，要建立生态文明大数据资源共享机制、生态环境数据协议共享机制，制定信息资源共享目录，明确数据采集、动态更新责任，推动生态环境监测、统计、审批、执法、应急、舆论等监管数据共享和有序开放，实现全省生态环境关联数据资源整合汇聚。《贵州省"十三五"环境保护大数据建设规划》也明确提出，要实现环境信息共享化，整合现有环境信息系统，统筹立项新建信息系统，做好信息化和大数据相关规范和标准的制定工作。搭建大数据信息资源管理中心，建立大数据标准制度规范体系和建设制度保障体系，明确数据标准体系架构和建设要求，促进海量数据融合交互、灵活共享、开放应用，支撑一线环保业务工作。用数据打通排污许可、环境影响评价、污染物排放标准、总量控制、排污交易、排污收费、环境应急、督查执行等各管理环节，用数据支撑业务，用数据整合管理，形成以大数据为驱动的环境管理新模式。

可就目前的情况来看，生态文明大数据资源共享机制尚未建立，具体体现在以下几个方面。

其一，数据采集标准不一，数据来源渠道不畅。生态文明建设贯穿于经济建设、政治建设、文化建设、社会建设各方面和全过程，生态文明数据来源于环保、林业、国土、气象、水务水利、旅游、交通、农业、工商、住建等诸多部门。目前，各部门的数据采集都是按照单项业务系统进行的，数据庞杂，缺乏统一的采集标准，满足不了基于云计算的大数据交换分析需求，海量数据采集亟待规范化。

其二，数据重复采集的现象依然存在。生态文明的数据源覆盖范围广、涉及业务多，各部门在针对具体业务进行数据采集的过程中，由于缺乏足够的沟通与协调，重复采集的现象也较为严重，缺乏合理的整合。

其三，部门数据壁垒尚未完全破除。与环境保护密切相关的水文水利数据、气象气候数据、国土资源数据、林业生态数据、工商产业信息、交通道路信息、住建部门信息、政府发展建设规划等系列数据过于庞杂，跟踪更新难度大，数据整合的技术难度和相关部门的协调难度大。同时，同一系统内部业务流和数据流也需加强互联互通与共享，包括各科室之间、各区域之间、上下级之间的沟通都需要进一步加强。

（二）生态文明大数据建设制度创新试验的难点问题

1. 建设经费短缺

近年来，贵州经济发展态势良好。2017年，地区生产总值增速连续7年28个季度居全国前3位，总量达到13540.83亿元，人均地区生产总值达到3.8万元。但是，由于贵州经济底子薄、基数小，相比较其他省份，仍处于相对落后的状态。2017 年全国国内生产总值为 827122 亿元，贵州省所占比重仅为 1.64%，居全国第 25 位。要实现后发赶超，贵州还有很长的路要走。

因为经济基础较为薄弱，贵州在生态文明大数据建设方面的投入相对有限。贵州生态文明大数据建设需要大规模资金投入，表现在三个方面。一是数据采集基础设施营建。贵州生态文明基础数据采集能力薄弱，需要投入巨额资金进行基础设施营建。二是大数据平台亟须搭建。省级生态文明大数据平台建设尚处于起步阶段，铜仁市仅以松桃县为试点县进行建设，安顺市的数据平台老旧，仅能实现基本的信息化处理，与生态文明大数据平台的要求仍存在巨大差距。即使是已经投入 1000 万～2000 万元搭建大数据平台的贵安新区、六盘水市、毕节市等地区，仍需要继续投入资金进行后期建设。三是大数据科技人员培育经费投入需要加大。在生态文明大数据领域，相关技术人才非常短缺，人才引进、人才培育等方面都需要大量资金投入。

2. 生态文明大数据人才严重短缺

目前，我国大数据产业将持续保持快速增长态势。作为全国最早的大数据综合试验区，贵州省一直大力发展大数据信息产业，该行业需求人数逐年增多。据统计，在贵州省 2018 年人才博览会中，大数据相关岗位需求人数为 1230 人，占需求总人数的 10.53%，仅次于教育科研、大健康医疗，人才需求量位居第三。[①] 可贵州省的大数据人才引进形势不容乐观，目前，北京、江苏、广东、浙江、上海等五省市成为大数据产业发展第一梯队，其大数据发展总指数在全国大数据发展总指数中的占比高达 26.52%，领先优势明显。这些省市依靠经济发达的优势，已经成为大数据人才的聚集地。贵州作为西南欠发达省份，虽然经济发展速度较快，但由于经济基础薄弱，对人才的吸附力弱，这给大数据人才的引进带来极大阻碍。同样，在西部地区，贵州省对大数据人才的吸附也并不占优势。2016 年，贵州大数据发展指数为 34.75，仅次于四川省，排在西南地区第 2 位。但 2017 年，重庆市依靠 10.12 的全国第二的增长指数迅速超过贵州。2017 年，贵州大数据发展指数为 38.35，虽仍排在全国第 11 位，但增长指数仅为 3.6，远低于全国 8.13 的平均值（见图 4-2）。[②]

---

① 第六届中国贵州人才博览会组委会：《2018 年贵州省人才需求信息目录汇编》，2018 年 3 月 22 日。

② 中国电子信息产业发展研究院：《中国大数据产业发展水平评估报告（2018 年）》，2018 年 3 月，第 26 页。

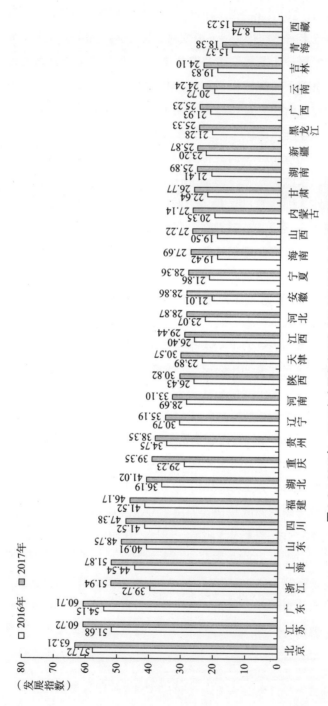

图 4-2　2016年、2017年全国各省区市（不含港澳台）大数据发展指数

可以看出，作为全国首个大数据综合试验区，贵州有着较深厚的大数据发展底蕴，但近年来大数据产业的发展已经落后于全国平均发展水平，被其他省区市不断赶超。其中，人才引进的阻碍成为产业发展的瓶颈之一。由于大数据产业人才匮乏，能够投入生态文明大数据建设中的人才就更加有限，这势必对贵州省生态文明大数据建设造成严重阻碍。

四　解决生态文明大数据建设制度创新试验重难点问题的对策

（一）解决生态文明大数据建设制度创新试验重点问题的对策

1. 加快推进生态文明大数据平台建设

第一，加快建设生态文明数据采集基础设施。生态文明大数据平台的正常运转，依赖于海量基础数据采集。只有拥有正确、实时的基础数据，解决"数据孤岛"问题，促进"条数据"向"块数据"发展，才能利用大数据平台对生态环境进行实时监控、科学分析，为部门决策和公众服务提供科学依据。而要采集海量基础数据，必须具备必要的基础设施。

第二，制定统一规范的生态文明大数据平台标准。应由省发展和改革委员会、省生态环境厅牵头，制定生态文明大数据平台标准，对生态文明大数据平台的名称、建设的目标、各子项目的设置、每个子项目需要采纳的数据、应实现的功能等进行规范化界定，使各市县的平台建设有一个统一的标准，这样才能实现无缝对接，最终整合成为省级规范的生态文明大数据平台。

第三，尽快建成省级生态文明大数据平台。目前贵州省省级生态文明大数据平台建设还停留在整合现有信息、内部"互联网＋"建设、环保大数据硬件基础平台建设的初步阶段，应加快建设步伐。省级生态文明大数据平台建成后，还能为各市、自治州的平台建设提供样板，为平台系统的规范化建设提供参考。

第四，加快市县级生态文明大数据平台建设。目前，各地环保云平台建设进展不一，有的已经基本建成，有的则尚未开始，无法整合成覆盖全省域的生态文明大数据平台。对于工作尚未开展的，应督促这些地区尽快启动项目实施；对于因发展水平较为落后、无法独立开展平台建设的地区，应由省

---

① 中国电子信息产业发展研究院：《中国大数据产业发展水平评估报告（2018 年）》，2018 年 3 月，第 26 页。

政府统一协调，必要时给予经费、人员、技术的帮扶，协助这些地区尽快开展平台建设。

2. 加快建立生态文明大数据资源共享机制

第一，尽快编制生态文明数据采集与管理办法。由省发展和改革委员会、省生态环境厅牵头，联合各相关职能部门，尽快完成贵州省生态环境数据资源管理办法的编制。明确各部门在生态文明大数据采集中的任务，避免重复采集，促进数据的统一、规范、有效，打破"数据孤岛"，形成数据集群。将各部门数据统一顺畅地汇总到生态文明大数据综合平台，再根据各部门的需要进行规范利用，实现数据的有机整合。

第二，打破"信息孤岛"，建立部门联动机制。由省发展和改革委员会牵头成立生态文明大数据建设领导小组，形成顺畅的部门沟通联络机制，使各部门在业务开展过程中能够形成责任明确、相互协调、及时沟通的协同工作机制。各部门也应成立领导小组，在部门内部不同科室之间、不同区域之间、上下级之间也形成协调统一的工作机制。

（二）解决生态文明大数据建设制度创新试验难点问题的对策

1. 解决资金短缺问题的对策

第一，加大政府经费的投入。2017 年，贵州全省一般公共预算收入1613.64 亿元，中央各项转移支付 2748.26 亿元，地方政府一般债务收入1170.34 亿元，调入预算稳定调节基金 336.01 亿元，调入资金 215.1 亿元，收入合计 6083.35 亿元。全省一般公共预算支出 4604.57 亿元，上解中央支出 8.17 亿元，补充预算稳定调节基金 380.18 亿元，调出资金 1.61 亿元，地方政府一般债务支出 1101.47 亿元，支出合计 6096 亿元。在投入"大扶贫、大数据、大生态"三大工程的经费中，财政专项扶贫资金从 2013 年的 56.26亿元增加到 203.25 亿元，年均增长 29.3%；用于保障大数据工程和"互联网＋"项目的经费投入，从 2013 年的 1.55 亿元增加到 14.61 亿元，年均增长 56.6%；用于实施大生态战略行动的全省节能环保支出从 2013 年的 65.73亿元增加到 129.52 亿元，年均增长 14.5%。[1] 合计投入大生态战略行动、大数据工程的经费仍然有限，虽然较 2013 年已经有了较大幅度的提高，但仍处

---

[1] 贵州省财政厅：《贵州省 2017 年全省和省本级预算执行情况与 2018 年全省和省本级预算草案的报告》，2018 年 1 月 16 日。

于较低水平，与贵州省作为全国首个大数据综合试验区、西部唯一一个生态文明试验区的战略定位严重不符。要实现《国家生态文明试验区（贵州）实施方案》中提到的开展生态文明大数据共享和应用，建成"西部地区绿色发展示范区"，必须加大对相关产业的扶持力度，加大政府投入，促进生态文明基础设施建设的有序开展。

第二，抓住重点，优先在生态文明建设的重要领域实现突破。生态文明建设涉及政治、经济、文化、社会等方方面面，生态文明大数据综合平台的建设也必然涉及诸多领域，以贵州目前的经济实力，推进全域生态文明大数据综合平台建设难度较大。因此，必须优先发展其中的重要领域。《生态环境大数据建设总体方案》中也明确指出，"大数据建设既要有阶段性，也要有重点突破。先在环境影响评价、环境监测、环境应急、环境信息服务等方面实现突破"。目前的生态文明大数据综合平台建设，也应主要围绕环保数据平台建设展开，再逐步整合其他领域数据，最终形成真正的大数据综合平台。

第三，区别对待各区域生态文明大数据平台建设。一方面，必须在加大投入的同时，集中有限财力优先用于重点地区的大数据平台建设，先重点打造模板，再全域推广。例如，贵安新区作为贵州省生态文明建设的排头兵，又有大数据建设的先天优势，环保数据平台建设也领先于其他地区，可以优先支持其建立规范化的大数据综合平台，为其他区域的平台建设提供模板。另一方面，发展水平较低、财政紧张的地区，先在重点领域实现突破，在将现有环保资源信息化的基础上，逐步实现大数据平台搭建。

第四，融资多元化，鼓励民间资本进入。在某些领域，可以根据数据有偿使用原则，合理征收一定额度的使用费，作为支撑平台运转的费用来源。还可以引入第三方运行和维护机制，在数据平台建成后，委托第三方进行运行和维护，降低直接费用，但必须由政府实行严密监管，并制定相关管理规范。在某些数据采集平台，可以根据"谁建设，谁受益"原则，鼓励民间资金积极进入，促进建设资金来源多元化，促进生态文明大数据综合平台早日建成。

2. 解决人才短缺问题的对策

第一，依托中国国际大数据产业博览会的优势，吸引人才加盟，形成人才集聚效应。中国国际大数据产业博览会（简称数博会），是全球首个大数据主题博览会，已连续成功举办了多届，2017 年正式升格为国家级博览会，现已成长为全球大数据发展的风向标和业界最具国际性、权威性的平台。作为贵州省的一个著名品牌，数博会坚持"国际化、专业化、高端化、产业化、可持续化"原则，通过高峰会议、高端对话、专业论坛、CEO 沙龙活动、AI（人工智能）大赛、成果发布等多种形式，吸引了国内外著名大数据企业、人才参会。但目前的数博会主要是为了推动大数据产业和科技交流，而推动贵州大数据发展、吸引人才加盟的力度明显不够。在下一步的工作中，可以依托这个著名品牌，向外界更多地推介贵州，并制定相应的人才引进优惠条件，吸引人才加盟，形成人才集聚效应。

第二，建设生态文明学院，培育生态文明大数据专业人才。目前，贵州高校还没有专门培养生态文明大数据人才的专业，因而存在生态文明相关专业人员缺乏大数据技能的现象。《国家生态文明试验区（贵州）实施方案》中明确提出，要"支持贵州高校建立生态文明学院，加强生态文明职业教育"，生态文明学院成立后，可以通过开设通识选修课的方式，让有志于从事生态文明大数据事业的大数据专业学生学习系统的生态文明知识，毕业后能够迅速适应生态文明大数据建设工作。

第三，加强对生态系统内部人员的大数据知识培训，培养生态文明工作人员的大数据理念。生态文明大数据建设是一个系统工程，不仅要求有专业的大数据人才来维持大数据平台的运转，也要求生态文明相关系统的工作人员掌握必要的大数据知识，这样工作人员才能在数据采集的基础环节有效搜集到大数据平台所需的各种数据，也能够高效运用大数据平台完成生态文明建设各项任务。因此，对生态文明相关领域的工作人员进行大数据知识培训，使其了解大数据的基本知识及运行法则显得尤为重要。

第五章

生态旅游发展制度创新试验

2016 年 8 月，中共中央办公厅、国务院办公厅印发了《关于设立统一规范的国家生态文明试验区的意见》及《国家生态文明试验区（福建）实施方案》。2017 年 10 月，《国家生态文明试验区（江西）实施方案》和《国家生态文明试验区（贵州）实施方案》印发。国家在综合考虑各地经济基础和现有的生态文明改革实践基础、区域差异性和发展阶段等因素的前提下，首批选择生态基础较好、资源环境承载能力较强的福建省、江西省和贵州省作为国家生态文明试验区。近年来，生态文明建设的"贵州实践"在推进国家生态文明试验区建设与高质量发展的有机结合上进行了成功探索，形成了以"一大战略、五个绿色、五个结合"① 为支撑的试验区建设的"贵州经验"。在三个试验区中，只有贵州方案将"开展生态旅游发展制度创新试验"确立为重点任务之一，这与贵州近年来"井喷式"旅游发展态势密不可分，也是"大生态与大扶贫、大数据、大旅游、大健康、大开放融合发展"战略的体现。

就目前有关国家生态文明试验区的研究成果来看，此领域的学术研究还处于较为粗浅的阶段。一是太偏重政策操作性，欠缺学术理论性，基本就是对三个试验区工作进程的一些总结和评述；二是研究视角都比较宏观，要么是对省级层面试验区建设存在问题和不足的探讨分析，要么是三个试验区比较研究或是站在国家层面来审视试验区建设，缺乏从系统内部深入分解的客观分析。基于此，笔者认为国家生态文明试验区的研究还具有较大的拓展空

---

① 一大战略：大生态战略行动。五个绿色：绿色经济、绿色家园、绿色屏障、绿色制度、绿色文化。五个结合：大生态与大扶贫相结合、大生态与大数据相结合、大生态与大旅游相结合、大生态与大健康相结合、大生态与大开放相结合。

间。一是三省试验区之间以及与新的海南试验区的对比研究。这里的对比并非对四个试验区进行排名竞比，而是从先进经验的吸取借鉴及其推广价值等方面去深入研究。二是可打破政策理论、资源环境、工程技术等领域的局限，将其拓展到如社会学、经济学、文化学、地理学等其他学科领域，结合生态、旅游、经济、文化、社会等要素来剖析国家生态文明试验区的建设。三是就四个试验区具体的重点任务进行细化和解剖，有针对性地提出对策措施。四是跳出国家生态文明试验区的视角，理清试验区建设和其他国家发展战略、省级层面发展战略之间的关系，进而协调互动，共同推进经济、社会和生态的全面发展。

生态旅游是以良好的自然生态环境和独特的人文生态系统为依托，采取生态友好方式，开展生态体验、生态教育并使身心愉悦的旅游方式。[①] 鉴于特殊的自然与人文地理环境，为充分发挥贵州的"绿水青山"优势，《国家生态文明试验区（贵州）实施方案》将"开展生态旅游发展制度创新试验"作为国家生态文明试验区（贵州）建设的八大重点任务之一，贵州也是三省中唯一一个将"开展生态旅游发展制度创新试验"纳入方案的省份。

关于"生态旅游发展"，学术界作了不少研究，在相关基础理论、生态旅游资源、生态旅游市场开发、生态旅游的作用与影响以及生态旅游管理与政策等方面都有大量成果，也形成了诸多共识，但也仍然存在诸多不足：一是理论构建不足，基础概念不统一，对生态旅游者的统计没有行之有效的方法；二是研究多侧重于生态旅游资源开发、规划管理等基础研究，对环境教育、社区居民、生态旅游者行为等研究成果相对较少；三是研究方法上以旅游学方法为主，辅以生态学方法，研究方法类型较少，与生态旅游的学科边缘性、交叉性特征不相适应，且定量研究相对较少，研究结论易受主观因素影响，缺乏经验研究和比较研究；四是研究深度不足，多属描述性分析，大多研究结论倾向于"就案例论案例"的机械归纳，研究结论对同类型其他区域生态旅游发展的指导作用不大；五是结合中国新时期生态文明建设重点任务、发展路径等对生态旅游发展之于生态文明建设的作用、生态效益、节能减排、生态补偿机制等方面的研究很少涉足，因此，在国家生态文明试验区建设背景下讨论贵州的生态旅游制度创新试验问题意

---

① 舒小林、黄明刚：《生态文明视角下欠发达地区生态旅游发展模式及驱动机制研究——以贵州省为例》，《生态经济》2013 年第 11 期。

义重大。

一 生态旅游与生态文明试验区建设的关系

生态文明试验区建设是贵州省在走过曲折的发展历程之后守住发展和生态两条底线的明智选择，是符合贵州省情、实现"后发赶超"的重大战略，是贵州走在新时代前列高度重视生态环境保护、统筹人与自然和谐发展发出的最强音。

（一）生态旅游是生态文明试验区建设不可或缺的组成部分

《国家生态文明试验区（贵州）实施方案》提出的总体目标是建设"多彩贵州公园省"。生态旅游是贵州守住发展和生态两条底线，正确处理发展和生态环境保护的关系，在发展经济的同时兼顾生态环境保护而重点发展的绿色产业，发展生态旅游更是"多彩贵州公园省"建设不可或缺的重要途径。试验区建设的基本路径是完善绿色制度、筑牢绿色屏障、发展绿色经济、建造绿色家园、培育绿色文化。生态旅游从始至终都是集环境保护和旅游经济发展为一体的绿色产业，作为一种具备强大的环境教育功能的旅游形式，生态旅游在传播生态文明理念和增强生态旅游者生态文明意识、培育绿色文化、完善绿色制度等方面具有举足轻重的作用。生态旅游发挥环境教育功能的主要方式是环境解说，这一环节极大地发挥了传播生态文化理念和增强生态旅游者生态文明意识的重要作用。贵州要建设生态文明试验区，必须以促进大生态与大扶贫、大数据、大旅游、大健康、大开放融合发展为重要支撑。当前形势下，生态旅游发展路径是大生态、大数据、大旅游、大健康、大开放的高度融合，全方位、全领域地发挥着积极作用，在旅游资源数据库建设、旅游信息平台建设、旅游扶贫、生态重建等方面都有明显成效。因此，生态旅游是贵州生态文明试验区建设中不可或缺的重要一环，也是时效性最强、见效最快、最环保、可快速实现"百姓富与生态美"有机统一的关键领域。近年来，贵州大数据发展风生水起，在打造中国数谷、云上贵州、爽爽贵阳的进程中，极大地助力了贵州大旅游，不仅为贵州经济社会持续健康发展作出了巨大贡献，"井喷式"旅游发展格局更为作为欠发达地区的贵州创造"后发赶超"奇迹打下了坚实基础。

（二）生态旅游发展制度创新是生态文明试验区建设的重要路径

生态文明试验区建设的目标是促进全省经济社会又好又快发展，这就需要加快经济发展方式转变，形成节约能源资源、保护生态环境的产业结构、增长方式、消费模式和生活方式。旅游业本身具有涉及面广、关联度高、综合性强等特点，还具有环境成本低、就业容量大等产业优势，发展旅游业特别是生态旅游业对优化产业结构、转变发展方式具有重要的作用。旅游业的发展不仅要求有良好的生态环境，而且要求游客特别是生态旅游者有尊重自然、保护环境、节约资源的普遍共识和基本素养，因此，旅游业是最好的资源节约型、环境友好型产业。生态旅游以关爱生态、保护环境、追求人与自然和谐发展为目标，相对传统旅游更加突出旅游者和从业人员的环境责任、社会责任和文化责任，更加强调资源节约型、环境友好型旅游发展方式和旅游消费模式。生态旅游本身具备生态教育、促进社区发展、旅游观光和环境保护四大功能，更有利于形成节约资源和保护环境的空间格局，使得生态、生活、生产"三生"空间统一起来，实现绿色发展。

（三）生态文明试验区建设是生态旅游发展制度创新的助推器

发展生态旅游不仅可以增加相关部门和行业的经济收入，而且其依托于科技创新及资源减量化、再使用和再循环的产业形态，可以极大降低旅游企业的生产成本，提高经济效益和增强竞争力。生态旅游具有环境教育功能，可以最大限度倡导积极健康的生态理念，促进大众的意识文明、行为文明和精神文明。发展生态旅游在改善生态环境的同时还能促进就业、保护诸多原生态的民族文化，以满足人们对良好生态、康养、休闲等的需求，因此，一定程度上可以说发展生态旅游的目标即是生态文明建设。

生态文明试验区建设涉及面广，领域众多。试验区建设是一个相对漫长的过程。在此过程中，绿色屏障建设、绿色发展、生态脱贫、生态文明大数据建设、生态文明法治建设、绿色绩效评价考核等各相关领域都在不断探索，也在相互启发，好的制度、机制都可以融会贯通，各领域的发展都会围绕着"绿色"这一核心理念向前推进。因此，生态文明试验区建设是生态旅游发展制度创新的重要推进器，可以不断促使生态旅游产业向着更高的生态目标发展，凸显自身重要的生态教育功能，促进生态文明建设。同时，生态旅游发展制度创新本身就是对生态文明试验区建设的重大贡献，二者是相互促进、相辅相成的关系。2017年4月，中国共产党贵州省第十二次代表大会明确提出了大生态战略行动，与大扶贫、大数据共同构成三大行动战略，成为全省经济社会发展的总纲，大生态战略行动的实施与全省大旅游发展形成了一种相互促进、各得其所的良性循环关系。大生态作为核心，与大旅游、大数据、大扶贫、大健康、大开放相结合，共同形成了推进国家生态文明试验区和国家内陆开放型经济试验区建设的强大动力。

二　生态旅游发展制度创新试验要求及现状

（一）生态旅游发展制度创新试验要求

《国家生态文明试验区（贵州）实施方案》对"生态旅游发展制度创新试验"提出了两个方面的要求，一是建立生态旅游开发保护统筹机制，二是建立生态旅游融合发展机制，针对每个方面又提出了若干具体要求（见表5-1）。

表5-1　生态旅游发展制度创新试验要求一览

一级指标	二级指标
建立生态旅游开发保护统筹机制	制定贵州省生态旅游资源管理办法，建立旅游资源数据库，健全生态旅游开发与生态资源保护衔接机制，推动生态与旅游有效融合
	完善旅游资源分级分类立档管理制度，对重点旅游景区景点资源和新发现的三级及以上旅游资源，由省进行统筹规划、开发、利用，禁止低水平重复建设区景点，统筹做好旅游资源开发全过程保护，建立旅游资源保护情况通报制度
	在重点生态功能区实行游客容量、旅游活动、旅游基础设施建设限制制度
	探索建立资源共用、市场共建、客源共享、利益共分的区域生态旅游合作机制
建立生态旅游融合发展机制	积极创建全域旅游示范区、生态旅游示范区
	以黄果树景区、赤水旅游度假区、荔波樟江风景名胜区、梵净山国家级自然保护区为重点，探索建立资源权属明晰、管理机构统一、产业融合发展、利益分配合理的生态旅游管理体制
	2017年制定贵州省全域旅游工作方案，以推进山地旅游业与生态农业、林业、康养业融合发展为重点，在黔北、黔东北、黔东南等生态农业、森林旅游功能区，建立生态旅游资源合作开发机制、市场联合营销机制和协作维护管理机制，推进生态旅游、农业旅游、森林旅游建立发展规划协调、项目整合、产品融合、品牌共建等一体化发展机制，形成多层次、多业态的生态旅游产业发展体系

资料来源：根据《国家生态文明试验区（贵州）实施方案》整理。

（二）生态旅游发展制度创新试验现状

2016 年 8 月，贵州获批建设国家生态文明试验区以后，对制度创新试验的方方面面都作了全面详细的部署，出台了《关于推动绿色发展建设生态文明的意见》，要求设立"贵州生态日"，提出了"五个绿色"和"五个结合"的总体布局，全省深入实施大生态战略行动，召开了国家生态文明试验区（贵州）建设推进会等，不断创新和完善相关制度体系，用最严格、最严密的法治为生态文明建设保驾护航，实现了全国的多个"率先"；坚定不移推进国家生态文明试验区（贵州）建设，在生态旅游发展制度创新试验上也全力推进，不断创新。2019 年 12 月，贵州省旅游发展和改革领导小组印发了《贵州省加快生态旅游发展实施方案》，从生态旅游产品建设、旅游生态环境建设、营造良好生态保护氛围等方面作出了详细的规定。

1. 积极打造全域旅游示范省并为其高质量发展提供制度保障

根据国务院发布的《"十三五"旅游业发展规划》，贵州在客观分析自身的资源优势、气候优势、全域旅游市场并进行产业分析后，于 2017 年制定了《贵州省全域山地旅游发展规划（2017—2025 年）》。规划提出，要建设"世界一流的山地休闲度假旅游目的地"；要科学利用全省旅游资源大普查成果，以大交通带动大旅游，以大生态提升大旅游，以大数据助推大旅游，以大扶贫充实大旅游，发展全域旅游、高效旅游、绿色旅游和满意旅游，壮大旅游经济；要以"打造高效优质的万亿级产业"为目标，以旅游供给侧结构性改革为主线，以发展全域旅游为方向，以"全景式打造、全季节体验、全产业发展、全方位服务、全社会参与、全区域管理"为路径，以融合发展为手段，形成以山地为特色的贵州省全域旅游发展规划；要构建宜游宜居宜养的山地度假新模式，打造具有世界吸引力产品组合的新热点，形成"旅游＋多产业"深度融合的新经济，编织万里绿道网、旅游集散服务网、智慧旅游网、自驾服务网等"全省一张网"的新网络；"旅游＋"即能加则加，要分类推进旅游与体育、扶贫、金融、大数据、大健康、水利、商贸会展、科普研学、山地高效农业、林业、新型工业化、新型城镇化等融合发展，形成万亿级产业的有力支撑。2017 年 8 月，贵州省正式成为全国全域旅游示范省创建单位，全省坚持以旅游业供给侧结构性改革为主线，持续推进旅游综合体制改革，推广"1＋3＋N"综合管理模式，抓好体制改革、产业融合、产品打造、宣传营销、服务提升、环境营造、大数据监管以及"厕所革命"等重点工作，实施旅游倍增计划，加快名城名镇名村建设，推动山地旅游目的地建设及"旅游+多产业"融合发展。2018年3月，国务院办公厅发布的《关于促进全域旅游发展的指导意见》将全域旅游确定为我国旅游业发展的一项中长期战略，并上升为国家战略。贵州全力争取成为全域旅游示范省创建单位，贵阳、遵义、安顺、铜仁和黔东南5个市（州）和12个县级单位已先期进入全域旅游示范区创建行列，实现了全域旅游示范区创建的全域覆盖。该项工作也成为贵州省发展旅游的主要抓手并形成自己的模式。

近年来，针对贵州旅游发展的制度缺陷和旅游产品供给不足，全省不遗余力地修正和出台了相关法规。2016年修正的《贵州省旅游条例》将全域旅游纳入地方性法规，极大增强了在地方立法中促进全域旅游发展的制度性和灵活性，地方性法规体系进一步完善。2016年9月省人民政府《关于推进旅游业供给侧结构性改革的实施意见》的出台，以及《贵州省创建全国全域旅游示范省实施方案》《贵州省乡村旅游村寨建设与服务标准》等文件的制定，不仅集中为贵州发展全域旅游"护航"，而且为进一步完善制度创设了较为成熟的条件。目前，针对《贵州省旅游条例》出台后凸显的行业新动向、新问题等，有关部门也在不断地研究应对措施，例如，旅游规划与专项规划的衔接问题、行业发展与旅游融合发展的协调问题、公共服务与旅游设施建设的关系问题等，只有提供强有力的制度保障才能实现全域旅游促进全域发展的目标。[①]

2. "多规合一"有效突破

所有创建单位都在积极推进旅游规划创新和规划管理创新，大力推行"多规合一"，在体制机制与技术层面实现突破，有很多好的经验积累：一是把旅游主管部门作为规委会的副主任单位或成员单位；二是把旅游纳入国民经济社会规划和其他产业规划之中，要求相关规划（如城市总体规划、农业规划、林业规划、交通道路规划、水利规划、村镇规划等）将旅游元素融入进去；三是建立"多规合一"的大数据库，以信息化为手段，纳入的信息涉及发改、规划、国土、环保、旅游等多部门的空间规划数据及业务数据；四是各部门之间空间信息共享、业务协同办理及审批流程优化，通过"多规合

---

① 金颖若：《为贵州全域旅游高质量可持续发展提供制度保障》，《贵州日报》2019年10月23日，第8版。

一"平台进行业务协同和审批管理；五是规范和完善旅游主管部门参与项目会审制度。2019 年，贵州省人民政府办公厅出台了《关于落实"多规合一"加强过渡期规划管理工作的意见》，提出 2020 年底前落实"多规合一"，并明确了十条措施加强过渡期规划管理工作。该意见要求切实贯彻落实"多规合一"要求，在保证重大建设项目落地的同时，切实加大脱贫攻坚支持力度，助推乡村振兴战略实施，这为旅游规划与其他区域发展规划的统筹协调提供了强有力的依据，并能上升到发展战略层面。

3. 大力推动旅游综合体制改革

贵州省旅游综合体制改革如火如荼。一是机构改革。贵州建立了全省旅游发展和改革领导小组，各地政府也建立领导小组，2016 年 5 月 5 日，贵州省旅游局更名为贵州省旅游发展委员会，9 个市（州）中至少有 7 个成立了旅游发展委员会。① 二是出台了相关政策措施。2016 年 9 月 22 日，贵州省人民政府在《关于推进旅游业供给侧结构性改革的实施意见》中明确指出，要紧紧围绕打造世界知名山地旅游目的地总目标，做大旅游供给总量、做精旅游供给质量、做优旅游供给结构、提升旅游供给效率、推动旅游业井喷式增长。该实施意见还确定了全面优化大旅游总体布局、加快完善旅游管理体制机制、深入推进投融资体制改革、加大中高端旅游产品的有效供给、创新旅游监管服务体系等五大任务 20 项具体举措。三是全省上下采取各种措施促进部门联动，发展全域旅游。贵州一直有旅游发展专项资金，每年按照规范的申报、审批和建设程序执行。近年来建设了诸多文化旅游项目，如恒大文旅城、海龙土司文化生态观光园、龙宫大型山水实景演出项目、清镇职教城乡愁园、龙门镇文化旅游项目、时光贵州等。各市（州）也积极响应，2018 年，凯里市制定政策，每年由市级财政统筹安排 1 亿元旅游发展专项资金，根据凯里市出台的《关于促进旅游业发展一揽子扶持指导意见（试行）》，对旅游品牌、旅游企业和旅游产业发展给予支持。② 四是"1＋3＋N"旅游综合管理模式得到推广。"1＋3＋N"是指 1 个综合监管指挥平台、3 支执法队伍（工商和市场监管局旅游市场执法队伍、旅游警

---

① 《贵州省旅游局正式更名为贵州省旅游发展委员会》，搜狐网，http://www.sohu.com/a/73719330_395859，2016 年 5 月 5 日。

② 王开贵：《凯里市出台一揽子扶持政策 助推旅游产业加速发展》，凯里市人民政府网，http://www.kaili.gov.cn/xwzx/zwyw/201712/t20171219_21396666.html，2017 年 12 月 19 日。

察队伍、旅游巡回法庭)、"N"个政府有关职能部门(包括旅游、物价、交通运输、文化、质监、食品药品监管、民族宗教、商务、地税、国税、通信等涉旅部门)。① 贵州将这种模式向乡镇和景区延伸,如在青岩古镇设乡镇旅游分管领导和旅游干事,把三支队伍延伸到了景区和乡镇。2016 年 4 月 28 日,贵阳市首家旅游法庭青岩古镇景区旅游法庭挂牌;② 2017 年 5 月 22 日,天河潭景区旅游法庭也正式挂牌。旅游法庭成立后,旅游纠纷能够就地立案、就地审理、就地调解、就地执行,并能着重调解。旅游法庭依法妥善快速审理旅游纠纷,既保障了游客的合法权益,规范了旅游市场秩序,又为旅游业发展提供了司法保障,深受广大游客好评,目前全省还在深入推广这种模式。

4. 全域旅游政策体系初步形成

国务院办公厅、国家旅游局加强顶层设计,与国家发改委、农业部、交通运输部、公安部、国土资源部、教育部、国家体育总局、国家中医药管理局等多个部门合作,印发了一系列指导性文件,如《关于促进交通运输与旅游融合发展的若干意见》《关于促进全域旅游发展的指导意见》《关于大力发展体育旅游的指导意见》《关于实施旅游休闲重大工程的通知》《关于组织开展国家现代农业庄园创建工作的通知》等。根据这些文件精神,贵州省先后制定了《贵州省"十三五"旅游业发展规划》《贵州省全域山地旅游发展规划(2017—2025 年)》《贵州生态文化旅游创新区产业发展规划(2012—2020)》《贵州省创建全国全域旅游示范省实施方案》《贵州省创建全国全域旅游示范省三年行动计划》《贵州省健康养生产业发展规划(2015—2020 年)》《贵州省温泉产业发展规划(2017—2025)》《贵州省生态旅游发展战略总体规划》《关于加快温泉旅游产业发展的意见》《贵州省实施旅游"1 +5 个 100 工程"管理办法》《关于大力发展乡村旅游的实施意见》《贵州省强化文旅融合系统提升旅游产品供给三年行动方案》《贵州省智慧景区建设指导规范(修订)》《贵州省加快生态旅游发展实施方案》等,将农业、文化、土地、林业、水利、扶贫、工业、体育、环保、交通、商务、公共服务、金融、质监等相关部门政策以及各市州、重点旅游县(市、区)、重点旅游区等对

---

① 《"1 +3 +N +1"旅游市场综合监管模式》,中国青年网,http://www.news.youth.cn/jsxw/201703/t20170328_9368255.htm,2017 年 3 月 28 日。

② 《贵阳首家旅游法庭　昨日在青岩古镇挂牌成立》,新浪网,http://gz.sina.com.cn/news/city/2016 -04 -29/detail-ifxrtztc3016640.shtml,2016 年 4 月 29 日。

接起来，多措并举、全面发力，掀起了全域旅游"系统推进"的政策改革。

5. 旅游支柱产业进一步强化

近年来，贵州旅游发展势头迅猛，呈"井喷式"增长，空间布局不断优化，旅游优势产业逐渐形成且不断强化。2017 年末，全省有风景名胜景区 71 个，其中，国家级风景名胜景区 18 个，省级风景名胜景区 53 个。共有 5A 级旅游景区 5 个，比上年末增加 1 个；共有 4A 级旅游景区 95 个，比上年末增加 27 个。省级乡村旅游示范区 131 个，乡村旅游扶贫重点村 1104 个。贵州省旅游总人数达 7.44 亿人次，比上年增长 40.1%。旅游总收入为 7116.81 亿元，增长 41.6%。全年共实现旅游增加值 1500 亿元左右，占 GDP 比重提高至 11% 左右，占服务业增加值比重达 25%。入境游客、过夜游客保持较快增长，游客人均消费增至 952 元。2017 年，贵州成为西南地区唯一的"国家全域旅游示范省"，梵净山成功申遗，贵州世界自然遗产地增加到 4 处，数量居全国第一，"多彩贵州风"风行天下。[①] 2018 年，全年旅游总人数达 9.69 亿人次，比上年增长 30.2%；旅游总收入为 9471.03 亿元，比上年增长 33.1%。年末 5A 级旅游景区共有 6 个，比上年末增加 1 个；4A 级旅游景区共有 111 个，比上年末增加 16 个。省级乡村旅游示范区（村）共有 131 个；乡村旅游扶贫重点村共有 2422 个，比上年增长了 1 倍多。2019 年，全省旅游总人数比上年增长 17.2%，旅游总收入增长 30.1%（见表 5-2）。年末全省共有 5A 级旅游景区 6 个，与 2018 年持平；有 4A 级旅游景区 121 个，比 2018 年增加 10 个。年末全省有客房数 82.45 万间，比上年末增长 4.1%；有客房床位数 143.89 万张，增长 4.2%。可见全省旅游总体发展势头持续良好，全域旅游发展规划目标基本实现，旅游支柱产业对全省经济社会的拉动作用更为明显。

表 5-2　2016—2020 年贵州省旅游产业主要发展指标

具体指标	2016 年	2017 年	2018 年	2019 年	2020 年（发展目标）
旅游总收入（亿元）	5027.54	7116.81	9471.03	12321.81	10000
入境旅游总收入（亿美元）	1.83				4.0

① 《贵州生态文明八项制度创新试验：绿就是金》，搜狐网，https://www.sohu.com/a/241415618_100000105，2018 年 7 月 16 日。

续表

具体指标	2016 年	2017 年	2018 年	2019 年	2020 年（发展目标）
游客接待量（亿人次）	5.31	7.44	9.69	11.36	8.0
入境旅游接待量（万人次）	94.09				200
旅游人均消费（元）	946	952#			1250
入境过夜游客停留天数（天）	1.89				3.0
旅游业增加值占 GDP 比重	10%	11%#			12
旅游带动脱贫人口（万人）	29.4	50#			100
游客满意度指数	74.63				82

注：数据来源于历年贵州省国民经济和社会发展统计公报，#数据来源于贵州省旅发委《贵州旅游 2017 年工作总结及 2018 年工作安排意见》，2020 年数据来源于《贵州省全域山地旅游发展规划（2017—2025 年）》。

6. "旅游 +""山地 +"全域旅游产品和业态不断创新升级

贵州省"旅游 +"全域旅游产品打造是能加则加，目前正在分类推进旅游与体育、扶贫、金融、大数据、大健康、水利、商贸会展、科普研学、山地高效农业、林业、新型工业化、新型城镇化等的融合发展，争取形成万亿级产业的有力支撑，着力构建"全景式打造、全季节体验、全产业发展、全方位服务、全社会参与、全区域管理"的旅游发展新格局。以"旅游 + 体育"为例，全省大力推进体旅融合，创建国家体育旅游示范区和体旅融合发展试验区，高规格办好国际山地旅游暨户外运动大会及各类国际山地体育赛事，培育民族特色体育旅游项目和体育旅游新业态，大力推广斗牛、武术、龙舟、藤球等传统体育项目，扶持并推广省级非物质文化遗产传统体育代表性项目，鼓励传统与现代结合，丰富体育旅游新业态。

贵州省紧紧围绕打造"世界一流的山地休闲度假旅游目的地"的总体定位和发展目标，将全省核心山地旅游资源转化为旅游精品，重点打造"山地 + 民族文化""山地 + 避暑休闲""山地 + 生态观光""山地 + 养生度假""山地 + 户外运动""山地 + 科普研学"六类"山地 +"旅游产品。宜加则加，积极发展"山地 + 红色旅游、城市休闲、乡村旅游、工业旅游、自驾车旅居车旅游、低空旅游、桥梁旅游、商务会展、购物旅游、文化演艺"等其他新产品、新业态，着力打造全年、全天候的旅游产品，形成贵州省观光、休闲、度假并重的"山地 +"全域旅游产品体系。以"山地 + 民族文化"旅游产品为例，不仅重点推进苗族、侗族、仡佬族、水族、布依族以及毛南族等少数民族文化的旅游开发，积极开发民族村寨观光、民族文化演艺、特色生活体验、民族美食餐饮、民族体育赛事等旅游产品，同时还能传承如苗族古歌、侗族大歌、苗绣、侗绣、水族马尾绣、乌当手工土纸制作技艺等国家级非物质文化遗产，大力开发民族手工艺品、特色旅游纪念品等旅游商品；以六枝梭嘎生态博物馆、黎平堂安侗族生态博物馆、锦屏隆里古城生态博物馆、花溪镇山村生态博物馆等民族生态博物馆为依托，开展旅游文化的保护与传承工作。

总之，在全域旅游发展中，全省不断挖掘地域文化，塑造文化个性，旅游产品和业态不断涌现。主要分为五类：一是"旅游＋城镇化、工业化和商贸会展"，形成了众多美丽乡村、旅游特色小镇、文化街区、快旅慢游系统等，在推动基础设施建设和服务配套升级的同时全面提升城乡居民生活质量，拉动当地外出农民返乡就业，实现就地城镇化；二是"旅游＋农业、林业和水利"，形成现代农业庄园，衍生出共享农庄、田园综合体、家庭农牧场、精品民宿、国家水利风景区等新兴旅游产品，形成了定制农业、会展农业、众筹农业等新型农业业态；三是"旅游＋科技、教育、文化、卫生和体育"，形成科技旅游、研学旅游、医疗健康旅游、中医药旅游、养生养老旅游等健康旅游产品与业态，例如平塘"中国天眼"就是贵州的世界级科普旅游名片；四是"旅游＋交通、环保和国土"，形成了自由行旅游产品，包括自驾车房车营地、公路旅游、低空旅游等新型旅游产品与业态；五是"旅游＋大数据"，这是贵州最具竞争力和优势的领域，构建了"云上贵州"旅游平台，形成了旅游大数据平台与智慧旅游产品，如各地旅游大数据中心、旅游大数据应用、智慧旅游交通、未来景区、未来酒店等，拟升级多彩贵州智慧旅游云平台，完善景区智慧旅游管理平台和服务体系建设，以及大力推动智慧旅游城市、智慧旅游景区、智慧旅游企业建设。

7. 全域旅游成为脱贫攻坚的重要载体

以良好生态资源为基础，融体育、旅游、文化、健康等为一体的旅游活动，已成为贵州脱贫攻坚的重要载体。发展山地旅游，帮助贫困群众脱贫致富，符合生态优先、绿色发展的理念，更是精准扶贫的有效途径。自2017年起，贵州实施发展旅游业助推脱贫攻坚三年行动，大力推进旅游项目建设、景区带动、乡村旅游等九项旅游扶贫工程。仅2017年，全省就有50余万贫困人口通过旅游业受益增收脱贫，截至2019年9月，已实现旅游业带动就业

98.64 万人，帮助 89.7 万贫困人口受益增收脱贫。[①]

随着生态环境条件的不断改善，各地努力将良好的生态资源优势转化为独特的生态产品，农旅结合、茶旅融合的生态旅游产业，生态农产品及深加工，生态大健康产业等方兴未艾，必将成为贵州加紧脱贫攻坚、实现同步小康的重要抓手。例如在具有"中国傩戏之乡"之称的德江，作为贵州省级非物质文化遗产（傩面具）传承人的王国华，传授雕傩技术活，每年带一些贫困户徒弟，解决了部分村民的就业问题，其中一位得意门生技术娴熟，每年在家靠雕刻傩面具可收入 18 万元，目前傩面具雕刻已形成产业，带动村里 17 户贫困户走上雕刻傩面具的脱贫致富路。这种方式既能让傩文化在年轻一代身上继续传承，又能脱贫致富，实为一举多得。在贵州，通过发展乡村旅游、特色民宿和手艺传承等方式参与到全域旅游大潮中的村民脱贫致富奔小康的鲜活事例举不胜举，这真正是一条生态富民路。

在脱贫攻坚中，全省打造了诸多生态旅游扶贫名村，例如六盘水市水城县海坪彝寨、黔南州惠水县好花红村、遵义市播州区花茂村、六盘水市盘州市舍烹村等。这些典型村在多年的生态旅游扶贫实践中取得了巨大成就，不同的做法给国内外生态旅游扶贫提供了可供借鉴的样本，其中既有生态旅游扶贫的"贵州模式"，也有中国生态旅游脱贫的"贵州经验"。例如，被习近平总书记赞誉的"最美红村"——播州区花茂村，在这里，乡愁中国找到了最美的表达方式，形成了"红色乡愁＋生态乡村建设＋乡村旅游扶贫模式"。水城县海坪彝寨则通过生态移民、要素充足、生产方式转变等形成了"生态移民＋村落建设＋乡村旅游扶贫模式"，走出了一条寨子搬迁、景区打造、百姓富裕、旅游发展的新路。惠水县好花红村则通过创新数字村庄建设、乡村旅游新业态助推扶贫、激发文化创新扶贫活力、创新旅游发展形象定位等方式提炼出了好花红村"数字村庄＋民族文化＋乡村旅游扶贫"的生态旅游扶贫模式。[②]

8. 全域统筹发展机制正在形成

在全域旅游发展过程中，全省各地党委、政府都非常重视创新区域统筹发展机制，发挥旅游业的全域综合带动效应。一是产业统筹。理顺规划、部

①《贵州：旅游扶贫三年行动已带动近 90 万贫困人口增收脱贫》，新华网，http://www. xinhuanet. com/2019 - 09/29/c_1125057100. htm，2019 年 9 月 29 日。

②李辅敏：《生态旅游扶贫的贵州模式》，《贵州日报》2019 年 4 月 24 日。

门和产业之间的关系，形成"多规合一、部门联动、产业融合"的一体化实施机制，旅游规划由政府牵头，多部门共同编制。二是城乡统筹。为了推进全域旅游，地方政府通过发展城乡旅游公共交通、城乡旅游标识标牌系统，促进城乡旅游公共服务均等化。三是区域统筹。各地积极促进区域内各行政区之间的合作，同时加强区域内和区域外的合作。2017 年 8 月，国际山地旅游联盟落地贵州，成为世界上第一个以山地旅游为主题的国际旅游组织，也是我国第一个总部设在北京以外的国际旅游组织。① 这无疑是对贵州旅游的肯定，更是贵州发展山地旅游的重大机遇，贵州可以借此积极推进落实跨国、跨省、跨区域旅游合作，塑造"山地旅游"国际共享品牌。2019 年 11 月出台《贵州省强化文旅融合系统提升旅游产品供给三年行动方案》，标志着贵州省文旅融合新征程全面开启。方案确定了未来三年全省将以创建全国全域旅游示范省为抓手，紧扣大旅游、全域旅游、"旅游＋"、旅游扶贫、旅游经济五大关键词，统筹推进全省旅游"1＋5 个 100 工程"和国际旅游目的地、国际旅游精品线路建设工程，深入推进旅游供给侧结构性改革，强化文化旅游深度融合，提升"山地公园省·多彩贵州风"品牌影响力，努力将贵州建设成为国际知名的山地休闲度假旅游目的地。

9. 积极推进生态旅游示范区建设

《国家生态文明试验区（贵州）实施方案》中提到的几大旅游区，都将作为世界级的精品打造成为生态旅游示范区。一是大黄果树国际休闲度假旅游区。将整合安顺世界级旅游资源，实施"观光与休闲度假双轨并进"策略，差异化升级打造黄果树国家级旅游度假区、龙宫国家级康养基地、大屯堡世界文化遗产地、格凸河国际攀岩胜地，统筹推进黄果树·屯堡景观申报世界自然与文化双遗产工作，加快创建大屯堡、格凸河两大国家 5A 级旅游景区，以格凸河国际攀岩节为突破口，打造世界级旅游节庆品牌。二是大荔波世界遗产旅游区。充分发挥荔波"世界遗产地·地球绿宝石"品牌优势，提升大小七孔旅游景区吸引力，打造茂兰国家级自然保护区、水春河景区两大增长极，推进瑶山景区、黄江河湿地公园、玄武山、捞村大峡谷、七彩桫椤谷等重点景区提质升级；强化国际市场营销，发挥地理类杂志、YouTube、Facebook 等主流媒体在旅游营销中的阵地作用。三是赤水丹霞生态旅游区。

---

① 《世界首个国际山地旅游联盟在贵州成立》，网易新闻，http://news.163.com/17/0822/03/CSDOPU6H000187VI.html，2017 年 8 月 22 日。

充分发挥赤水丹霞世界自然遗产品牌影响力，整合四洞沟、杨家岩、丙安古镇、习水国家森林公园等景区资源，打造国际水准的旅游精品项目；借助"中国长寿之乡"优势，开发建设体育旅游和健身休闲旅游项目；以大营销引领大发展，借助国际化、多元化平台，强化节事引领和事件营销，唱响"丹青赤水"品牌，建设比肩美国黄石公园的世界地质公园、国际知名的生态休闲度假区。四是环梵净山生态文化旅游创新区。以梵净山弥勒道场佛教文化旅游产品为核心，推进梵净山申报世界自然遗产和创建国家 5A 级旅游景区两项重要工作，将梵净山打造成为世界著名佛教名山；做强"两核一带"，即梵净山景区、铜仁主城区"两核"和锦江休闲风情带，实施"山水城一体化"发展战略，形成区域发展合力；加快建设"智慧梵净山"，提升景区现代科技感，打造世界级生态旅游和佛教文化旅游目的地。另外，近年来不少知名旅游区迅速崛起，例如具有国家 5A 级景区、国家生态旅游示范区、国家唯一杜鹃森林公园、首批"国家全域旅游示范区"创建单位、最负国际盛名景区、亚洲大中华区十大自然原生态旅游景区、最值得驻华大使馆向世界推荐的中国优秀生态旅游地、"杜鹃花都"等荣誉称号的百里杜鹃管理区。

三　生态旅游发展制度创新试验的重难点问题

根据《国家生态文明试验区（贵州）实施方案》要求，不仅要建立生态旅游融合发展机制，还要建立生态旅游开发保护统筹机制。然而，就目前的情况看，不管是制度建设层面还是实践层面，生态旅游的支撑远远不够。

（一）生态旅游发展制度创新试验的重点问题

基于贵州生态旅游发展制度创新现状，我们认为，存在以下几个重点问题。

1. 生态旅游发展制度供给不足

近年来贵州旅游业呈"井喷式"发展，而相关法规如《贵州省旅游条例》相对陈旧，出现了一些新形势下覆盖不到的地方。一是在当前经济发展新常态下提倡的高质量发展理念，在旅游产业上对应的旅游高质量发展意义重大，在重视旅游产业增长速度的前提下应更加关注其发展质量。二是受新冠肺炎疫情影响较大的旅游产业，未来面对突发状况应该有更为充分和完善的预案及具体措施，才能长足发展。三是新的现象，例如如何落实创新、协调、绿色、开放、共享五大发展理念，以全域旅游带动发展方式转变，还不够明确；对旅游业的升级换代促进国民经济的提质增效也缺乏具体的规定；产业融合、公共服务、主客共享等也多停留在倡导性规定上；旅游规划的定位、作用界定不清，如何推进"多规合一"也没有具体的实施方案。四是对贵州大扶贫、大生态、大数据三大战略的支撑力度不够，缺乏可操作性强的相关规定。①

就目前的情况来看，贵州在生态旅游发展制度建设方面还有很多不足，主要表现在以下几个方面。

第一，《国家生态文明试验区（贵州）实施方案》发布以来，在生态旅游发展制度创新环节，贵州目前仅批复了一个《贵州省全域山地旅游发展规划（2017—2025年）》，发布了《贵州省加快生态旅游发展实施方案》，其他的制度文件至今未见。

第二，《贵州省全域山地旅游发展规划（2017—2025年）》与《贵州省生态旅游发展战略总体规划》的有效衔接问题没有解决。《贵州省生态旅游发展战略总体规划》是2016年7月评审通过的，是贵州省发展生态旅游的长期战略性规划。该规划的主要内容包括：评估与评价全省现有的（生态）旅游资源和发展状况；确定贵州省"生态旅游"的定义；对全省（生态）旅游景区进行评估和分类；构建全省生态旅游管理体系；开发全省生态旅游景区的认证体系；对贵州生态旅游有关产品及产业发展进行展望；与生态旅游发展有关的政策建议；等等。该规划具有国际高度且充分体现了贵州实际，切实可行，指导性强。而《贵州省全域山地旅游发展规划（2017—2025年）》是2017年底批复的，该规划对全省旅游资源的分类挖掘，旅游市场的定位细分，旅游发展的空间布局和优化，各区域未来旅游发展的战略重点和品牌定位，旅游业与工业、农业、体育、交通等各领域的融合发展等都作了十分详尽的规划。经多方认证和考核，一致认为这个规划为未来贵州旅游发展指出了一条康庄大道，将规划设计一一落实，旅游前景绝对是十分美好的。两个规划虽然都较为完美，但如何衔接、整合与统筹实施的问题还没有得到有效解决。

---

① 金颖若：《为贵州全域旅游高质量可持续发展提供制度保障》，《贵州日报》2019年10月23日。

第三，生态旅游开发保护统筹机制建设有待加强。2018 年 10 月《贵州省旅游资源管理办法（试行）》发布，在旅游资源分类等级评定管理、旅游资源开发和保护管理、旅游资源经营权出让等方面都作了详尽的规定。该办法是健全生态旅游开发与生态资源保护衔接机制，推动生态与旅游有效融合的有力依据。但此办法处于试行阶段，具体成效还待实践检验，在重点生态功能区实行游客容量、旅游活动、基础设施建设限制，促进资源共用、市场共建、客源共享、利益共分的区域生态旅游合作等方面，仍需协调多方主体利益，与其他各类资源管理办法的统筹也有待进一步加强。

2. 生态文明考核指标体系中未涉及生态旅游

生态旅游发展制度创新试验是《国家生态文明试验区（贵州）实施方案》的一大特色，因为《国家生态文明试验区（福建）实施方案》和《国家生态文明试验区（江西）实施方案》中都没有。这并不是说福建、江西的生态旅游发展不好，而是为了凸显贵州的大生态、大旅游、大数据发展战略。生态旅游发展制度创新试验虽然被写进了《国家生态文明试验区（贵州）实施方案》，但是《贵州省生态文明建设目标评价考核办法（试行）》中却没有涉及生态旅游。《贵州省生态文明建设目标评价考核办法（试行）》重点考核各市（州）、贵安新区生态文明建设进展总体情况，国民经济和社会发展规划纲要中确定的资源环境约束性目标以及生态文明建设重大目标任务完成情况，具体考核内容包括绿色发展指数（包括资源利用、环境治理、环境质量、生态保护、增长质量和绿色生活 6 个方面 49 项指标，占 70%）、体制机制创新和工作亮点（占 20%）、公众满意程度（占 10%）、生态环境事件（扣分项）。[①] 尽管在绿色发展指数的二级指标中如城乡生活垃圾无害化处理率、县级以上城市空气质量优良天数比例、森林覆盖率、湿地保护率、自然保护区面积等与生态旅游密切相关，但是缺乏直接的生态旅游考核指标。同时，生态文明建设目标评价考核，多集中在统计、环保、国土、林业、卫生、住建、发改等部门，缺乏对旅游主管部门的具体考核，这对生态旅游发展制度创新试验是极为不利的。

3. 全域旅游与生态旅游层次提升存在一定悖论

严格地说，全域旅游和生态旅游不是一回事，二者有很明显的差异，具

---

① 《贵州省生态文明建设目标评价考核办法（试行）》，贵州省发展和改革委员会提供。

体表现在以下几个方面。

第一，内涵不同。全域旅游与生态旅游是两个不同的概念，有不同的内涵。生态旅游是以生态学原则为指针、以生态环境和自然环境为取向所开展的一种既能获得社会经济效益又能促进生态环境保护的边缘性生态工程和旅游活动，须具备自然性、独特性、文化性、高雅性、参与性、持续性六大特征。而全域旅游是指各行业积极融入，各部门共同管理，居民与游客共同享有，充分挖掘目的地的吸引物，创造全过程与全时空的旅游产品，从而满足游客与居民全方位的体验需求，须具备三个发展条件：社会条件——全民休闲时代的到来，人口条件——非农人口比重增加，资源条件——旅游资源的全域化。因此，全域旅游的覆盖面比生态旅游要广，全域旅游包含了生态旅游。

第二，对象不同。生态旅游的对象是自然生态及与之共生的人文生态，它要求具有良好的生态环境载体；而全域旅游重视的是全过程、全时空和全方位的旅游吸引物，其对象范围远远大于生态旅游。尽管有的全域旅游倡导者也提出"人人都代表区域的旅游形象"，但是在实践层面更注重的是以旅游为中心来统筹规划三次产业，实现产业联动，更偏向于经济行为。而生态旅游最重要的特征是强调旅游责任，倡导管理者、经营者和旅游者都应承担保护资源环境和促进当地社区可持续发展的责任，当地社区也应承担保护资源环境和维护旅游氛围的责任；同时，生态旅游更加注重以环境解说的方式来进行环境教育，以改变游客的环境资源观和生活方式。最关键的一点是，生态旅游必须保证旅游活动对生态系统的干扰是可控的，应将对当地旅游资源、自然生态和社会文化的负面影响最小化。当然，全域旅游未来发展会在国土功能区划上极大发力，以构建科学、适度、有序的国土空间布局体系，形成绿色循环发展的产业体系和新的生态保护格局。

尽管全域旅游和生态旅游有很明显的差异，但都是"造血式"扶贫的有效方式，也是城乡统筹发展、促进百姓脱贫致富的新出路。二者在目标和方向上是一致的，区别在于全域旅游的外延远远大于生态旅游。但从微观层面上看，生态旅游的层次要求又远远高于全域旅游。因此，二者之间有"深度"和"广度"的差别。正是这一差异的存在，使得二者在层次提升上存在一定悖论。

（二）生态旅游发展制度创新试验的难点问题

基于贵州生态旅游发展制度创新现状，我们认为，存在以下几个难点问题。

1. 全域旅游与生态旅游的融合问题

如前所述，全域旅游虽然包含了生态旅游，但两者的内涵有很明显的差异。全域旅游的提出是为了实现产业联动，借旅游发展之势实现经济效益，注重的是物质累积成效，故全域旅游针对的是"贫困"，其目的也是解决贫困问题，促进旅游业与各产业的增收。当然，其在实现经济效益的同时也注重社会效益和生态效益。而生态旅游是对传统大众旅游所导致的生态环境损害现象的回应与反思，它扮演了生态文明思想传播者、可持续发展理念引领者、旅游产品开发创新者、旅游社区利益维护者、旅游环境保护示范者等多重角色。发展生态旅游，可以增强人们的生态文明意识和旅游行业建设生态文明的自觉性和积极性，促进人与自然和谐发展。因此，发展生态旅游才真正是实现生态文明建设目标的有效路径。由于全域旅游层次低于生态旅游，我们认为，不宜用全域旅游相关要求指导国家生态文明试验区（贵州）建设。因此，贵州要实现生态文明建设目标，就必须清楚地认识到全域旅游与生态旅游的差别，并最大限度地将二者融合发展。仅靠《贵州省全域山地旅游发展规划（2017—2025年）》来指导生态旅游发展，局限性十分明显。此外，一些地区在实践中由于对全域旅游的理解有偏差，要求所有产业发展都让位于旅游，大搞旅游项目建设，诸多项目一拥而上，形成了一种"造旅游"的不良风气，这是一个非常危险的信号。

2. 生态文明试验区建设与生态旅游的统筹发展问题

生态旅游作为生态文明试验区建设的重要组成部分，必然有其不可替代的积极作用，二者也是相辅相成的关系。在生态文明建设框架下，生态旅游具有强有力的政策指导依据，也能抢抓大好发展机遇，在制度建设、发展创新等方面不断探索和突破。生态旅游发展好了，贵州大旅游发展战略就能实现，也就能同时带动大生态、大健康等产业发展，对促进生态文明试验区建设是大有裨益的。反过来，生态文明试验区建设好了，生态文明各领域的制度创新成果都能惠及生态旅游领域。资源利用与环境治理中的任何一项指标改善，都能从总体上提升环境质量，生态旅游发展的自然基础就会更好。新能源汽车保有量增长率、绿色出行（城镇每万人口公共交通客运量）、城市建成区绿地率等绿色生活指标上去了，公众保护生态环境的自觉行为也就形成了，生态旅游发展所依赖的人文生态就会越来越优。因此，如何将生态文明试验区建设和生态旅游统筹起来，是一个值得思考和推进解决的问题。

3. 生态旅游发展层次与生态文明试验区建设的差距问题

发展生态旅游是生态文明建设的重要途径，建设生态文明是发展生态旅游的重要目标。生态旅游是社会经济发展到一定阶段而产生的一项新的旅游活动和新的产业，故生态旅游发展是一个循序渐进的过程。和其他任何产业发展一样，其也存在初级阶段、发展阶段和成熟阶段。而且生态旅游资源也具有不同的价值层次，可以满足不同层次、水平人群的感知和享受需求。因此，不同地区不同类型的生态旅游资源开发，必须将资源的层次性、发展的阶段性和旅游者的多样性、层次性有机结合起来，才能达到保持生态旅游资源的原生性与满足生态旅游者多层次消费需求的协调统一。据此，相关学者将生态旅游划分为三个层次，即泛生态旅游、准生态旅游、纯生态旅游。①

如果将生态文明划分为产业文明、行为文明、制度文明、意识文明四个层次的话，其与生态旅游各层次的对应关系如图 5－1 所示。生态旅游发展初级阶段，亦即产业文明阶段，仅仅属于泛生态旅游层次，准入门槛相对较低，除基本满足生态旅游发展的自然生态条件外，只实行一般意义上的游客容量控制；而在产业文明基础之上生态旅游参与者、开发商、当地社区居民等达到了行为上的文明，即上升到准生态旅游层次，准入门槛相对较高，要求旅游对象基本上为原生态，景区不允许有污染、宾馆、餐馆；景区内不能有公路，水质达到Ⅰ～Ⅱ类，大气环境质量为Ⅰ～Ⅱ级标准，对游客容量严格控

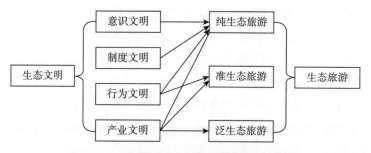

图 5－1　生态旅游与生态文明的层次对应关系

---

① 陈国阶、王青、涂建军：《四川省生态旅游发展的层次与阶段》，《地理科学》2006 年第2 期。

制；当生态文明上升到制度文明和意识文明的阶段和层次时，才能真正满足纯生态旅游的要求，准入门槛提升到原生态级别，远离人群，基本上无人为干扰，无人工建筑、道路、居民，旅客稀少。

总体上看，贵州目前的生态旅游层次还处于从较低的泛生态旅游层次逐步向准生态旅游层次转变过程中，还停留在休闲旅游、旅游生态化阶段，基本的绿色消费都还达不到，更别说生态旅游其他功能了，如相关利益者关系协调（社区发展）、环境保护和生态教育等功能实现了，但与调整产业结构、空间结构、生产方式、生活方式，节约资源和保护环境这一生态文明建设目标的差距还比较大。

四 解决生态旅游发展制度创新试验重难点问题的对策

国家生态文明试验区（贵州）建设中生态旅游发展制度创新试验面临的重点问题和难点问题实质上有很大交叉，某些问题既是难点也是重点，无法精准区分开来。从理论上讲，生态旅游发展与生态文明试验区建设是可以相互促进、相互融合的，全域旅游也包含了生态旅游的题中之义，二者也不冲突。然而在实践过程中，由于各种主客观因素限制，全域旅游、生态旅游与生态文明试验区建设出现一些矛盾，不利于生态文明试验区建设的推进。为了促进生态旅游与生态文明试验区建设融合发展，特提出以下对策建议。

（一）解决生态旅游发展制度创新试验重点问题的对策

1. 加快推进生态旅游发展制度建设

制度文明既是生态文明的重要组成部分，又是生态文明建设不可或缺的保障。因此，制度建设对推动生态文明建设起着重要作用。如前所述，在生态旅游发展制度创新方面，贵州省目前仅印发了《贵州省全域山地旅游发展规划（2017—2025 年）》，出台了《贵州省加快生态旅游发展实施方案》，相较于《国家生态文明试验区（贵州）实施方案》的具体要求和贵州生态旅游发展的客观需要，都是远远不够的。涉及生态旅游资源分类分级立档管理、旅游资源保护情况通报、旅游设施限制、生态旅游合作等具体问题的制度至今未见。为加快推进生态旅游发展制度建设，我们认为应抓好以下几个方面的工作。

一是在国家生态文明试验区（贵州）建设领导小组的指挥与协调下，加快起草和制定关于生态旅游游客容量及基础设施建设限制、社区作用、环境教育等事宜的制度。在起草和制定相关制度的过程中，要充分吸纳国土、林业、住建、发改等相关部门的意见与建议，并注意与已有制度充分融合，避免衔接不到位或产生冲突。

二是在已有制度基础上形成生态旅游发展制度体系。目前国内生态旅游开发和管理的主要依据是环境保护法、森林法、旅游法等与生态旅游密切相关的法律，局限性较大。国际通常的做法是进行生态旅游认证，具有较为健全的生态旅游认证制度的国家或地区，凭借其较为完善的生态旅游制度体系，将生态旅游管理过程和生态旅游开发实践限制在相对严格的制度框架内，使生态旅游真正服务于自然保护、生态旅游景区及周边社区。在我国，《国家生态旅游示范区建设与运营规范》的出台，使生态旅游在运营与建设标准及相关指标认证体系方面有了基本遵循，自 2013 年起，景区层面的生态旅游认证推进也比较顺利，但企业等层面的认证实践与研究还有待开展。[①] 作为国家生态文明试验区，贵州理应在此领域先行先试，力争在企业层面的生态旅游认证上有所突破。

三是加强生态旅游研究，为制度建设和创新提供智力支持。目前，国内关于生态旅游的研究存在诸多缺陷，在生态旅游理论体系的构建、生态旅游影响测度与管理、生态旅游资源管理、生态旅游市场与生态旅游者行为规律、环境教育与环境解说、社区参与评价、生态文明建设与生态旅游等方面的研究都还十分薄弱。作为国家生态文明试验区，贵州有责任和义务加强生态旅游研究，要结合国家生态文明试验区（贵州）建设的战略定位、主要目标、重点任务等，深入研究制约贵州生态旅游发展的深层次问题，如生态旅游发展中的生态效率、节能减排、可持续管理、生态资源环境开发补偿机制、环境公益诉讼等问题。

四是相关制度的贯彻落实。制度只有真正落到实处才能发挥保障作用。在生态旅游发展进程中，应实时监督相关制度的落实情况，并及时解决落实过程中遇到的问题。

---

① 钟林生、马向远、曾瑜皙：《中国生态旅游研究进展与展望》，《地理科学进展》2016 年第 6 期。

2. 在生态文明考核指标体系中应体现生态旅游考核

尽管相关的考核指标都属于外在的约束，生态旅游的量化考核存在不易操作等实际问题，但我们认为，国家生态文明试验区（贵州）建设既已将生态旅游发展制度创新试验作为一个重点任务，就应将生态旅游考核纳入生态文明考核指标体系中。即便因为不易操作等客观实际情况不宜将所有的要求都纳入量化考核指标体系，也可以采用一些相关的评估性指标，借用第三方力量进行评估和考核，只有如此才能强化生态旅游发展的责任，推动生态旅游健康发展。

3. 深刻领会全域旅游的科学内涵，提升生态旅游层次

一要正确把握全域旅游的科学内涵，不宜一哄而上。在全域旅游发展如火如荼的今天，不少地方政府对全域旅游的科学内涵理解有误，以致形成"全民参与旅游、全行业发展旅游"的不良导向，大量耕地、林地等被以旅游用地的名义占用。地方政府大量打造旅游景区、文化景点，以致同质化竞争相当激烈，良好的经济效益、社会效益和生态效益并未产生。因此，发展全域旅游，要正确把握全域旅游的科学内涵，"不是所有产业让位于旅游，也不是全民参与旅游"。

二要严格区分"旅游＋"与"＋旅游"，形成良好的全域旅游氛围。全域旅游虽然强调"旅游＋"，即强调旅游与工业、农业、林业、渔业、体育、交通、环保等产业融合发展，但其科学内涵是"能加则加"，而不是"不能加也要加"。如果任何行业不管资源条件如何、产业性质如何都往旅游上靠，即"＋旅游"，就舍本逐末、得不偿失了。

三要充分发挥全域旅游的生态功能，促进生态旅游层次提升。随着全域旅游的持续推进，其有望成为一种新的国土功能区划方式，进而构建科学、适度、有序的国土空间布局体系和绿色循环发展的产业体系，形成新的生态保护格局。[1] 也就是说，全域旅游具有积极的生态促进功能，如果该功能持续发挥必然能够找到与生态旅游的生态功能完美结合之处。在推进全域旅游的进程中，要加强各项目、景区建设的生态评估，注重旅游业与其他相关产业的空间布局和产品开发，强化各方保护环境与节约资源的意识，为生态旅游发展打下良好基础，并将生态旅游的层次提升到一定高度，实现全域旅游

---

[1]　国家旅游局规划财务司：《2017 全域旅游发展报告》，2017 年 8 月 3 日。

与生态旅游的融合发展。

（二）解决生态旅游发展制度创新试验难点问题的对策

1. 关于全域旅游与生态旅游的融合发展问题

其实，全域旅游与生态旅游本身并不矛盾，两者的目标都是为生态文明建设服务，只是实践中经常会产生一些偏差。为避免这样的偏差，我们认为，应注意以下几个问题。

一要大力促进两个规划的合一实施。应在《贵州省全域山地旅游发展规划（2017—2025年）》指导下，充分融合《贵州省生态旅游发展战略总体规划》的要求，力求在项目规划衔接上、相关管理保障上将二者有机融合起来，以生态优先原则指导规划的实施，保证所有冲突让位于"生态"。

二要变"旅游＋"模式为"生态旅游＋"模式。"旅游＋"仅仅是全域旅游最基本的要求，生态旅游虽然在对象范围上小于全域旅游，但其内涵更凸显环境解说和教育功能，在旅游层次上相对较高。将"旅游＋"模式逐步上升为"生态旅游＋"模式，严格按照《国家生态旅游示范区建设与运营规范》中的相关认证标准来进行认证，对仍处于准生态旅游阶段的贵州来说，要走的路还很长。如对生态旅游者的界定，国内大部分研究在统计时采用相对简单的行为学方法，认为到达生态旅游景区的所有游客都是生态旅游者。这无疑扩大了生态旅游的规模及其所带来的效益，是不利于生态旅游认证的。

三要适度拓展生态旅游边界，注意与全域旅游衔接。生态旅游的对象是自然生态及与之共生的人文生态。相对而言，自然生态比较好界定。而人文生态的范围较广，且随着社会经济发展，某些原本不属于良好人文生态产品的旅游产品会逐步凸显出来。自然生态所谓的核心区、保护区、旅游区比较好界定，但人文生态的边界区域无法划定。因此，对生态旅游的界定就应尝试打破一些边界限定，争取将其更深入地融入全域旅游。

四是更高层次的制度设计。不仅生态旅游制度不足，当前国家战略层面的全域旅游的制度支撑也仍然不够强劲，在处理当前出现的很多新情况和新问题时无制度依据。因此，全省亟须加强关于全域旅游发展的更高层次的制度设计，例如已有专家提出制定全域旅游促进条例。在此条例制定中就必须充分认识到生态旅游与全域旅游的关系，突出二者的层次区别、本质不同。首先，在目的地建设中建立全域旅游发展特别是生态旅游发展统筹协调的有效体制和机制，建立全域联动的政策体系，将《贵州省加快生态旅游发展实施方案》中的一些重要思想纳入条例的制定中。其次，在保证"多规合一"的前提下，充分凸显生态旅游规划的地位和作用，注重全域旅游规划和生态旅游专项规划间的有效衔接，上位条例与下级规划、方案的融会贯通，建立相关管理部门之间及时、有效的信息共享机制，避免"全"对"绿"的替换甚至取代，争取在各种上位制度和规划中都充分考虑到生态旅游的需求及其不可替代的生态环境保护功能。

2. 关于生态文明试验区建设与生态旅游的统筹发展问题

生态文明试验区建设与生态旅游发展是整体与部分的关系，但从大生态、大旅游的战略定位来看，二者又是平行的关系。为抓好二者的统筹发展，我们认为，要注意以下几个问题。

一是在生态文明试验区建设进程中必须高度重视生态旅游的重要作用。尽管发展生态旅游仅是试验区建设的一个重点任务，但是绿色发展、绿色金融、绿色制度、法治建设、大数据应用等都能在生态旅游发展中找到现实的有可操作性的范本，是生态产业化和产业生态化的最好例证。因此，在一定程度上可以说，生态旅游发展制度创新试验成功了，生态文明试验区建设试验也就成功了。

二是生态旅游发展制度创新试验要为生态文明试验区建设提供模板和借鉴。在全省旅游呈"井喷式"发展态势下，生态旅游发展面临很多机遇。相关部门必须抢抓机遇，率先示范，结合贵州实际，争取能在国家认证标准体系上有所突破、有所创新，打造首屈一指的贵州范本。如强调旅游责任是生态旅游的内涵之一，不管是管理者、经营者还是旅游者，都应承担保护资源环境和促进当地社区可持续发展的责任，若实现这一功能，相关制度设计即可成为"政府为主导、企业为主体、社会组织和公众共同参与的环境治理体系"的现实典范。因此，加强生态旅游在责任共担和促进社区发展方面的创新探索试验，可以为生态文明试验区建设提供参考和借鉴。

3. 加强生态伦理建设，提升生态旅游发展层次

当前，贵州省的生态旅游普遍还处于从泛生态旅游向准生态旅游过渡的发展阶段，离制度文明之上的意识文明还有较大的差距。要解决这个问题，我们认为，应从以下几个方面入手。

一要充分发挥生态旅游的环境解说和环境教育功能，提升人们的意识文明水平。环境教育作为生态旅游的主要功能，也是传播生态文明理念和增强人们的生态文明意识的重要方式，而环境解说是实现环境教育功能的重要手段。当前，我国还停留在相关理念和经验介绍层面，真正的实践应用还较少。因此，应加强环境解说与环境教育模式研究，构建和优化相关的生态旅游解说系统，积极评估生态旅游环境教育的实际效果，并根据其传播生态文明理念和增强人们的生态文明意识的客观作用采取相应的改善措施，真正发挥生态旅游独具特色的环境教育功能，促进生态文明试验区建设。

二要加强生态伦理教育，提升生态旅游层次。生态环境问题是人类在进行与自然有关的活动时，错误地看待自身与生态环境的关系而造成的。生态伦理是处理这种关系的一系列道德规范。人类只有对自然生态系统给予道德关怀，才能实现与自然和谐共生。因此，在生态旅游发展中加强生态伦理的宣传和教育，将旅游层次提升到纯生态旅游，有助于实现经济发展良性化、生态环境优化、利益主体协调化，也有助于塑造可持续发展的生态文明社区。

三要强化生态旅游中的相关主体责任。生态旅游涉及诸多主体，不仅包括管理者、经营者和旅游者，也包括承载生态旅游资源的社区居民。任何一个主体，都有保护环境的职责。只有强化相关主体的责任意识，才能有效推进环境治理。首先，政府要加强舆论宣传教育，使社会公众逐步改变传统旅游方式，增强生态文明意识；其次，相关企业在生态旅游产品的开发和运营过程中，要以身示范，以实际行动做好生态旅游的推广者。社会公众特别是生态旅游者要严格遵守相关规定，遵循"只带走照片、只留下脚印"的原则，不对生态环境造成任何干扰和破坏。只有如此，才能真正构建"政府为主导、企业为主体、社会组织和公众参与的环境治理体系"。

生态旅游发展制度创新与生态文明试验区建设是可以相互促进的，未来贵州生态旅游发展过程中需加快相关制度的制定、完善和创新，同时要协调处理好全域旅游与生态旅游的关系，不断提高生态旅游的层次，充分发挥生态旅游的环境教育功能，多方参与全面促进国家生态文明试验区（贵州）建设。

第六章

生态文明法治建设创新试验

党的十九大报告是新时代法治中国建设的总纲领，报告将"坚持全面依法治国"作为新时代坚持和发展中国特色社会主义的十四条基本方略之一，凸显了法治建设的重要性和紧迫性。生态文明法治建设不仅是坚持全面依法治国的重要内容，而且是生态文明建设的重要保障。《国家生态文明试验区（贵州）实施方案》不仅将"生态文明法治建设示范区"作为国家生态文明试验区（贵州）建设的一个战略定位，而且将"生态文明法治建设创新试验"作为国家生态文明试验区（贵州）建设的重点任务之一。

一　生态文明法治建设在生态文明建设中的作用

（一）生态文明法治建设为生态文明建设提供基本遵循

我国在经济发展的同时，生态环境问题越来越突出，水污染、重金属污染、空气污染等一系列环境问题对人民群众身体健康、生产生活带来了严重影响。近年来，可持续发展、绿色发展的理念已经逐步深入人心，但环境保护形势依然较为严峻，这主要受制于我国生态文明法治建设不完善。习近平总书记明确指出"我国生态环境保护中存在的突出问题，大都与体制不完善、机制不健全、法治不完备有关"，"只有实行最严格的制度、最严密的法治，才能为生态文明建设提供可靠保障"，"建设生态文明，是一场涉及生产方式、生活方式、思维方式和价值观念的革命性变革。实现这样的变革，必须依靠制度和法治。"① 习近平总书记的这些论述，充分表明了法治建设在生

---

① 《习近平总书记系列重要讲话读本（2016年版）》，学习出版社、人民出版社，2016，第230~239页。

态文明建设中的重要地位。只有建立完备的生态文明建设法律制度，完善进行生态文明建设的法治环节，扎好制度牢笼，才能做到有法可依、有章可循，为生态文明建设提供基本遵循。

（二）生态文明法治建设为生态文明建设提供有力保障

如何处理发展和生态的关系，是我国现代化建设过程中的一大难题，不规范、不环保的生产方式时而出现。因此，必须建立健全法律法规，作为惩治环境污染行为的基本依据，并推动生态环境持续向好发展；加强执法司法，形成全方位法治保护屏障，保证绿色发展的理念能够深入落实；强化绿色考核，健全法治考核体系，保证政府、企业和个人能够切实遵循生态发展观，为生态文明建设的推行提供有力保障。党的十八届三中全会指出，建设生态文明，必须建立系统完整的生态文明制度体系，实行最严格的源头保护制度、损害赔偿制度、责任追究制度，完善环境治理和生态修复制度，用制度保护生态环境。完善生态文明建设的法律制度，强化生态文明的法治保障，依法保障人民群众的生态环境权益是生态文明建设的关键。生态文明法治建设是生态文明建设的重要内容和重要保障，只有充分发挥法律、法规的强制性作用，规范人们的行为，惩治破坏生态文明的行为，才能有效地保护生态环境，促进生态文明建设的顺利进行和经济社会的良好发展。

二 生态文明法治建设创新试验要求及现状

（一）生态文明法治建设创新试验要求

中共中央、国务院在《中共中央 国务院关于加快推进生态文明建设的意见》中明确指出，要"全面清理现行法律法规中与加快推进生态文明建设不相适应的内容，加强法律法规间的衔接。研究制定节能评估审查、节水、应对气候变化、生态补偿、湿地保护、生物多样性保护、土壤环境保护等方面的法律法规，修订土地管理法、大气污染防治法、水污染防治法、节约能源法、循环经济促进法、矿产资源法、森林法、草原法、野生动物保护法等"①。在《生态文明体制改革总体方案》中，中共中央、国务院再次强调，

---

① 《中共中央 国务院关于加快推进生态文明建设的意见》，中华人民共和国中央人民政府网站，http://www.gov.cn/xinwen/2015 - 05/05/content_2857363.htm，2015 年 5 月 5 日。

要"构建以改善环境质量为导向，监管统一、执法严明、多方参与的环境治理体系，着力解决污染防治能力弱、监管职能交叉、权责不一致、违法成本过低等问题"①。

根据《中共中央　国务院关于加快推进生态文明建设的意见》和《生态文明体制改革总体方案》，为将贵州建设成为"生态文明法治建设示范区"，《国家生态文明试验区（贵州）实施方案》提出了四个方面的要求，即加强生态环境保护地方性立法、实现生态环境保护司法机构全覆盖、完善生态环境保护行政执法体制、建立生态环境损害赔偿制度，针对每个方面又提出了若干具体要求（见表6-1）。

表6-1　生态文明法治建设创新试验要求一览

一级指标	二级指标
加强生态环境保护地方性立法	全面清理和修订地方性法规、政府规章和规范性文件中不符合绿色经济发展、生态文明建设要求的内容
	适时修订《贵州省生态文明建设促进条例》与《贵州省环境保护条例》
	2020年前制定出台贵州省环境影响评价条例、水污染防治条例、世界自然遗产保护管理条例
	推动城市供水和节约用水、城市排水、公共机构节约能源资源以及农村白色垃圾、塑料薄膜、限制性施用化肥农药、畜禽零星（分散）养殖等领域的地方性立法
实现生态环境保护司法机构全覆盖	实现全省各级法院环境资源审判机构全覆盖，深入推进环境资源案件集中管辖和归口管理
	完善打击、防范、保护三措并举，刑事、民事、行政三重保护，司法、行政、公众三方联动的"三三三"生态环境保护检察运行模式
	健全检察院环境资源司法职能配置，深入推进检察机关提起公益诉讼工作，严格依法有序推进环境公益诉讼
	规范环境损害司法鉴定管理工作，努力满足环境诉讼需要
	探索生态恢复性司法机制，运用司法手段减轻或消除破坏资源、污染环境状况
	建立生态文明律师服务团，引导群众通过法律渠道解决环境纠纷
	健全环境保护行政执法与刑事司法协调联动机制

---

① 《中共中央　国务院印发〈生态文明体制改革总体方案〉》，中华人民共和国中央人民政府网站，http://www.gov.cn/guowuyuan/2015-09/21/content_2936327.htm，2015年9月21日。

续表

一级指标	二级指标
完善生态环境保护行政执法体制	探索建立严格监管所有污染物排放的环境保护管理制度，逐步实行环境保护工作由一个部门统一监管和行政执法，建立权威统一的环境执法体制
	探索开展按流域设置环境监管和行政执法机构试点工作，实施跨区域、跨流域环境联合执法、交叉执法
	开展省以下环保机构监测监察执法垂直管理试点，2017 年完成试点工作
建立生态环境损害赔偿制度	开展生态环境损害赔偿制度改革试点
	探索建立完善生态环境损害担责、追责体制机制
	探索建立与生态环境损害赔偿制度相配套的司法诉讼机制

资料来源：根据《国家生态文明试验区（贵州）实施方案》整理。

（二）生态文明法治建设创新试验现状

近年来，贵州省深入贯彻落实党中央、国务院的决策部署，在生态文明法治建设方面创造了多个全国第一：一是出台了全国首部省级生态文明建设法规——《贵州省生态文明建设促进条例》；二是率先设置了环保法庭并成立了公检法配套的生态环境保护执法司法专门机构；三是提起了首例由检察机关起诉行政执法机关的环境保护行政公益诉讼；四是率先出台了相关问责办法——《贵州省生态环境损害党政领导干部问责暂行办法》和《贵州省林业生态红线保护党政领导干部问责暂行办法》；五是率先启动了生态环境损害赔偿制度改革试点，出台了《贵州省生态环境损害赔偿制度改革试点工作实施方案》。

1. 加强生态环境保护地方性立法

近年来，贵州省非常重视生态环境保护地方性立法，在全国出台了首部省级层面上的地方性法规——《贵州省生态文明建设促进条例》，适时修改了《贵州省环境保护条例》，在环境保护诸领域推动了相关法规的制定或修订，涉及污染物总量减排、饮用水水源环境保护、节约能源、环境污染物排放标准、重点污染源自动监控设施第三方运营、湿地保护、大气污染防治、环境噪声污染防治、水污染防治等内容。

2014 年 5 月 17 日，贵州省第十二届人民代表大会常务委员会第九次会议通过了《贵州省生态文明建设促进条例》，并于 2014 年 7 月 1 日起施行，这是我国首部省级生态文明建设条例。条例共 7 章 70 条，包括总则、规划与建设、保护与治理、保障措施、信息公开与公众参与、监督机制、法律责任等，指出"本省行政区域内进行经济建设、政治建设、文化建设、社会建设等活动，应当与生态文明建设相协调，不得与生态文明建设的要求相抵触"。条例的制定为贵州省的生态文明建设提供了基本制度保障，实现了环境质量持续改善。[①]

为了让颁行于2009年的《贵州省环境保护条例》适应生态文明建设需要，全面落实党中央和中共贵州省委关于生态文明建设的决策部署，与时俱进地适应环境保护立法不断健全、环境管理制度体系不断完善的需要，有效解决环境保护行政管理和执法中不断出现的新问题，在《国家生态文明试验区（贵州）实施方案》发布后，2018年2月，贵州省人大环资委、贵州省人大常委会法工委、贵州省政府法制办、贵州省环境保护厅共同成立了起草小组，开展条例（草案）的调研和起草工作，并经2018年9月12日省人民政府第十一次常务会议审议通过，形成条例（草案）。修订后的条例更加强调政府的环境保护责任，明确了政府对生态环境保护的监督管理职责，拓展了保护和改善环境等内容。[②] 2017年12月，贵州省政府办公厅印发《贵州省生态环境损害赔偿磋商办法（试行）》，率先建立司法登记确认制度，率先研究制定生态环境损害赔偿诉讼规则，率先成立了生态环境保护人民调解委员会，为构建生态环境损害修复治理机制奠定了良好的基础。

此外，贵州省还先后制定、修订了一系列其他涉及生态文明建设的相关制度和条例，对环境污染、自然资源利用与保护等作出了详细的规范，如《贵州省主要污染物总量减排管理办法》《贵州省饮用水水源环境保护办法（试行）》《贵州省重点污染源自动监控设施第三方运营管理办法（试行）》《贵州省重点污染源自动监控设施第三方运营考核办法（试行）》《贵州省重点污染源自动监控设施第三方运营考核评分细则（试行）》《贵州省湿地保护条例》《贵州省大气污染防治条例》《贵州省环境噪声污染防治条例》《贵州省水污染防治条例》等（见表6-2）。

---

① 卢雍政：《关于〈贵州省生态文明建设促进条例〉实施情况报告》，2017年8月1日在省十二届人大常委会第二十九次会议上的讲话。
② 《关于〈贵州省生态环境保护条例（草案）〉的起草说明》，贵州省人民代表大会常务委员会网站，http://www.gzrd.gov.cn/cwhgb/dssj%202019ndsih/25917.shtml，2019年8月1日。

表 6-2 2017 年以来贵州省出台的生态文明建设相关法规一览

序号	时间	名称
1	2017 年	《贵州省食品安全条例》
2	2017 年	《贵州省民族乡保护和发展条例》
3	2017 年	《贵州省古茶树保护条例》
4	2017 年	《贵州省文明行为促进条例》
5	2017 年	《贵州省未成年人家庭教育促进条例》
6	2017 年	《贵州省传统村落保护和发展条例》
7	2017 年	《贵州省环境噪声污染防治条例》
8	2017 年	《贵州省外来投资服务和保障条例》
9	2017 年	《贵州省人工影响天气条例》
10	2017 年	《贵州省水污染防治条例》
11	2017 年	《贵州省促进科技成果转化条例》
12	2017 年	《贵州省动物防疫条例》
13	2017 年	《贵州省水路交通管理条例》（修订）
14	2018 年	《贵州省实施〈中华人民共和国水法〉办法》
15	2018 年	《贵州省建筑市场管理条例》（修订）
16	2018 年	《贵州省风景名胜区条例》（修订）
17	2018 年	《贵州省城乡规划条例》（修订）
18	2018 年	《贵州省节约能源条例》（修订）
19	2018 年	《贵州省殡葬管理条例》（修订）
20	2018 年	《贵州省文物保护条例》（修订）
21	2018 年	《贵州省森林公园管理条例》（修订）
22	2018 年	《贵州省土地整治条例》（修订）
23	2018 年	《贵州省地质环境管理条例》（修订）
24	2018 年	《贵州省土地管理条例》（修订）
25	2018 年	《贵州省防震减灾条例》（修订）
26	2018 年	《贵州省防洪条例》（修订）
27	2018 年	《贵州省农产品质量安全条例》（修订）
28	2018 年	《贵州省气候资源开发利用和保护条例》（修订）
29	2018 年	《贵州省林木种苗条例》
30	2018 年	《"法治扶贫"贵州法律援助律师志愿者管理办法（试行)》
31	2018 年	《贵州省国有林场条例》

序号	时间	名称
32	2018 年	《贵州省森林条例》（修订）
33	2018 年	《贵州省夜郎湖水资源环境保护条例》
34	2018 年	《贵州省风景名胜区条例》（修订）
35	2018 年	《贵州省渔业条例》（修订）
36	2018 年	《贵州省林地管理条例》（修订）
37	2018 年	《贵州省牲畜屠宰条例》（修订）
38	2018 年	《贵州省新型墙体材料促进条例》（修订）
39	2018 年	《贵州省水污染防治条例》（修订）
40	2018 年	《贵州省水资源保护条例》（修订）
41	2018 年	《贵州省生态文明建设促进条例》（修订）
42	2018 年	《贵州省森林防火条例》（修订）
43	2018 年	《贵州省水土保持条例》（修订）
44	2018 年	《贵州省赤水河流域保护条例》（修订）
45	2018 年	《贵州省红枫湖百花湖水资源环境保护条例》（修订）
46	2018 年	《贵州省气象灾害防御条例》（修订）
47	2018 年	《贵州省大气污染防治条例》（修订）
48	2019 年	《贵州省城市养犬管理规定》
49	2019 年	《贵州省河道条例》
50	2019 年	《贵州省林地管理条例》（修订）
51	2019 年	《优化营商环境条例》
52	2020 年	《贵州省气象预报预警信息发布与传播管理办法》
53	2020 年	《贵州省电动自行车管理办法》（修订）

资料来源：根据贵州省司法厅信息公开目录统计。

2. 实现生态环境保护司法机构全覆盖

在实现生态环境保护司法机构全覆盖方面，贵州省环境保护厅与省高级人民法院、省机构编制委员会办公室、省人民检察院、省司法厅等相关部门积极探索，取得了丰硕成果。早在 2007 年，贵州省就率先设立贵阳、清镇环保"两庭"（环境保护法庭、审判庭）。2014 年，贵州省高级人民法院生态环境保护审判庭、贵州省人民检察院生态环境保护检察处和贵州省公安厅生态环境安全保卫总队的成立，标志着贵州省生态环境法治建设迈出重要步伐。随着生态环境保护执法司法专门机构的成立，省高级人民法院、省人民检察院和省公安厅三部门联动增强，环境污染打击合力增强，为贵州省的生态文明建设提供了有力的法治保障。截至 2020 年 7 月，全省共设立了 29 个环境资源审判庭，其中全省 9 个中级法院均设立了专门环境资源审判庭，同时在各中级法院下属基层法院增设专门环境资源审判庭，全省生态环境保护司法机构已达 108 个，实现了环境资源保护司法机构全覆盖。① 按照"重点区域专门设立、一般区域普遍设立"的原则，省人民检察院在基层检察院设立了生态环境保护检察机构，在全国率先实现了省市两级全覆盖。

环境公益诉讼一般是指环保公益团体组织或个人为了保护公共环境利益，制止危害环境的行为，针对污染环境或者破坏生态的企业提起的诉讼。② 尽管关于公益诉讼原告是否可以为个人，目前还存在争议，但环境公益诉讼是生态环境保护的重要司法路径，是推进贵州省生态文明法治建设的重要内容。关于环境公益诉讼，贵州省一直在不断探索创新，并取得了显著成果。2007 年 11 月，贵州省就成立了全国首个环境保护法庭——清镇市人民法院环境保护法庭（2013 年，更名为"生态保护法庭"，2017 年，更名为"环境资源审判庭"），专门受理生态环境保护案件。2007 年 12 月，新成立的贵阳市"两湖一库"管理局作为环境公益诉讼的原告，向清镇市人民法院环境保护法庭提起环境污染损害诉讼，要求位于安顺市平坝境内的×××化工公司停止排污侵权，最后胜诉。2014 年 7 月 24 日，省司法厅与省环境保护厅牵头成立了全国首个专门为生态文明建设服务的律师服务团——"贵州省生态文明律师服务团"。团队通过积极宣传相关法律法规，办理环境诉讼案件，积极服务全省生态文明建设，取得了较好成效。2018 年，贵州省高级人民法院印发《关于审理生态环境损害赔偿案件的诉讼规程（试行）》，对司法机关办理生态环境案件进行规范。此外，贵州省每年举办全省环境法制培训班，旨在让法务人员及时了解、掌握相关环境法律法规制定与修订内容，准确掌握环境公益诉讼、贵州省环境保护典型案例有关情况，大力提高全省环保系统行政执法人员业务水平。截至 2019 年 6 月，清镇市人民法院环境资源审判庭已受理各类环境保护案件 2205 件，其中刑事案件 840 件、民事案件 407 件、行政案件 142 件、行政非诉审查案件 470 件、执行案件 346 件，

---

① 范良丽：《贵州法院：推进环境资源审判机构全覆盖》，《法治生活报》2020 年 7 月 8 日。
② 别涛：《环境公益诉讼的立法构想》，《环境保护》2005 年第 12 期；杜鹏、史金国：《论环境公益诉讼》，《法制与社会》2011 年第 4 期。

已审结 2174 件。①

在规范环境损害司法鉴定管理工作方面，贵州省主要做了两个方面的工作。一是成立环境损害司法鉴定机构登记评审专家库。2017 年 6 月 8 日，贵州省环境保护厅、省司法厅联合下文建立了贵州省环境损害司法鉴定机构登记评审专家库，入选专家库的专家名单在双方官网上公布，125 名专家通过遴选被纳入省级库，涉及污染物性质鉴别、地表水与沉积物、环境大气、土壤与地下水、生态系统等诸多领域。这是贵州省落实中央生态环境损害制度改革试点工作的一个重大突破，使全省生态环境损害司法鉴定机构的能力建设迈上了一个新台阶。二是组建成立环境损害鉴定评估中介机构。2017 年 9 月，贵州省首家环境损害司法鉴定机构认证成功，贵州省司法厅组织专家对贵州省环科院环境损害司法鉴定机构登记进行评审，经过评审专家会审，决定批准贵州省环科院申请的环境损害司法鉴定五项执业范围，即污染物性质鉴定、地表水与沉积物环境损害鉴定、环境大气损害鉴定、土壤与地下水环境损害鉴定、其他环境损害鉴定（噪声方面）。② 2019 年 4 月，贵州省第二家环境损害司法鉴定机构——贵州地矿六盘水——三地质工程勘察公司司法鉴定所正式设立。该所主要从事土壤与地下水环境损害鉴定业务，共设立了 6 名环境损害司法鉴定人。③ 这填补了贵州省西部地区环境损害鉴定空白，标志着贵州省在贯彻大生态战略，推进生态环境损害赔偿制度改革工作中又迈出了坚实一步。

贵州省人民检察院还与各职能部门多方合力创新工作模式和衔接机制，积极为生态环境保护提供法治保障。截至 2016 年 6 月，贵州省检察机关与生态环境行政执法机关已建立长效工作机制 1244 个。④ 在公益诉讼方面，2015 年，贵州省人民检察院印发了《贵州省人民检察院关于开展提起公益诉讼试点的实施方案》，对检察机关提起民事公益诉讼和行政公益诉讼的试点案件

① 黄娴：《贵州清镇市先行先试环境公益诉讼　司法呵护绿水青山》，《人民日报》2019 年 10 月 7 日。

② 《省环科院申报的全省首家环境损害司法鉴定机构登记评审会顺利召开》，多彩贵州网，http://www.gzhb.gog.cn/system/2017/09/11/016084385.shtml，2017 年 9 月 11 日。

③ 《贵州省再添一家环境损害司法鉴定机构》，中华人民共和国司法部、中国政府法制信息网网站，http://www.moj.gov.cn/organization/content/2019-04/23/573_233617.html，2019 年 4 月 23 日。

④ 杨彰立、宋国强：《贵州检察机关守住青山绿水生态底线》，贵州检察网，http://www.gz.jcy.gov.cn/zthd/kdjdzy/201602/t20160217_1753757.shtml，2016 年 2 月 17 日。

范围、诉讼参加人、诉前程序、提起诉讼和诉讼请求等进行了明确规定，并且在贵阳、毕节、铜仁、六盘水、黔东南、黔西南6个市（州）进行试点。2017年10月4日，贵州省人民检察院还发布了《贵州省人民检察院关于办理及审批公益诉讼案件的工作规定（试行）》及《关于进一步加强和规范公益诉讼案件办理工作的通知》，旨在进一步提高公益诉讼案件办理工作的质量和效率。在健全检察院环境资源司法职能配置方面，2017年2月，贵州机构编制委员会办公室会同贵州省人民检察院出台了《省以下人民检察院职能配置及内设机构改革试点工作指导意见》，明确规范基层人民检察机关内设机构设置，优化检察职能配置，强化法律监督，提高执法公信力。2016年7月，省人民检察院发布的《生态环境保护检察工作白皮书》，总结了近三年以来贵州省在不断探索和实践"三三三"生态检察运行模式方面所取得的成绩。2014年1月至2016年6月，省检察机关共受理审查起诉生态环境犯罪案件3067件4848人，立案查办相关职务犯罪910人，立案监督879件，发出并落实"补植复绿"检察建议3547件，补植树木591万余株，复绿6.3万余亩。白皮书指出，当前生态环境保护呈现涉林案件多发常发、轻刑化比例高、犯罪主体身份集中等特点。2014年以来，共受理审查涉林类案件2780件4474人，占总人数的92.29%。其中滥伐林木犯罪案件1613件2469人，约占总人数一半。从检察机关提起公诉的一审判决案件来看，判处三年及未满三年有期徒刑、管制、拘役等轻刑的共2449件3568人，占总人数的95.3%。①

3. 完善生态环境保护行政执法体制

在完善生态环境保护行政执法体制方面，贵州省主要开展了以下几个方面的工作。

一是明确责任。生态环境保护涉及的法律、法规和政策众多，在实际工作中，存在地方党委与政府及其有关部门的生态环境保护职责不明确，政府有关生态环境保护的职能部门职责交叉，部分地方党委与政府及相关部门领导干部对生态环境保护职责认识不清、把握不准等问题。为明确各部门环保职责，2016年9月，中共贵州省委办公厅、贵州省人民政府办公厅联合印发了《贵州省各级党委、政府及相关职能部门生态环境保护责任划分规定（试

---

① 李波、宋国强：《贵州省人民检察院发布生态环境保护检察工作白皮书》，贵州检察网，http://www.gz.jcy.gov.cn/gztt/201607/t20160727_1838373.shtml，2016年7月27日。

行)》。该规定共 6 章 23 条，包括总则、党委政府的生态环境保护责任、党委职能部门生态环境保护工作责任、省政府职能部门生态环境保护工作责任、部分中央在黔单位生态环境保护工作责任、附则等内容，明确规定了各级党委、政府对本行政区域的生态环境保护工作负主体责任，以清单方式明确了党委、政府承担的生态环境保护责任，还明确了党委系统主要职能部门、中央在黔单位生态环境保护工作责任。2018 年，省司法厅进一步组织实施《贵州省环保行政机关重大行政执法决定法制审核办法（试行）》，建立完善法律顾问的工作机制，明确了环保行政机关重大行政执法规范，规定重大行政执法决定应当进行法制审查，未经审查的，生态环境行政机关不得作出重大行政执法决定。

二是实行环保督察。2016 年 7 月 5 日，省委全面深化改革领导小组第 24 次会议审议通过了《贵州省环境保护督察方案（试行）》。该方案包括指导思想和工作目标、督察对象与督察组织、督察内容、督察实施、保障措施、工作要求等六个方面的内容，要求每两年对全省 9 个市（州）、贵安新区实施省委环保督察全覆盖。2017 年 8 月 31 日，省环境保护督察整改工作领导小组办公室制定了《贵州省环境保护督察整改督查督办组工作方案》，将省内环保督察与中央环保督察问题整改工作相结合，决定成立三个督查督办组，从 2017 年 9 月至 2018 年 8 月，每月对全省 9 个市（州）、贵安新区、仁怀市、威宁县开展一轮督查督办，直至各地中央环保督察组交办问题和自查自纠问题全面整改完成为止。2017 年 4 月 26 日至 5 月 26 日，中央第七环境保护督察组对贵州省开展环境保护督察。贵州省高度重视中央环境保护督察，严查严处群众投诉环境案件并向社会公开，对中央环境保护督察发现的问题及时进行了整改。截至 2017 年 6 月底，督察组交办的 3453 件环境举报问题，因部分交办件涉及多个省市，实际办理 3478 件，已办结 3469 件，已基本办结，责令整改 1538 件，立案处罚 802 件，罚款 6168.92 万元；立案侦查 33件，拘留 25 人；约谈 1180 人，问责 338 人。①

三是跨部门联动执法。环保部门以往发现环境违法案件线索时，不同程度存在"移交难、办案难"情况，这种"单打独斗"现象，导致环保领域"违法成本低、守法成本高"现象较为普遍。为解决这一问题，2014 年 6 月 5

---

① 杨静：《贵州办结环保督察案件 3469 件》，《贵州日报》，http://szb. gzrbs. com. cn/gzrb/gzrb/rb/20170721/Articel02010JQ. htm，2017 年 7 月 21 日。

日，贵州省环境保护厅、省公安厅联合下发了《关于印发环境保护部门与公安部门联动执法相关机制制度的通知》，由贵州省公安厅生态环境保卫总队和贵州省环境保护厅环境监察局组成的联动执法办公室，可实现对环境违法案件查处的无缝对接，既能"事后追查"，又可"事前防范"，大大加强了对环境违法犯罪行为惩治的衔接与配合。办公室成立后，两部门联合对乌江流域、赤水河流域等重点流域、涉危涉重行业开展专项排查和整治。对贵州省瓮安磷矿、瓮福（集团）有限责任公司等 53 家严重违法的企业实行联合挂牌督办。对于涉嫌生态破坏、涉危涉重环境犯罪案件，两部门共同调查取证。截至 2016 年 11 月，共移送公安机关案件 142 件，公安机关依法对 107 名涉案人员实施行政拘留，侦办涉嫌环境污染犯罪案件 19 件。①

四是跨区域、跨流域环境联合执法与交叉执法。贵州省位于长江、珠江上游，早于 2011 年 4 月，环境保护部华南环境保护督查中心与黔、滇、桂三省（区）环保部门共同建立了三省（区）长效的万峰湖库区水环境保护协调机制，并形成了《万峰湖库区水环境保护协调机制合作备忘录》。其协作机制包含建立联席会商制度、建立信息通报制度、建立联合监测预警制度、开展联合执法检查、建立环境应急联动制度、建立水污染防治资金协调机制。为规范生态环境行政执法行为，省环境保护厅制定了《贵州省环境保护厅行政执法公示规定（试行）》《贵州省环境保护厅行政执法全过程记录办法（试行）》；生态环境厅修订完善了《贵州省环境保护行政处罚自由裁量基准（暂行）》，确保行政执法规范化、程序化、法治化。从 2013 年起，每年进行一次万峰湖湖面联合执法专项行动。2013 年，贵州、云南、四川环保部门签订《川滇黔三省交界区域环境联合执法协议》，以赤水河流域为重点，全面推进环境联合执法工作，确保流域内生态破坏现象得到遏制并好转，落实跨界水污染防治工作及水污染纠纷的协调解决，建立赤水河联合保护长效机制。此外，贵州省还与湖南、重庆签订共同预防和处置突发环境事件框架协议，省内 9 个市（州）也互相与相邻市（州）就环境执法联合联动签订了区域环境联合执法协议。②

五是开展环保机构监测监察执法垂直管理试点。早在 2015 年，贵州省环

---

① 刘晓星：《贵州：环保"风暴"专项行动打"黑"清"污"》，《中国环境报》，http://www.epaper.cenews.com.cn/html/2016-09/14/content_49929.htm，2016 年 9 月 14 日。

② 韩敏霞：《探索生态环境保护行政执法的前行之路》，《贵州日报》2018 年 6 月 27 日。

境保护厅就环保机构监测监察执法垂直管理问题，充分征求了各市（州）环保部门和有关单位的意见，并组织召开了专题会议，就改革可能遇到的问题与困难、需要解决的重大问题进行了深入研究和全面思考，对下步工作进行了安排部署。[1] 2016 年 8 月，贵州省环境保护厅完成了《贵州省环境监察执法机构垂直管理试点工作方案（草拟件）》的编制工作，对垂直管理试点的指导思想和目标任务、基本原则和实施范围、试点内容、全省环境保护行政执法机构宗旨和业务范围、工作要求、其他事项等六个方面作了梳理。2016年 10 月，贵州省环境保护厅再次召开省以下环保机构监测监察执法垂直管理制度改革工作座谈会，要求各级环保部门统一思想，充分认识到此次改革的重要性，要适应新形势，抓住机遇，克服困难，有序、有力、有效推进环保管理体制改革顺利进行。2020 年，贵州省将"完善生态环境监管和应急保障体系，持续强化生态环保执法，推动跨区域、跨流域环境联合执法、交叉执法。进一步完善环境保护行政执法与刑事司法衔接工作机制，加大对生态环境违法犯罪案件的查办力度"作为《贵州省 2020 年法治政府建设工作要点》的重要内容。

4. 建立生态环境损害赔偿制度

党中央、国务院高度重视生态环境损害赔偿工作，党的十八届三中全会明确提出对造成生态环境损害的责任者严格实行赔偿制度。2015 年 12 月，中共中央办公厅、国务院办公厅印发了《生态环境损害赔偿制度改革试点方案》，确定将贵州作为 7 个重要试点省份之一。贵州在生态环境损害赔偿制度改革上先行先试，取得了不少成绩，创造了数个全国第一。

2015 年 4 月 16 日，贵州省在全国率先出台《贵州省生态环境损害党政领导干部问责暂行办法》，对各级党委、政府在组织领导和决策过程中，各职能部门（包括监管职能部门和管理职能部门）在监督管理过程中，以及国有企事业单位在生产、经营和管理活动中应当问责的情形进行了界定。这是全国首部省级党政领导干部问责暂行办法，也是贵州省明确针对生态环境损害颁布的第一个比较系统规范的问责办法，它把法律监督、纪律监督和社会监督统一了起来，使解决行政不作为、乱作为等问题有了统一规范的责任追究依据和标准。2016 年 11 月 6 日，中共贵州省委办公厅、贵州省人民政府

---

① 《贵州省环保监测监察机构垂直管理制度改革思考》，贵州省生态环境厅网站，http://www.sthj.guizhou.gov.cn/xwzxs/stdt/201810/t20181029_64951727.html，2015 年 12 月 9 日。

办公厅印发了《贵州省生态环境损害赔偿制度改革试点工作实施方案》，对生态环境损害赔偿制度的意义、试点的总体要求作了界定，并明确了试点的主要任务、工作原则。该方案还设定了试点实施的时间表，即 2017 年在全省启动生态环境损害赔偿试点，2018 年全面试行生态环境损害赔偿制度，到 2020 年初步建立生态环境损害赔偿制度，并积极推动生态环境损害赔偿制度的法制化。2017 年 12 月，贵州省人民政府印发了《贵州省生态环境损害赔偿磋商办法（试行）》，共 5 章 25 条，明确了生态环境损害赔偿磋商应当遵循的原则、磋商主体、磋商程序的启动条件、磋商程序及内容、生态环境损害赔偿协议司法登记确认、保障措施等重大问题。这是全国首部省级政府制定的关于生态环境损害赔偿磋商的规范性文件，意味着贵州在建立生态环境损害赔偿磋商机制方面取得了突破。2019 年 10 月，经省人民政府批准，贵州省生态环境厅印发了《贵州省生态环境损害修复办法（试行）》，该办法在充分总结贵州省生态环境损害赔偿制度改革经验的基础上，结合涉及生态环境损害赔偿有关法律、法规、规章的规定，明确了生态环境损害修复条件、方式、程序，解决了生态环境损害赔偿工作中"如何修复、怎么修复、谁来修复"等问题。贵州还依托实际案例对生态环境损害赔偿进行了先行先试。经过大量排查，确定了中化开磷化肥公司息烽大鹰田违法倾倒废渣案等 3 个生态环境损害案例，按照"谁污染，谁治理；谁破坏，谁恢复"的原则，形成义务人自行修复、第三方监督评价的生态环境损害赔偿机制。相关部门通过这些典型案例，设计了参加生态环境损害赔偿磋商的邀请函、生态环境损害赔偿磋商告知书等一整套法律文书。此外，还完善了《贵州省环境污染损害鉴定评估调查采样规范》等制度和技术规范，实现了生态环境损害鉴定评估从无到有的突破。多起生态环境损害赔偿诉讼典型案例入选最高人民法院发布的典型案例，体现了贵州省生态文明司法建设的创新性和可推广性。

三　生态文明法治建设创新试验的重难点问题

（一）生态文明法治建设创新试验的重点问题

经分析贵州生态文明法治建设创新试验现状，我们认为，存在以下几个重点问题。

1. 生态文明法治建设内容不全面

贵州省既然作为国家生态文明试验区，在生态文明法治建设方面开展创新性试验，就应当把生态文明法治建设融入生态文明建设的方方面面，可就目前的情况来看，还仅局限于制定生态环境保护相关法规层面。2016 年，国务院发展研究中心金融研究所所长张承惠在 G20 杭州峰会上探讨绿色金融时，就提出应制定绿色金融促进法，将现有绿色金融法规、政策转化升级为法律；在对商业银行法、证券法和保险法等进行修改时，应加入绿色信贷、绿色证券和绿色保险制度的相关规定。① 杨姝影、马越也认为，以立法形式确立金融机构的环境损害责任能保障绿色金融体系的健康发展。② 因此，事关生态文明建设的绿色税收、绿色信贷、绿色保险、绿色知识产权等各个方面都需要立法为其保驾护航，可贵州目前在这些方面的法治建设都还比较薄弱。

2. 生态文明法治建设相对滞后

尽管贵州在生态文明法治建设方面作了不少探索，也取得了较为丰硕的成果，可与生态文明建设的客观需要相比较，生态文明法治建设相对较为滞后。生态文明建设是一个系统工程，涉及政治、经济、文化与社会建设的方方面面，《国家生态文明试验区（贵州）实施方案》也提出了很多具体的要求，而贵州目前的生态文明法治建设还主要局限于生态环境保护立法层面，显然满足不了生态文明建设的客观需要。

3. 生态环境保护执法制度不完善

建立严格监管污染物排放的环境保护管理制度，逐步实行环境保护工作由一个部门统一监管和执法，建立权威统一的环境执法体制，是生态文明建设的客观需要。可就目前的情况来看，贵州还没有完全形成完善的生态环境保护体制机制。如在开展省以下环保机构监测监察执法垂直管理试点的过程中，贵州省就遇到环境质量责任落实难、环境保护工作统一监管难、环境保护工作联动难等一系列问题。③ 在跨区域、跨流域环境联合执法与交叉执法方面，目前虽然取得了滇黔桂万峰湖联合联动执法、川滇黔三省交界区域环境联合执法两项成果，但没有一个统一的规章制度明确规定跨区域、跨流域环境联合执法、交叉执法工作中各部门的职责，导致跨区域、跨流域环境联

---

① 张承惠：《以法治建设推动绿色金融》，《人民日报》2016 年 8 月 30 日。
② 杨姝影、马越：《积极推动绿色金融法治建设》，《中国环境报》2014 年 11 月 13 日。
③ 王瑾：《关于省以下环保机构监测监察执法垂直管理制度改革的调研报告》，贵州省环境保护厅网站，http://www.gzhjbh.gov.cn/ztzl/jszg/787050.shtml，2016 年 11 月 11 日。

合执法、交叉执法并没有形成可复制、可推广的模式。

（二）生态文明法治建设创新试验的难点问题

经分析贵州生态文明法治建设创新试验现状，我们认为，存在以下几个难点问题。

1. 生态文明建设执法困难

为给生态文明建设提供强有力的法律保障，贵州制定了不少法规及相应的规章制度，但执行起来却有相当的困难。赵翔认为，贵州的生态文明建设存在执法不规范、执法不严格、执法不文明和执法不透明等问题。[1] 究其原因，主要有以下几个：首先，定性规定相对较多而定量规定相对较少，加之不少工作都还处于不断的探索之中，可供执法参考的典型成功案例很少；其次，因受各种因素的影响或相关体制机制不够健全，一些部门在执法过程中有明显的不作为或执法不严倾向，有的甚至干预执法；再次，执法人员数量不足，执法专业素养不高；最后，有的地方政府、企业和个人在对环境进行污染或者承担污染环境应负的法律责任时法治意识不足。

2. 环保机构监测监察执法垂直管理制度落实难

在十八届五中全会上，习近平总书记将地方环保管理体制中存在的突出问题概括为四个"难"，一是难以落实对地方政府及其相关部门的监督责任；二是难以解决地方保护主义对环境监测监察执法的干预问题；三是难以适应统筹解决跨区域、跨流域环境问题的新要求；四是难以规范和加强地方环保机构队伍建设。环保机构监测监察执法垂直管理制度是环境管理体制的重大创新，旨在遏制环境管理中的地方保护主义，增强环境监测监察执法的独立性、公正性，改变环境监管失之于宽、失之于软的状况，提高环境监管的有效性。贵州省生态环境厅虽已完成了《贵州省环保机构监测监察执法垂直管理制度改革实施方案》征求意见工作，但在制度的具体落实过程中必会遇到一些较难解决的问题，如实施垂直管理后，环境污染责任是属于地方政府还是上一级环保部门？如果由环保部门负责，那地方政府会不会因为不用负环境污染责任而对环境保护重视不够？总之，环保机构监测监察执法垂直管理制度落实还有很多困难和问题。

---

[1] 赵翔：《贵州生态文明行政执法：亮点、难点与重点》，《法制博览》2016 年第 15 期。

3. 相关专业技术人员和专业技术知识严重缺乏

生态文明建设不仅是一项系统工程，更是一个复杂的难题，因为其不仅涉及政治、经济、文化、社会的方方面面，而且涉及环境工程、金融学、人口学、社会学、地球科学等多个学科。要加强生态文明法治建设，就必然要求有一定规模的专业技术人员队伍，这些专业技术人员不仅应具备相应的专业技术知识，还应具备相应的法律知识。可就当前的情况来看，相当一部分司法部门工作人员都只具备相应的法律知识，而不具备相关的专业技术知识。在这样的情况下，执法就有相当困难。

四　解决生态文明法治建设创新试验重难点问题的对策

（一）解决生态文明法治建设创新试验重点问题的对策

1. 着力增强全民的生态文明法治意识

习近平总书记指出，法治精神是法治的灵魂。法治建设不仅仅是将法律法规制定得完善和切合实际的问题，还体现于把法治精神、法治意识、法治观念熔铸到人们的头脑之中，体现于人们的日常行为之中。

生态环境保护涉及人们生活、生产的各个领域，每个人既是环境污染和生态破坏的受害者，也是环境污染和生态破坏的制造者，只有每个人都真正融入环境保护当中，自觉增强自身的生态文明法治意识，践行低碳生活、绿色消费理念，遵守环境保护法，才能将生态文明建设得更好。反之，如果人们的心目中没有法治意识，或法治观念不强，再好的法律也不会得到较好的贯彻执行。因此，要建设生态文明，就必须着力增强全民的生态文明法治意识。从加强环境法治文化建设、促进环境保护公益性组织的发展、加大环境监督力度等方面进行突破，让公民融入生态环境保护中，不断聚集生态环境保护的社会力量，充分保护公民的知情权、参与权、表达权、监督权，增强公民参与生态环境保护行动的意识和参与其中的荣誉感。可以通过多种途径增强全民生态文明法治意识：一方面，继续健全全国或地方性政策和法规，强制性增强人民的生态文明法治意识，营造良好的生态文明法治环境；另一方面，政府加强生态文明及相关法律知识的宣传，充分利用社区、网络平台或主题论坛等多种途径，倡导践行生态文明理念；同时可以通过征求社会群众意见与建议等方式，加强群众参与宣传，引导群众关注，激发其参与热情，以达到广泛良性宣传的效果。此外，加强生态文明法治教育也是增强公民生态文明法治意识的重要途径，全体党员同志、公职人员要加强学习，领导干部更要起到模范作用，以身作则；当代广大青年学生作为国家的未来，强化其生态文明意识意义重大，因此，在思政理论课中应当强化生态文明意识教育，适当开展生态环境相关主题实践活动，提高广大青年学生对自然环境的认识，增强环境保护意识。①

2. 加快生态文明法治建设步伐

根据《国家生态文明试验区（贵州）实施方案》对生态文明法治建设的具体要求，逐一检查生态文明法治建设进程，分析存在的问题并提出切实可行的解决方案，将法治建设融入生态文明建设的每一个环节，让生态文明建设的方方面面都有法治保障，都有法可依。

要加快生态文明法治建设步伐，首先，要积极厘清法治建设与生态文明建设各方面的关系，将法治建设贯穿于生态文明建设的全方位与全过程。习近平生态文明思想中一个重要内容就是生态环境保护与制度、法治的关系，强调要用最严格的制度、最严密的法治保护生态环境。只有实行最严格的制度、最严密的法治，才能为生态文明建设提供可靠保障。要用法治的思维和法治的方式不断促进生态文明体制改革，构建健全的生态文明法治体系，为生态文明建设提供有力保障。② 其次，要加强立法部门与实务部门的沟通，探索建立立法机构与实务机构的协作沟通机制，使立法部门所制定的法律法规与实务部门制定的制度规划有机统一。鉴于不同部门工作职责重心不同，队伍专业知识差异较大，在生态文明建设这个大系统工程中很难做到思路一致，为了更好地加快生态文明法治建设步伐，一方面可以通过多重渠道进行对话、交流、协商、沟通与合作。领导层面，可以成立相关部门联合工作领导小组，加强领导的沟通交流，以加强决策部署，促进事事得以落实；各部门工作人员加强交流互动，填补各自在相关工作中的知识信息空白，以便工作更好开展。另一方面可以构建信息共享平台。协同工作的各部门可以充分利用互联网构建起信息共享平台，互通信息，以达到思想、步调尽量一致，

---

① 郝颖钰：《公民生态法治意识是生态文明建设的精神支撑》，《中共济南市委党校学报》2014年第5期；饶旭鹏：《当代大学生的生态文明意识培育》，《沈阳大学学报》（社会科学版）2015年第5期。

② 林坚：《加强生态文明制度建设需要法治思维和系统思维》，《中国环境报》2020年7月8日，第3版。

及时发现与解决问题。

3. 加强生态环境执法体制建设

在生态文明建设、绿色发展大背景下，以往的环境治理制度具有资源配置失衡、地方干预因素多、机构建制不规范等局限性，应进行生态环境治理制度改革，实行省以下环保监测监察执法垂直管理制度，这是我国环境保护工作体制的重大变革，对推进生态文明建设意义深远。① 近些年来，生态环境执法体制也不断改革，执法由单一管理制走向多元化，主体由弱变强，职能由分割到纵横统一，执法力量在法律保护下由软变硬，责任由虚变实，正确的改革方向对生态文明建设起到了良好的保障与促进作用。② 但是，垂直管理体制等执法制度体制仍然存在许多问题，因此还需要继续加强生态环境执法体制建设，健全行政执法体制，强化行政执法能力，完善行政执法权力监督机制，积极探索生态环境保护形式、监管体制机制的创新。

首先，要做到生态文明建设、环境保护政策与执法制度的统一配套，做到政策制度与法律法规互相呼应，无矛盾冲突。其次，要加强生态环境保护行政执法体制建设。明确各级环境监察执法主体的责任和权力，确定执法部门与行业管理部门之间的关系，避免虽有法可依但执法不依、互相推诿责任的情况出现。此外，要建立健全生态环境保护综合执法的协调配合机制，如线索共享、联合调查、案情通报等协作配合制度，以满足综合行政执法的客观需求。③

（二）解决生态文明法治建设创新试验难点问题的对策

1. 加大生态文明建设执法规范力度

在生态文明法治建设中，无论是立法还是执法，都是一个艰难的任务，执法困难原因较为复杂，有政府部门干预等主观因素，也有监察覆盖不全面、监察队伍能力不足等客观因素。解决该问题的关键，首先，要把健全生态环

---

① 王树义、郑则文：《论绿色发展理念下环境执法垂直管理体制的改革与构建》，《环境保护》2015 年第 23 期。

② 刘明明：《改革开放 40 年中国环境执法的发展》，《江淮论坛》2018 年第 6 期。

③ 王瑾：《关于省以下环保机构监测监察执法垂直管理制度改革的调研报告》，贵州省环境保护厅网站，http://www.gzhjbh.gov.cn/ztzl/jszg/787050.shtml，2016 年 11 月 11 日；周卫：《我国生态环境监管执法体制改革的法治困境与实践出路》，《深圳大学学报》（人文社会科学版）2019 年第 6 期；李爱年、陈樱曼：《生态环境保护综合行政执法的现实困境与完善路径》，《吉首大学学报》（社会科学版）2019 年第 4 期。

境执法体系放在首位，明确职能部门的权责和责任主体，保障好执法队伍的权益。其次，要建立健全执法队伍的执法能力培养提升制度，把执法队伍建设作为一项重要工作，坚持提升执法队伍业务素质，强化执法队伍生态文明意识和法治意识，为规范环境保护监察执法奠定好队伍基础。此外，要严明执法纪律，加强执法队伍监督，防止不作为或过度执法造成不良的社会影响等情况。

2. 加强生态文明环境信用体系建设

加强生态文明环境信用体系建设，特别是居民个人环境信用体系建设，让每个人都切身融入生态文明建设中。企业环境信用体系已经初步形成，2015 年 12 月，环境保护部、国家发展和改革委员会联合发布了《关于加强企业环境信用体系建设的指导意见》，2019 年，贵州省生态环境厅出台了《贵州省企业环境信用评价指标体系及评价方法》《企业环保信用评价结果等级描述》《贵州省企业环境信用评价工作指南》等，对企业环保环境信用进行评价。但是，居民个人环境信用体系建设还不完善，无论是政府还是学术界，一般不涉及环境信用体系，几乎都是指企业环境信用，很少有学者谈论居民个人环境信用。2017 年出台的《贵州省生活垃圾分类制度实施方案》，明确将生活垃圾强制分类纳入环境信用体系，要求以建立居民"绿色账户""环保档案"等方式，对正确分类投放垃圾的居民给予可兑换积分奖励。这说明加强居民个人环境信用体系建设对生态文明建设有促进作用。2020 年两会期间，全国政协委员、民建北京市委常委、国务院发展研究中心资源与环境政策研究所副所长谷树忠研究员就提出"建立三地一体的企业公民环境信用体系"，建议将企业和公民个人同等对待。[①] 随着信用社会发展，居民个人信用也不应局限于经济信用，应该加强居民个人信用体系建设，要像科研人员科研诚信建设那样，[②] 将环境信用纳入居民个人信用当中去，设立黑、白名单，进白名单者享受国家福利，进黑名单者从事一些活动要受到限制。加强居民个人环境信用体系建设，对生态文明建设和信用社会建设都具有较大

---

① 武红利：《全国政协委员、民建北京市委常委、国务院发展研究中心资源与环境政策研究所副所长谷树忠：建立三地一体的企业公民环境信用体系》，《北京日报》2020 年 5 月 28 日，第 10 版。

② 黄宇、李战国：《加强高校科研诚信建设的探讨》，《科技管理研究》2010 年第 10 期；陈宣瑜：《开启新时代科学基金科研诚信建设新征程》，《中国科学基金》2018 年第 4 期；袁清、黄骏：《改革学术评价机制 促进科研诚信建设》，《浙江学刊》2018 年第 5 期。

意义，对增强居民生态环境保护意识也有极大作用。

3. 积极探索创新环保机构监测监察途径

在生态文明建设大背景下，环境保护监察途径应该向多元化创新发展。一方面，要在不断健全完善现有环保监察体系基础上，积极进行环保机构监测监察执法垂直管理制度改革试点，建立健全贵州省环保机构监测监察执法垂直管理制度，明确环保机构在环境保护中的职责以及被赋予的权力，协调好环保机构与其他相关机构的关系。另一方面，要充分发挥群众和非执法环保组织的作用，弥补环保机构人力、资源有限的短板，在不断积累总结经验基础上，积极探索创新环保机构监测监察新途径，制定可实施、可推广的制度方案。①

4. 提升执法人员的专业素养

要重视生态环境执法队伍建设，增强执法人员法治意识，提升其专业素养，做到规范执法、严格执法、文明执法和透明执法。一方面，要提升生态环境执法人员的专业素养，在相关执法部门开展生态文明建设相关专业领域的培训，邀请各部门精英或者相关专家学者对执法所需专业知识进行普及和培训。另一方面，要建立合理的考核机制，对执法人员专业素养进行考核，不断提高执法人员专业素养和敏感度。此外，要加强与相关高校及科研机构的沟通交流，实现数据、案例、问题共享，实现科研与实践的有效结合。

---

① 蔡晶晶：《我国环境监察执法组织的改革趋势探讨》，《中国人口·资源与环境》2009年第4期。

第七章

生态文明对外交流合作示范试验

生态文明贵阳国际论坛是经中央批准创办，国内首个唯一以生态文明为主题的国家级、国际性高端平台。该论坛（始称生态文明贵阳会议）自 2009 年创办以来，特别是 2013 年升格为国家级论坛以来，影响越来越大，对推动生态文明建设的国际交流与合作起到了重要作用，已经成为我国生态文明对外交流的一张名片，故《国家生态文明试验区（贵州）实施方案》不仅将"生态文明国际交流合作示范区"作为国家生态文明试验区（贵州）建设的一个战略定位，而且将"开展生态文明对外交流合作示范试验"作为国家生态文明试验区（贵州）建设的一个重点任务。

一 对外交流合作在生态文明试验区建设中的作用

（一）与国际社会共同解决全球生态环境问题

进入工业化时代以来，人类对生态环境的影响越来越大。近年来，气候变化、土地退化、水资源危机、生物多样性锐减、化学品污染等传统环境问题日趋突出，颗粒物、重金属、海洋环境污染等新的环境问题又接踵而至，成为影响人类生存发展的共同难题。随着人类社会的不断发展，全球化浪潮的席卷以及现代化进程的不断推进，传统的发展模式逐渐暴露出缺陷和弊病，并最终演变成一场危机。生态环境问题并不会因为世界各国和各地区的大小强弱而有所选择地降临，而会超越区域、民族和国家的界限，发生在地球上任何一个空间场所。[①] 生态环境的破坏，影响的不仅仅是一个国家、一个地

---

① 〔英〕莫里斯·J. 科恩：《风险社会和生态现代化——后工业国家的新前景》，载薛晓源、周战超主编《全球化与风险社会》，社会科学文献出版社，2005，第 299 页。

区、一个民族的未来，而是整个人类的未来，人类命运已经成为一个息息相关的共同体。在发展经济的同时重视生态环境保护，走可持续发展的生态文明之路，已经成为世界各国的共识。

生态环境问题是全球性问题，因而在生态文明建设中，单靠一个地区、一个国家的力量是无法解决的。必须加强国际交流与合作，共同应对当前人类面临的日益严峻的环境保护形势，保护我们共同的家园。各国都应更积极、更深入地参与到可持续发展进程当中，认真执行有关国际环境协议，承担"共同但有区别的责任"，坚持同舟共济，携手应对气候变化、生态安全等重大问题，共同呵护人类赖以生存的地球家园。对自然资源的开发利用应遵循"人际公平、国际公平、代际公平"的道德准则，有序、有节、有方，加强绿色科技国际交流，扩大绿色产业国际合作。①

（二）　与国际社会及时交流生态文明建设的最新理念和技术

各国在开展生态文明建设、解决生态环境问题的过程中，凝练出了不少科学的治理理念，新的治理技术也不断涌现。截至 2018 年，生态文明贵阳国际论坛已举办 10 届，取得了一系列重要成果，已经成为各国交流生态环境治理经验的一个重要平台。贵州试验区依托生态文明贵阳国际论坛，可以为我国生态文明建设新理念和新技术的普及与推广提供一个国际化的展示平台，展示中国模式、传播中国声音，推动国际生态环境治理能力的提升。同时，也可以及时借鉴国外的先进理念和技术，掌握理论与技术前沿，不断提高我国生态文明建设的能力和水平。

二　生态文明对外交流合作示范试验要求及现状

（一）　生态文明对外交流合作示范试验要求

"生态文明国际交流合作示范区"是《国家生态文明试验区（贵州）实施方案》对贵州试验区的五个战略定位之一。方案指出，要深化生态文明贵阳国际论坛机制，充分发挥其引领生态文明建设和应对气候变化、服务国家外交大局、助推地方绿色发展、普及生态文明理念的重要作用，加

---

① 生态文明贵阳国际论坛：《2014 贵阳共识》，2014 年 7 月 12 日。

快构建以生态文明为主题的国际交流合作机制。"生态文明国际交流合作示范区"的战略定位，也是贵州有别于江西、福建等其他试验区的特征之一。

《国家生态文明试验区（贵州）实施方案》还将"开展生态文明对外交流合作示范试验"作为贵州试验区的八大重点任务之一，有三个方面的要求：一要健全生态文明贵阳国际论坛机制；二要建立生态文明国际合作机制；三要建立生态文明建设高端智库。方案针对每个方面又提出了若干具体要求（见表7-1）。

表7-1　生态文明对外交流合作示范试验要求一览

一级指标	二级指标
健全生态文明贵阳国际论坛机制	深化生态文明贵阳国际论坛年会机制，探索实施会员制，建立论坛战略合作伙伴和议题合作伙伴体系
	2018年编制论坛发展规划，完善论坛主题和内容策划机制，提升论坛的国际化、专业化水平
	坚持既要"论起来"又要"干起来"，建立论坛成果转化机制，加快论坛理论成果和实践成果转化
建立生态文明国际合作机制	支持贵州与相关国家和地区有关方面深入开展合作，构建生态文明领域项目建设、技术引进、人才培养等方面长效合作机制
	与联合国相关机构、生态环保领域有关国际组织等加强沟通联系，积极开展交流、培训等务实合作
建立生态文明建设高端智库	建立生态文明建设高端智库，探讨生态文明建设最新理念，研究生态文明领域重大课题，提出具有战略性、前瞻性的政策、措施、建议
	支持贵州高校建立生态文明学院，加强生态文明职业教育

资料来源：根据《国家生态文明试验区（贵州）实施方案》整理。

（二）生态文明对外交流合作示范试验现状

1. 生态文明贵阳国际论坛

2007年，党的十七大明确提出要建设生态文明后，贵州省快速反应。为普及生态文明理念，探索生态文明建设规律，借鉴国内外成果推动生态文明建设，打造生态文明对外交流合作品牌，自2008年起，中共贵阳市委、贵阳市人民政府就开始谋划举办生态文明贵阳会议，并于2009年成功召开了首届会议，此后形成每年一届的常规性会议。2012年12月30日，中共贵州省委、贵州省人民政府正式向国务院报送《关于举办生态文明贵阳国际论坛的请示》，经党中央、国务院主要领导批准，2013 年 1 月 21 日，外交部正式批复同意举办生态文明贵阳国际论坛。[①] 截至 2018 年，论坛已连续举办了 10 次（见表 7 - 2）。该论坛致力于建立官、产、学、媒、民共建共享的国际性高端平台，着力宣传生态文明理念，展示生态文明建设成果，推动生态文明建设实践，共同应对气候变化，维护全球生态安全，在国内外产生了深远影响，不仅成为我国生态文明对外交流与合作的一个重要窗口，而且成为贵州生态文明对外交流合作的典范。

表 7 - 2　生态文明贵阳国际论坛基本情况一览

会议名称	召开时间	会议主题
生态文明贵阳会议	2009 年 8 月 22—23 日	发展绿色经济——我们共同的责任
2010 生态文明贵阳会议	2010 年 7 月 30—31 日	绿色发展——我们在行动
2011 生态文明贵阳会议	2011 年 7 月 15—17 日	通向生态文明的绿色变革——机遇和挑战
2012 生态文明贵阳会议	2012 年 7 月 26—28 日	全球变局下的绿色转型和包容性增长
生态文明贵阳国际论坛 2013 年年会	2013 年 7 月 19—21 日	建设生态文明：绿色变革与转型——绿色产业、绿色城镇、绿色消费引领可持续发展
生态文明贵阳国际论坛 2014 年年会	2014 年 7 月 10—12 日	改革驱动，全球携手，走向生态文明新时代——政府、企业、公众：绿色发展的制度框架与路径选择
生态文明贵阳国际论坛 2015 年年会	2015 年 6 月 26—28 日	走向生态文明新时代——新议程、新常态、新行动
生态文明贵阳国际论坛 2016 年年会	2016 年 7 月 8—10 日	走向生态文明新时代：绿色发展　知行合一
2017 生态文明试验区贵阳国际研讨会	2017 年 6 月 16—18 日	走向生态文明新时代，共享绿色红利
生态文明贵阳国际论坛 2018 年年会	2018 年 7 月 6—8 日	走向生态文明新时代：生态优先　绿色发展

资料来源：课题组搜集整理。

自 2009 年首次会议召开以来，生态文明贵阳国际论坛发生了深刻的变化，主要表现在以下几个方面。

第一，会议名称发生了变化，经历了从"生态文明贵阳会议"到"生态文

---

① 冯建国：《大生态战略行动助力贵州后发赶超》，《当代贵州》2019 年第 11 期。

明贵阳国际论坛"的转变。"生态文明贵阳会议"在连续举办了 4 年之后，其所产生的影响及所取得的成果得到了社会各界的认可和中央的充分肯定。2011年 7 月 16 日，时任中共中央政治局常委、全国政协主席贾庆林作出如下批示："生态文明贵阳会议作为交流生态文明建设理念、展示生态文明建设成果的一个长期性、制度性的平台，自举办以来，坚持面向实际、面向基层、面向生活、面向世界，着力研究探索生态文明建设的基本规律，注重总结推广成功经验，大力开展国际合作，为提高生态文明水平作出了积极贡献。"①2012 年 7 月 27 日，时任全国政协副主席李金华出席会议时指出："2009 年以来，生态文明贵阳会议已经连续成功举办三届，为政府、企业、专家、学者等各界人士探讨生态文明、加强交流合作、展示实践成果提供了非常好的平台和桥梁。会议形成的成果和共识，对建设生态文明起到了很好的推动作用，生态文明贵阳会议已经成为研讨、传播生态文明的知名品牌，在国内外产生了很大的影响。"② 德国前总理施罗德也指出，通过生态文明贵阳会议，"我们可以传播这样的思想：环保在工业社会里越来越重要，我们应该在工业发展和环保之间取得一种平衡。"③ 正是基于论坛产生的积极影响，2013 年，经中央批准，"生态文明贵阳会议"正式更名为"生态文明贵阳国际论坛"。

第二，会议层次发生了变化，经历了从"区域性论坛"到"国家级论坛"的转变。"生态文明贵阳会议"正式更名为"生态文明贵阳国际论坛"以后，会议层次得到了极大提升，即从"区域性论坛"正式升格为"国家级论坛"。

第三，会议规格越来越高。主要体现在以下两个方面。一是会议的牵头举办单位发生了变化。2013 年以前，会议由中共贵阳市委、贵阳市人民政府牵头举办；2013 年升格为"国家级论坛"后，由中共贵州省委、贵州省人民政府牵头举办，并成立了专门的生态文明贵阳国际论坛省服务保障领导小组办公室。二是出席论坛的中外官员数量越来越多、层次越来越高。先后出席论坛的中国官员有：时任中共中央政治局常委、国务院副总理张高丽，时任中共中央政治局委员、国家副主席李源潮，时任中共中央书记处书记、全国

---

① 新华社：《2011 生态文明贵阳会议召开 贾庆林作重要批示》，《光明日报》2011 年 7 月 17日，第 3 版。

② 李金华：《生态文明时代必将到来》，中国网络电视台，http://news.cntv.cn/2013/07/18/ARTI1374114619521446.shtml，2013 年 7 月 18 日。

③ 施罗德：《通过生态文明贵阳会议广泛传播生态文明思想》，中国网络电视台，http://news.cntv.cn/2013/07/17/ARTI1374055262039220.shtml，2013 年 7 月 17 日。

政协副主席杜青林，时任中共中央政治局常委、全国政协主席俞正声，原国务委员戴秉国等；瑞士联邦主席毛雷尔、多米尼克总理斯凯里特、汤加首相图伊瓦卡诺等 20 多位外国重要人士先后出席了论坛（见表 7－3）。尤值一提的是，2013 年，中共中央总书记、国家主席、中央军委主席习近平向论坛发来贺信指出，走向生态文明新时代，建设美丽中国，是实现中华民族伟大复兴的中国梦的重要内容，并强调"保护生态环境，应对气候变化，维护能源资源安全，是全球面临的共同挑战。中国将继续承担应尽的国际义务，同世界各国深入开展生态文明领域的交流合作，推动成果分享，携手共建生态良好的地球美好家园"①。2018 年，习近平总书记再次向论坛年会发来致辞。习近平指出，生态文明建设关乎人类未来，建设绿色家园是各国人民的共同梦想。国际社会需要加强合作、共同努力，构建尊崇自然、绿色发展的生态体系，推动实现全球可持续发展。此次论坛年会以"走向生态文明新时代：生态优先　绿色发展"为主题，相信将有助于各方增进共识、深化合作，推进全球生态文明建设。习近平强调，中国高度重视生态环境保护，秉持绿水青山就是金山银山的理念，倡导人与自然和谐共生，坚持走绿色发展和可持续发展之路。我们愿同国际社会一道，全面落实《2030 年可持续发展议程》，共同建设一个清洁美丽的世界。② 联合国对生态文明贵阳国际论坛也非常重视，联合国秘书长四次向论坛发来贺信。2011 年，联合国秘书长潘基文发来贺信，对论坛的意义给予充分肯定，称论坛将会为全世界实现低碳绿色经济的行动提供动力，同时也必将为下一年在里约热内卢召开的联合国可持续发展大会 20 周年峰会做好重要的准备。2014 年，联合国秘书长潘基文又发来贺信，赞扬中国针对《巴黎协定》作出的承诺和贯彻落实。联合国期待继续与中国合作，为人类共同的未来努力探索一条以人为本、绿色环保的道路，并衷心祝愿生态文明贵阳国际论坛取得圆满成功。2016 年，潘基文再次向论坛发来贺信，赞扬中国在确保《巴黎协定》的达成方面展现出的强有力的领导，并为中国已经将这些协定纳入国家政策深感鼓舞，也欣赏中国作出的承诺，强调联合国期待继续与中国合作，为人类共同的未来探索一条以人为本

---

① 新华社：《习近平致生态文明贵阳国际论坛 2013 年年会的贺信》，新华网，http://www.xinhuanet.com/politics/2013－07/20/C_116619687.htm，2013 年 7 月 20 日。

② 新华社：《习近平向生态文明贵阳国际论坛 2018 年年会致贺信》，新华网，http://www.xinhuanet.com/politics/leaders/2018－07/07/C_1123092421.htm，2018 年 7 月 7 日。

的绿色环保道路。2018 年，联合国秘书长安东尼奥·古特雷斯也向论坛发来了祝贺视频，表示联合国将继续与中国以及其他伙伴齐心协力，为所有人构建低污染、可持续且更具气候适应性的美好未来。表 7-3 为出席历次生态文明贵阳国际论坛中外官员情况。

表 7-3　出席历次生态文明贵阳国际论坛的中外官员一览

时间（年）	出席论坛的中国官员	出席论坛的国际官员
2009	全国政协副主席郑万通 全国政协副秘书长林智敏 环境保护部部长周生贤	英国前首相布莱尔 联合国政府间气候变化专门委员会原副主席莫汗·穆纳辛格
2010	全国政协副主席郑万通 国务院原副总理姜春云 政协第十届全国委员会副主席徐匡迪	英国前首相布莱尔
2011	全国政协副主席郑万通 全国政协副主席、香港特别行政区首任行政长官董建华 政协第十届全国委员会副主席徐匡迪	爱尔兰前总理伯蒂·埃亨
2012	全国政协副主席李金华 环境保护部部长周生贤 卫生部部长陈竺	德国前总理施罗德 联合国前副秘书长安瓦尔·乔杜里
2013	中共中央政治局常委、国务院副总理张高丽 政协第十届全国委员会副主席徐匡迪 环境保护部部长周生贤 国家林业局局长赵树丛	瑞士联邦主席毛雷尔 多米尼克总理斯凯里特 汤加首相图伊瓦卡诺 泰国副总理兼商业部部长尼瓦探隆 意大利前总理普罗迪 联合国副秘书长、联合国环境规划署执行主任阿奇姆·施泰纳
2014	中共中央政治局委员、国家副主席李源潮 全国人大常委会原副委员长许嘉璐 原国务委员戴秉国	埃塞俄比亚总统穆拉图·特肖梅 马耳他总理约瑟夫·穆斯卡特 瑞士联邦议会联邦院议长汉纳斯·格尔曼 俄罗斯总统办公厅主任谢尔盖·鲍里索维奇·伊万诺夫 瓦努阿图副总理哈姆·利尼 澳大利亚前总理陆克文 泰国前副总理素拉杰·沙田泰 英国前副首相约翰·莱斯利·普雷斯科特
2015	中共中央书记处书记、全国政协副主席杜青林 第十届全国政协副主席张怀西 原国务委员戴秉国 中国气象局局长郑国光	爱尔兰前总理伯蒂·埃亨 澳大利亚前总理陆克文 巴基斯坦前总理肖卡特·阿齐兹 瑞士联邦国务秘书、环境署署长布鲁诺·奥伯勒

时间（年）	出席论坛的中国官员	出席论坛的国际官员
2016	中国关心下一代工作委员会主任、十届人大常委会副委员长顾秀莲 十一届全国人大常委会副委员长、民革中央原主席周铁农 全国政协副主席、民进中央常务副主席罗富和 中共中央政治局常委、全国政协主席俞正声 文化部部长雒树刚 国家统计局局长宁吉喆 原国务委员戴秉国	巴布亚新几内亚总理彼得·奥尼尔 瑞士国民院议长克里斯塔·马克瓦尔德 肯尼亚副总统威廉·卢托 老挝副总理本通·吉马尼 爱尔兰前总理伯蒂·埃亨 尼日利亚前总统奥卢塞贡·奥巴桑乔 哥伦比亚前总统帕斯特拉纳 匈牙利前总理麦杰希·彼得
2017	原国务委员戴秉国	英国前副首相约翰·莱斯利·普雷斯科特 瑞士联邦委员会环境署前署长布鲁诺·奥伯勒 新加坡外交部原部长杨荣文
2018	原国务委员戴秉国 中共中央政治局委员、国务院副总理孙春兰	冰岛前总统奥拉维尔·格里姆松 比利时前首相伊夫·莱特姆 日本前首相鸠山由纪夫 国际能源署署长法蒂·比罗尔

资料来源：课题组搜集整理。

第四，会议规模大，越来越多的国家政府部门、国际机构、企业和媒体参与其中。截至 2018 年，参会的正式嘉宾累计超过 15000 人。全国人大环境与资源保护委员会、全国政协人口资源环境委员会、国家发展和改革委员会、国务院扶贫办、国家林业和草原局、中国气象局、生态环境部、自然资源部、商务部、科学技术部、住房和城乡建设部等部门，联合国开发计划署、联合国环境规划署、联合国人居署、联合国贸易和发展组织、联合国教科文组织、联合国亚太农业工程与机械中心、联合国工业发展组织、国际能源署、国际竹藤组织、世界劳工组织、世界银行、世界自然基金会、亚洲开发银行等 30 多家国际组织，哈佛大学、耶鲁大学、哥伦比亚大学、斯坦福大学、康奈尔大学、剑桥大学、北京大学、清华大学、浙江大学、复旦大学等 120 多家国内外大学，IBM、微软、可口可乐、甲骨文、苹果、施耐德电气、东芝、英特尔、飞利浦、格力、中国节能环保集团、招商银行等 700 多家企业参与其中。BBC、CNN、《时代周刊》、TVBS、新华社、《人民日报》、《光明日报》和《经济日报》等 200 多家国内外新闻媒体为论坛作了采访报道。① 这充分说明论坛影响越来越大，已得到越来越多的关注和认可。

第五，会议形式越来越多样，内容越来越丰富。2009 年首次举办的生态文明贵阳会议，只有学术探讨的单一形式。2010 年增加了案例交流、圆桌会议、项目签约仪式等多种形式，论坛开始由"论起来"向"干起来"演变。2011 年增加了贵阳节能环保产品和技术展示的环节，将论坛作为展示贵阳生态文明建设新技术、新成果的窗口，并邀请演艺界知名人士抵达贵阳，参与名人生态环保公益活动，用他们的实际行动向公众传递生态文明理念，倡导践行低碳、绿色生活方式。2012 年专题分论坛拓展到 37 场，还举行了基调演讲、电视论坛、慰问演出等丰富多彩的活动。2014 年增加了闭门会议、早餐会、名人对话、电视辩论等全新形式。2016 年同步举行了贵州绿色博览会·大健康医药产业博览会。2017 年则同步举行了"贵州生态日"系列活动。2018 年设置了荒野自然与生态文明等 5 个国际工作坊（见表 7 - 4）。

表 7 - 4　历次生态文明贵阳国际论坛形式和内容一览

时间	会议形式和内容
2009 年	设生态城市论坛、科学家论坛、生态教育和传媒论坛、经济企业界论坛等 4 个专题论坛，分别围绕"生态城市——宜居、宜业、宜游""科技与创新——生态社会基石""教育和传媒——生态文明软实力""生态经济——绿色产业"等主题进行深入讨论
2010 年	设生态城市论坛、科学与技术论坛、教育论坛、企业家绿色行动论坛、国际传播论坛、生态文明与传媒行动论坛等 6 个专题论坛；学习交流了生态文明建设典型案例，举办了 NGO 与政府、企业家圆桌会议，生态城市规划案例讨论会，生态合作项目签约仪式
2011 年	举办了绿色文明与媒体传播论坛、科学论坛、共建低碳生态城市论坛、青年先锋圆桌会议、技术论坛、教育论坛、企业家论坛、UNDP 分论坛、森林碳汇论坛、生态修复论坛、对话樊纲、教育创新工作室、高新产业金融论坛、跨国公司论坛、城市规划典型案例和最佳实践论坛、人与生物圈计划、民间公益和环保组织与政府企业家圆桌会议、电视高峰论坛等 30 余项活动。举办了全国生态文明建设成果展暨中国·贵阳节能环保产品和技术展开幕仪式以及第一届全国生态文明建设试点经验交流会，46 个城市和 140 多家企业集中展示生态文明建设的最新成果。国家发改委举办了全国低碳发展现场交流会。环境保护部举办了第一届全国生态文明建设试点经验交流会。举行了名人生态环保公益活动和培育生态公益林活动，倡导践行低碳、绿色生活方式

① 《生态文明贵阳国际论坛概况》，http://www.efglobal.org/network。

续表

时间	会议形式和内容
2012 年	从"绿色转型与绿色就业""生态农业和食品安全""生态城市与包容增长""生态文化与百姓参与"四个方面举办了 37 场专题论坛，共 39 场活动。举行了贵阳城乡规划展览馆开馆仪式和贵阳市十大工业园区开展仪式暨项目推介会，还举行了基调演讲、电视论坛、慰问演出等丰富多彩的活动
2013 年	包括开幕式、闭幕式、高峰论坛、分论坛（高峰对话、圆桌会、创意实验室、工作坊、讲坛讨论会等）、展览和商贸洽谈等 50 余项活动
2014 年	围绕"绿色发展与产业转型""和谐社会与包容发展""生态安全与环境治理""生态文化与价值取向"四个方面设置了 40 场主题论坛，还有闭门会议、早餐会、圆桌会、名人对话、电视辩论等 20 多种形式的活动
2015 年	围绕全球低碳转型与可持续发展、生物多样性与绿色发展、生态文明与开放式扶贫、国家公园、横向生态补偿等全球性、区域性重点焦点难点问题，举办了 3 场专题高峰会议、32 场主题论坛以及民族生态文化展示、生态文明建设成果展示等系列活动
2016 年	围绕绿色增长与绿色转型、和谐社会与包容发展、生态安全与环境治理和生态价值、道德和全球治理等议题，举办了开闭幕式、2 场高峰会议、37 场主题论坛及多项配套活动，还举办了贵州绿色博览会·大健康医药产业博览会
2017 年	围绕以建设国家生态文明试验区（贵州）为重点的前瞻性、战略性、实践性问题，举办了 1 场研讨大会、1 场国际咨询会委员会议、9 场专题研讨会及系列活动，还同步举行了"贵州生态日"系列活动
2018 年	举办解读生态文明思想、生态文明与反贫困、绿水青山就是金山银山、全球低碳转型等 7 场高峰会议及创新发展与绿色转型、生态与健康——肿瘤防治、智库建设与绿色发展、海洋微塑料研讨会、绿色发展统计、绿色产业与乡村振兴、绿色循环城市创建等 10 场主题论坛，全面聚焦了国家生态文明建设的重大战略部署。设置了荒野自然与生态文明等 5 个国际工作坊

资料来源：课题组搜集整理。

第六，会议成果越来越丰硕。2009 年首次生态文明贵阳会议以理论探讨为主要形式，成果也主要是《贵阳共识》。2010 年开启了从"论起来"到"干起来"的转变后，论坛促成一些重要项目的签约。2011 年论坛邀请大批演艺界知名人士出席，为其颁授了"生态文明宣传大使"荣誉称号，并签署生态文明承诺书。2012 年举办的贵阳市十大工业园区展示暨项目推介会上，签约项目金额达 122 亿元。2016 年贵州绿色博览会·大健康医药产业博览会上，签约大健康产业领域项目 182 个，投资金额 1175.75 亿元。2017 年与国家林业局、中国农业发展银行签约 600 亿元的战略合作协议项目，与金融机构及各类绿色产业基金签约项目 22 个，签约金额 600 多亿元，并成立了贵州绿色产业发展联盟（见表 7 - 5）。

表 7 - 5　历次生态文明贵阳国际论坛成果一览

时间	主要成果
2009 年	达成《贵阳共识》，指出生态文明是人类社会发展的潮流和趋势，不是选择之一，而是必由之路；建设生态文明是一个系统工程，涉及观念和文化转变、产业转换、体制转轨、社会转型的方方面面；强调大力发展绿色经济，既是摆脱目前金融危机的有效手段，也是实现中长期可持续发展的重要途径；认为生态文明建设，城市是关键，科技是基石，企业是主战场，教育是根本，传媒提供软实力支持；提出了观念先行、密切合作、加大投入、知行合一，进一步依靠科学技术，企业要积极转变发展方式，教育和传媒要在生态文明建设中发挥基础性、综合性和先导性作用，探索建立生态文明城市的评估和评价体系等生态文明建设的八项倡议
2010 年	形成了《2010 贵阳共识》，指出绿色发展与应对气候变化是当前国际社会面临的重大机遇和挑战，应把凝聚的共识落实到行动上，包括把环保投入加大到足以加快扭转生态、环境恶化趋势，消除生态赤字，达到良性循环的幅度；大力发展低碳经济、循环经济、绿色经济；积极推动绿色消费和大力发展绿色科技等。 挂牌成立贵阳环境能源交易所。 举行花溪国家城市湿地公园授牌、中意合作国家级贵阳经济技术开发区生态工业园区示范项目及花溪国际生态示范小区建设项目签约仪式。 发布了《贵阳市低碳发展行动计划（纲要）（2010—2020 年）》
2011 年	形成了《2011 贵阳共识》，指出生态文明是建立在工业文明基础之上的文明形态，建设生态文明不是要回到原始生态状态，而是在现代化进程中选择更先进的生产方式，通过更科学的制度安排，走生产发展、生活富裕、生态良好的科学发展之路。 颁授了"生态文明宣传大使"荣誉称号，并签署生态文明承诺书
2012 年	形成了《2012 贵阳共识》，认为应从五个方面推进绿色转型和包容性增长。 注册成立了"天合公益基金会"及北京绿色天合国际投资管理咨询有限公司，与 20 家企业建立了战略合作伙伴关系，吸纳了 80 个会员企业。 举办贵阳市十大工业园区开展仪式暨项目推介会，共签约 25 个招商项目，投资额达 122 亿元
2013 年	达成了《2013 贵阳共识》，提出了四点建议：加快绿色发展和产业转型；推进社会和谐和包容性发展；采取最严格的措施修复自然生态和治理环境；普及以生态为导向的价值取向。 举办中国·贵州生态产品（技术）博览会，共有参展商 2600 家，涉及美国、英国、德国、日本等 24 个国家，以及世界自然基金会、世界自然保护联盟等 19 个国际组织及其他组织。博览会现场集中签约 30 个生态项目，总投资 332.3 亿元，涉及风力发电、煤气层、页岩气、勘探开发、生态观光农业、生态休闲旅游等领域。 举行绿色社区示范点（小城镇、社区、农村、企业、城市综合体——绿色生态城、生态湿地公园）参观及推介系列活动，向国际国内推介贵州生态文明建设成果

续表

时间	主要成果
2014 年	发布了《2014 贵阳共识》，提出了五项建议：走向生态文明新时代，必须加快绿色转型；走向生态文明新时代，必须推进改革创新；走向生态文明新时代，必须加强制度约束；走向生态文明新时代，必须各方共同努力；走向生态文明新时代，必须全球紧密携手。 发起成立"国家级新区绿色发展联盟"，贵安新区、上海浦东、浙江舟山、兰州新区、天津滨海新区、重庆两江新区、广东南沙新区、陕西省西咸新区、青岛西海岸新区九大新区联合签署了《国家级新区绿色发展联盟倡议》。 发布《水与发展蓝皮书：中国水风险评估报告》。 发布贵州省自然生态系统保护成果。 富士康科技集团以及北大、清华的相关专家与贵安新区共同签署了碳纳米研究中心项目、大数据研发中心项目、贵安新区富士康云计算产业园、贵安新区富士康半导体设备制造产业园以及贵安新区富士康养身乐活产业园等项目协议。 由 8 家国内外知名网络媒体共同发起的"全球十大生态旅游目的地"和"中国十大生态旅游景区"评选结果，在论坛上面向全球发布。 计划募集 50 亿元资金，茅台集团承诺出资 5 亿元，贵州将建我国首个"水基金"。 论坛发布《中国智慧能源产业发展报告》，宣布"智慧能源云管理平台"成立。 举行生态文明建设示范点参观及推介活动，向论坛嘉宾推介社区、学校、农村、企业、城市综合体、生态湿地公园、孔学堂、展示中心、筑城广场、猕猴桃基地等 17 个示范点
2015 年	达成了《2015 贵阳共识》，包括五大要点：大力推进绿色化，必须树立人与自然和谐共生的理念；大力推进绿色化，必须加快转变生产方式；大力推进绿色化，必须加强生态建设和环境保护；大力推进绿色化，必须加强制度和法治保障；大力推进绿色化，必须坚持加强国际合作。 召开了生态文明贵阳国际论坛国际咨询会，为论坛发展建言献策。 发起了"投资自然资本、启动经济增长新动力"的倡议，得到国际机构、上市公司、金融机构的支持。 发布《全球可持续能源竞争力报告》《国家公园管理标准建议报告》《可持续发展框架下的全球生态系统治理报告》《构建中国绿色金融体系的建议报告》《跨国公司在中国经济转型中的新机遇》等理论成果。 成立了天合国家公园研究院，通过研究全球国家公园建设与管理模式、总结成功经验，在国家公园建设的国家战略与总体布局、国家公园建设标准、绩效考核、管理体制等方面提供咨询。 发布全国生物多样性价值评估结果，发起成立湿地生态保护基金会，形成可复制的绿色城镇化解决方案等。 举行生态文明建设示范点参观及推介活动，向论坛嘉宾推介贵阳大数据应用展示中心、阿哈湖国家湿地公园、花溪青岩古镇等 11 个生态文明建设示范点，集中展示贵阳近年来的生态文明建设成果
2016 年	发布了《2016 贵阳共识》，提出走向生态文明新时代，必须更加牢固树立绿色发展新理念，务必把构建绿色发展新体制作为一项重要任务，加快构建起产权清晰、多元参与、激励约束并重、系统完整的生态文明制度体系；关键在行动，必须全球携手加强国际协作，秉持"共同但有区别的责任"原则，切实承担起应尽的国际义务

续表

时间	主要成果
2016 年	在贵州绿色博览会·大健康医药产业博览会上，2500 余家参展企业展出了 50 多个类别的上万款产品。展会期间，贵州与美国辉瑞制药有限公司、国药集团等国内外大健康行业优强企业签约大健康产业领域项目 182 个，投资金额 1175.75 亿元。 举办"生态文明建设示范点参观及推介活动"，向论坛嘉宾推介贵州阿哈湖国家湿地公园、花溪国家城市湿地公园、贵阳孔学堂、花溪青岩古镇、白云区牛场乡蓬莱现代农业展示园、北京·贵阳大数据应用展示中心、贵阳货车帮科技有限公司、贵阳市城乡规划展览馆、贵阳市水环境科普馆等 15 个生态文明建设示范点，展示贵州省优美的生态环境和独特的生态文化
2017 年	国家林业局、中国农业发展银行与贵州省政府签署了《全面支持贵州林业改革发展战略合作协议》，签约资金 600 亿元。 工商银行、兴业银行、西南证券等金融机构及各类绿色产业基金与贵州有关市（州）政府、贵安新区、企业签约项目 22 个，签约金额 600 多亿元。 成立贵州绿色产业发展联盟，首批联盟成员代表现场签约。 贵州省农委与北京新发地农产品股份有限公司初步达成贵州绿色农产品"泉涌"发展、风行天下战略合作意向。 贵州国际商会与欣业恒（北京）投资咨询有限公司签署 2017 年职业教育合作协议（备忘录）。 贵州商学院与瑞士卢塞恩酒店管理学院签署合作备忘录。 瑞士卢塞恩酒店管理学院与贵州饭店酒店管理有限公司签署校企友好合作协议。 中国金融学会绿色金融委员会发布国内外绿色基金发展研究成果，举办"绿色金融成果系列巡展"。 发布《贵州生态文明建设报告绿皮书（2016）》，回顾贵州省 2016 年生态文明建设历程，总结取得的成果。 发布《发现城市之美：特色小镇建设与生态文明创新最佳案例》，以特色小镇为抓手，研究生态文明试验区规划建设的具体案例和经验借鉴，推进"多规合一"，实现自然生态空间的统一规划、有序开发、合理利用。 《生态文明新时代》杂志创刊，大力宣传生态文明新理念、新实践。 启动编制《绿色校园评价指南》《绿色校园建设工作指引》《绿色后勤建设工作指引》，促进学校智慧、绿色、低碳运行，实现低消耗、低排放、高效益。 发布《住区》绿色校园专刊，深化教育在生态文明建设中的引领作用和校园在绿色发展中的先行作用，引进绿色校园建设新思想、新方法、新技术。 发布贵州 12 家首批省级森林康养试点基地。 发布贵州 66 个生态地标生态价值评定成果。 遴选了 20 个项目作为贵州省绿色经济"四型产业"示范项目，并对前来参加研讨会的 10 个示范项目进行授牌。 发布安顺市申报世界自然和文化双遗产的倡议书，安顺市政府与天合公益基金会签署申遗合作框架协议，聘请相关专家作为申遗顾问。 在联合国"可持续公共采购十年方案框架"下，推进可持续公共采购项目，通过地方政府与专业机构结对子的形式，正式启动并落实绿色公共采购，促进生产与消费模式转变及绿色市场的形成。 就食品领域可持续发展形成共识，由世界可持续发展工商理事会发布倡议书等

续表

时间	主要成果
2018 年	发布《2018 贵阳共识》，提出要牢固树立命运共同体意识，牢固树立人与自然和谐共处的理念，致力于倡导绿色生活方式，进一步巩固社会生态共识和生态价值观。 呼吁加大对生态绿色产业的投入力度，通过绿色科技创新、高科技产业相融合的方式，改变生产方式，发展节能环保低碳产业，利用新能源、新材料技术，推动旅游等现代服务业加快发展。 推进生态文明建设制度化、全球化，落实加快绿色发展政策，坚持生态伦理，推进各级生态教育。 发布《生态文明评级报告》、中国《自然资源资产负债表编制方案》、《可持续发展目标指数全球报告 2017》及《贵州省肿瘤监测研究报告（2016）》等一批具有权威性、科学性、标志性的成果。 论坛秘书处与保护国际基金会（CI）、荒野基金会（WILD）、北极圈论坛、阿尔巴赫欧洲论坛等 10 家国际组织签订了战略合作协议。 向论坛嘉宾推介了贵州大数据综合试验区展示中心、贵阳市城乡规划展览馆、贵州汇通华城股份有限公司、登高云山森林公园、贵阳孔学堂、花溪青岩古镇、乡愁贵州、云漫湖国际休闲旅游度假区、福爱电子有限公司、新特电动汽车工业有限公司、贵州白山云科技有限公司、平塘县"中国天眼"12 个生态文明建设示范点

资料来源：课题组搜集整理。

迄今为止，生态文明贵阳国际论坛已形成了如下鲜明特点。

第一，专注于生态文明建设的理论探讨与实践交流。生态文明贵阳国际论坛作为唯一以生态文明为主题的国家级、国际性高端平台，一直就紧扣"生态文明"这一主题，"生态文明"也是论坛最大的特色。

第二，聚焦热点和焦点问题。生态文明贵阳国际论坛一直聚焦国际绿色发展的热点和焦点问题。从 2009 年的绿色经济，到 2010 年的绿色发展，2011 年的绿色变革，2012 年的绿色转型，2013 年的绿色产业、绿色城镇、绿色消费，2014 年的绿色发展的制度框架与路径选择，2015 年的新议程、新常态、新行动，2016 年的绿色发展、知行合一，2017 年的共享绿色红利，直到 2018 年的生态优先、绿色发展，每年的主题都经过精心设计，具有鲜明的时代特征。

第三，突出的国际性特征。2009 年生态文明贵阳会议举办之初，就非常重视论坛作为国际交流平台的功能，邀请了英国前首相布莱尔、联合国政府间气候变化专门委员会原副主席莫汗·穆纳辛格等重要人士参会。2010 年，邀请了包括美国耶鲁大学校长理查德·莱文在内的大批外国知名生态文明学者参会，共同探讨环境保护、绿色发展的议题。特别是 2013 年升级为国家级论坛后，其国际性特征更加突出，参会的外国政要、国际组织及外国学者数量不断攀升。

2. 中瑞对话

贵州省与瑞士的地理环境类似，平均海拔在 1100～1400 米，地貌均以山地环境为主，贵州省的山地比例约为 92.5%，瑞士大于 75%。地理环境的相似性，发展过程中注重保护自然和生物多样性的共同认知，为瑞士和贵州省的合作发展奠定了坚实基础。2013 年 7 月 18 日，习近平总书记在北京人民大会堂会见瑞士联邦主席毛雷尔时指出，中国正在加强生态文明建设，致力于节能减排，发展绿色经济、低碳经济，实现可持续发展。贵州地处中国西部，地理和自然条件同瑞士相似。希望双方在生态文明建设和发展山地经济方面加强交流合作，实现更好、更快发展。毛雷尔表示，瑞士高度重视中国在国际上发挥的积极作用，瑞方希望同中国加强交往，扩大经贸、创新、金融、生态环保等领域的合作。[①] 随后，在毛雷尔参加生态文明贵阳国际论坛之际，中国政府发起中瑞对话，致力于加强瑞士同中国特别是贵州在生态文明建设方面的交流合作。此后，瑞士成为生态文明贵阳国际论坛的主要参与国之一，中瑞对话也成为生态文明贵阳国际论坛的重要内容。

2013 年，生态文明贵阳国际论坛首次开设中瑞对话专场，双方就生态文明建设展开了研讨。截至 2018 年，中瑞对话连续举办了 6 次，每次都与生态文明贵阳国际论坛同步，也取得了丰硕成果（见表 7-6）。据统计，贵州省与瑞士的进出口贸易额从 2013 年的 390 万美元增加到 2015 年 4 月的 1675 万美元，增长 1285 万美元。两家瑞士企业已在贵州落地，总投资 1300 万美元。[②] 近年来，贵州省与欧洲的合作不断得到深化，从学术研讨、共同磋商逐步发展到具体行业和项目的合作。目前，贵州已建设云漫湖国际休闲旅游度假区等多个瑞士风情特色小镇，另有瑞士（贵州）产业示范园等多个园区落地建设。2017 年 12 月，瑞士（贵州）产业示范园迎来首批注册企业，首批 4 家瑞士企业正式入驻瑞士（贵州）产业示范园，贵州省获批内陆开放型经济试验区后与外国合作的第一个产业园项目取得突破性进展，园区主要布局高端精密制造、大数据电子信息、医疗检测、生物制药、金融等产业，总投资规模约 50 亿美元，2022 年建成后年总产值预计将达到 150 亿美元左右。

---

① 新华社：《习近平会见瑞士联邦主席毛雷尔》，《光明日报》2013 年 7 月 19 日，第 1 版。

② 《三年"中瑞对话"绿色发展从"论"到"行"》，人民网，http://www.politics.people.com.cn/n/2015/0626/c70731-27215499.html，2015 年 6 月 26 日。

同时，贵州在医疗大健康、金融、教育培训、工业制造等多个方面，不断向瑞士学习先进技术、经营理念，引进设备和人才，实现了全行业的创新发展。

表 7-6 历次中瑞对话内容及成果概览

时间	与会人员	对话内容及成果
2013 年 7 月 20 日	瑞士联邦主席于利·毛雷尔，瑞士联邦政府环境部副主任、瑞士国家自然灾害防护平台首席专家约瑟夫·赫斯，瑞士驻华使馆参赞查斐，博鳌亚洲论坛国际咨询委员会委员龙永图，世界自然保护联盟主席章新胜，国际可持续发展研究高级顾问何彼得，国际电信联盟副秘书长赵厚麟，国际可持续发展研究院副院长兼欧洲区执行主任马汉理，国际地方环境行动理事会原秘书长齐默曼，新加坡前贸工部兼教育部副部长曾士生，第十届全国政协副主席、中国工程院原院长与党组书记、中国工程院院士徐匡迪，商务部欧洲司副司级参赞翟谦，中国驻瑞士联邦前大使董津义，贵州省委书记、省人大常委会主任赵克志，省委副书记、省长陈敏尔，省政协主席、党组书记王富玉，省委副书记李军等中外官员	双方开展了"携手瑞士，绿色赶超——瑞士贵州对话"系列主题活动，围绕"可持续均衡发展需要核心政策支持""农村地区的可持续发展战略""城市与乡村实现和谐共融"展开三轮对话。双方分享经验，提出了建设"东方瑞士"的美好愿景，为推动双方务实合作方面打下了坚实基础，为贵州乃至全球内陆多山地区如何发展提供了宝贵的经验和依据
2014 年 7 月 10 日	瑞士联邦环境署署长布鲁诺·奥伯勒、生态文明贵阳国际论坛秘书长、世界自然保护联盟主席章新胜，瑞士驻华大使戴尚贤，瑞士联邦议会联邦院议长汉纳斯·格尔曼，贵州省委副书记、省长陈敏尔，贵州省副省长蒙启良，中国贸易促进会副会长张伟，贵州省委副书记李军等中外 200 多位官员	以"山地经济，绿色发展"为主题，聚焦清洁技术的应用、生态旅游的可持续发展、生态文明建设和产业发展等议题，双方紧紧围绕增进中瑞贸易伙伴关系，探讨助力贵州打造"东方瑞士"，取得了一系列理论成果，双方共同签署了《山地经济绿色发展贵阳共识》。为将对话交流转换为务实的双边合作，2014 年 11 月，陈敏尔同志率团赴瑞士等国考察访问，成功签署了一批合作项目协议
2015 年 6 月 26 日	瑞士环境署署长布鲁诺·奥伯勒，瑞士驻华大使戴尚贤，瑞士环境署副署长约瑟夫·赫斯，外经贸部原副部长、博鳌亚洲论坛咨询委员会委员龙永图，贵州省委书记、省长陈敏尔等中外 300 余位专家、学者、政府官员及企事业单位负责人	采用"一坛、一会、一展"模式，双方围绕"生态环保对建设美丽中国的决策借鉴""山地经济合作发展路径与选择"等主题进行了深入交流；首次开启双方企业面对面交流商务洽谈，中瑞双方 40 余家企业参会进行洽谈，涉及医疗、生物制药、建筑、现代农业、电子商务、旅游领域等领域，实现了从"论"到"行"的提升

续表

时间	与会人员	对话内容及成果
2016年7月8日	瑞士联邦议会国民院议长克里斯塔·马克瓦尔德，瑞士联邦环境署原署长布鲁诺·奥伯勒，瑞士国际事务与多边主义大使克劳迪欧·费舍，瑞中友好协会主席、苏黎世原市长托马斯·瓦格纳，瑞士驻华大使戴尚贤，第十届全国人大常委会副委员长顾秀莲，外经贸部原副部长、博鳌亚洲论坛原秘书长龙永图，贵州省委副书记、省长孙志刚，省人大常委会副主任袁周，省人大常委会副主任周忠良等中外300余位专家、学者、政府官员及企事业单位负责人	继续以"山地经济·绿色发展"为主题，设"创新合作·互利共赢""转型升级·生态建设"两个子议题，包括"中瑞对话2016"主题论坛、中瑞对话2016商务合作研讨暨配对洽谈会、中瑞对话2016教育子论坛、中瑞对话2016环保研讨会等四场活动。双方在商务合作、教育、生态环境可持续治理等方面进行了深入探讨，并在水务一体化、职业培训、酒店管理教育及学术交流、新型城镇化和小城镇发展服务、人才培训交流等方面签订项目合作协议
2017年6月17日	瑞士驻成都总领事馆总领事范溢文、瑞士驻华使馆经济金融商务处主任谢达蔚、瑞士联邦环保署前署长布鲁诺·奥伯勒、瑞士国家旅游局中国区副主任高鹏滢等中外专家、学者、政府官员及企事业单位负责人	以"山地旅游、绿色发展"为主题，双方围绕"可持续山地旅游与扶贫减贫"和"酒店业经营艺术"两个子议题展开讨论
2018年7月7日	外经贸部原副部长、博鳌亚洲论坛原秘书长、全球CEO发展大会联合主席龙永图，贵州省副省长卢雍政，中国科学院院士张杰，瑞士驻成都总领事馆总领事范溢文，国际能源署署长法蒂·比罗尔，瑞士南方应用科技大学副校董俉乐，瑞士联邦环境署原署长布鲁诺·奥伯勒，瑞士拉飞有限责任公司总裁拉斐尔，1bank4all Founding Association总裁克里斯蒂安·汉纳，Porini基金会首席技术官托尼·卡拉唐那等中外专家、学者、政府官员及企事业单位负责人	双方围绕"创新人才培养、创新经济合作、推动绿色发展"进行探讨。瑞士水务公司、北京华加智能技术有限公司、贵州省环境科学研究设计院、贵州师范大学瑞士研究中心签订了合作协议。瑞士1bank4all Founding Association也与中国绿化基金会签订了相关协议，双方将一同推动中国金融发展

资料来源：课题组搜集整理。

3. 其他对外交流与合作

与美国的交流合作。2018年4月初，贵州省发展和改革委员会与美国保尔森基金会、大自然保护协会签署战略合作框架协议，共同推动国家生态产品价值实现机制试点省建设。三方将共同努力，寻求维护良好生态环境和充分体现生态系统价值的有效路径和模式，努力实现百姓富与生态美的有机统一。根据框架协议，贵州省发展和改革委员会将主要提供政策指导，并加强与部门和地方的沟通协调。美国保尔森基金会和大自然保护协会将提供智力、技术等方面的支持。三方将在生态产品价值实现机制研究、指导生态产品价值实现机制市县试点、河湖流域生态环境保护治理、对外交流与培训、举办生态文明贵阳国际论坛 2018 年年会主题论坛等方面开展具体合作。

与意大利的交流合作。2018 年 4 月 20 日至 23 日，贵州省委副书记、省长谌贻琴率团访问意大利，就推动贵州省与意大利的务实合作与有关政要和企业界人士进行会谈交流，以我国改革开放 40 周年为契机，举办"贵州全球推介活动——走进意大利"推介会，希望加强贵州省和欧洲的生态旅游合作。推介会上，50 余家意大利知名旅行社与贵州省旅游部门和企业进行了商务对接，谌贻琴还为设在米兰的贵州省首个驻欧洲（意大利）投资促进代表处揭牌。

与国际组织的交流合作。贵州省一向重视与国际社会的生态环境建设合作，专门成立了环境保护国际合作中心，推进国际组织和政府机构参与贵州省环保合作。"十一五"期间，贵州省积极与挪威、瑞典等国政府和国际组织开展环境保护合作，组织实施污染控制、生态保护和气候变化等领域项目近 20 个，引进国外援助资金 3000 多万元。2011 年，贵州省环境保护厅与世界自然基金会签署 2011—2015 年合作框架协议，具体实施项目涉及共同推进贵州、云南、四川三省建立合作保护赤水河流域协调机制；以水安全为目标，共同编制及实施赤水河流域综合保护规划；共同开展流域综合管理，以生态补偿、循环经济试点工作为切入点，在乌江流域开展项目示范；促进信息共享、能力建设和公众宣传教育等。2014 年，贵州省政府还与世界自然基金会签署合作备忘录，就生态环境保护工作展开合作。同时，世界自然基金会还对贵州省世界自然遗产地申报和管理相关工作给予了大力支持。2014 年 8 月，环境保护部和联合国开发计划署共同开发了"赤水河流域生态补偿与全球重要生物多样性保护示范项目"，总金额为 17908676 美元，其中全球环境基金（GEF）赠款 1908676 美元，我国配套 1600 万美元。2014 年，亚洲开发银行与贵州省在生态文明贵阳国际论坛 2014 年年会分论坛上签署备忘录，亚洲开发银行将为中国贵州省境内的流域融资提供支持，并推动该省实现包容性和环境友好型发展。备忘录涵盖了《贵州省赤水河流域环境保护规划（2013—2020 年）》中 12 项关键政策改革，并促成赤水河流域生态补偿投融资创新机制亚行技援项目的开展。联合国工业发展组织与贵州茅台集团联合开展了贵州茅台循环经济特色科技示范园建设，还在生态文明贵阳国际论坛 2018 年年会期间山独立承办了"'一带一路'碳中和基础设施发展与融资峰会"。

此外，俄罗斯联邦自然资源与生态部部长顾问别拉诺维耶齐、德国驻成都馆总领事总领事施恪、爱尔兰前总理伯蒂·埃亨、加拿大驻重庆总领事馆总领事戴杰豪（David Jeff）、日本驻重庆总领事馆总领事星山隆、德国驻华大使柯慕贤、意大利驻重庆总领事馆总领事倪飞、塞内加尔争取共和联盟选举委员会主席伯努瓦·约瑟夫·乔治·桑布等访问贵州期间，均与贵州就生态领域的合作达成了共识。

4. 生态文明贵阳国际论坛发展规划

《国家生态文明试验区（贵州）实施方案》明确要求，2018年编制论坛发展规划，完善论坛主题和内容策划机制，提升论坛的国际化、专业化水平。2018年10月，贵州省发展和改革委员会启动"《生态文明贵阳国际论坛发展规划（2019—2029）》和建立贵州省生态文明智库"的项目采购工作。目前，已完成《生态文明贵阳国际论坛发展规划（2019—2029）》的编制，全面总结生态文明贵阳国际论坛的发展情况，指出取得的成果和存在的问题，从可持续发展和生态文明建设的学术角度提出了完善论坛主题和内容策划的机制，深入分析论坛面临的环境与战略机遇，为未来十年论坛的组织形式和顶层设计提供借鉴。

三 生态文明对外交流合作示范试验的重难点问题

（一）生态文明对外交流合作示范试验的重点问题

截至2018年，生态文明贵阳国际论坛已成功举办10届，贵州拥有丰富的办会经验。从最开始的学术探讨、经验交流到逐渐运行起来的科技合作、项目推动等，都取得了丰硕成果。同时，每年论坛均有国家领导人及国外政要参会，形成较大影响，成为一个国际性品牌，已经成为贵州、贵阳的一个标志性名片，我国生态文明对外交流的重要窗口。同时我们注意到，生态文明贵阳国际论坛仍有较大的提升空间，体现在以下几个方面。

1. 国外领导人、国际组织参与度有待提高

生态文明贵阳国际论坛举办以来，参加会议的领导人有英、德、澳大利亚等发达国家的前政要，以及埃塞俄比亚、汤加、卢旺达等发展中国家的现任政要。可以看出，发达国家领导人或相关部门的部长、国际性环境组织的领导人参会的比例仍有限，发展中国家领导人参会的比例也较低。吸引重要国家和地区的主要领导人参会，进一步提高论坛的档次，使论坛成为全球领导人探讨生态文明建设的高端对话平台，共同维护人类美好的家园，是生态文明贵阳国际论坛发展的一大方向。

2. 国际生态文明研究领域顶尖学者参与度有待提高

论坛发展至今，全球从事环境研究的前沿学者参会的比例还有待提高。下一步工作中，要提高这些高端人才的参会比例，将会议真正办成高规格的国际研讨会，为解决全球化的生态环境问题贡献智慧与力量。

3. 加强项目合作与成果转化

既要"论起来"又要"干起来"一直是论坛的重要指导思想，目前来看，会议期间设置了一些项目推介环节，如贵阳节能环保产品和技术展、贵州绿色博览会·大健康医药产业博览会等。下一步，要将项目合作与成果转化作为生态文明贵阳国际论坛的重要部分并继续加以重视，不断提高成果转化比例，推动项目合作，让贵州人民真正能够享受到生态文明贵阳国际论坛带来的福利。

4. 民众参与度有待提高

多年以来，生态文明贵阳国际论坛一直致力于打造"知名品牌、著名平台"，因而在运行过程中具有"小规模、高质量"特点，导致论坛出现不够接地气的问题，民众参与度有限。生态文明建设离不开公众的参与，生态文明贵阳国际论坛也不能离开公众的参与。北京林业大学校长宋维明在生态文明贵阳国际论坛 2016 年年会上就曾指出，推动绿色发展，要主动回应人民群众关于生态产品和生态福利供给的现实需求，在享受生态福利的同时，他也可能通过自己的行为产生新的公共生态福利，这个特点就决定了公共参与的不可替代性。[1] 2017 年 11 月 15 日，时任贵州省委副书记、代省长谌贻琴在生态文明贵阳国际论坛 2018 年年会筹备工作会上也指出："要认真总结以往经验，超前谋划、精心策划……在高度、广度和深度上下功夫，进一步扩大论坛影响力。"[2] 提高民众的参与度，就是拓展论坛广度和深度的最好办法。

---

[1]　王珩、卢努：《生态福利与美丽中国主题论坛在贵阳生态会议中心举行》，央广网，http://news. cnr. cn/native/city/20160708/T20160708_522623497. shtml，2016 年 7 月 8 日。

[2]　李薛霏：《谌贻琴：把生态文明贵阳国际论坛办出新水平　更加响亮发出新时代生态文明中国声音》，贵州省人民政府官网，http://www. guizhou. gov. cn/xwdt/jrgz/201711/T2017 1116_1081382. html，2017 年 11 月 16 日。

（二）生态文明对外交流合作示范试验的难点问题

1. 生态文明国际合作长效机制亟须建立

建立生态文明国际合作长效机制，是《国家生态文明试验区（贵州）实施方案》的明确要求。根据省委、省政府的安排部署，该任务由省外事办、省委组织部、省人力资源和社会保障厅、生态文明贵阳国际论坛省服务保障工作领导小组办公室等部门联合实施，其中，省外事办为牵头单位。[①] 目前来看，贵州与相关国家和地区、国际组织开展的生态文明合作，主要是围绕生态文明贵阳国际论坛展开的。但生态文明贵阳国际论坛毕竟不是常年举办，在会议的间歇期，怎样保证生态文明国际合作的运转，成为困扰生态文明合作长效机制建立的一大难题。在相关职能部门中，生态文明贵阳国际论坛省服务保障工作领导小组办公室设于省政府，办公室主任由省政府秘书长兼任。由于该部门平时要承担繁重的省政府日常工作，因而除了承担生态文明贵阳国际论坛的筹备工作之外，其他生态文明对外交流工作难以兼顾。省外事办、省委组织部、省人力资源和社会保障厅等部门都有自身的工作职责，部门内并没有成立专门的机构负责与其他国家和地区、国际组织开展生态文明交流合作。承担生态文明国际合作的日常专门机构仅有贵州省生态环境厅下设的贵州省环境保护国际合作中心，但它并不负责生态文明贵阳国际论坛工作，相关职责主要是"与外国非政府组织及民间友好人士开展环保国际合作交流活动。处理环保国际合作交流方面的有关事务性工作，承接有关出国任务，代办护照、签证，承担项目和相关工作的翻译。组织承办有关环保国际会议、研讨会和培训班"[②]，明显尚不能够完全胜任此项重要任务。在生态文明贵阳国际论坛结束的漫长周期内，如何建立生态文明合作长效机制，确保能够随时、快速、高效地与相关国家和地区、国际组织开展合作，实现由被动与到访的外国政要交流合作转向主动寻求与相关国家、国际机构进行交流，是贵州试验区建设的一个难点。

2. 生态文明建设高端智库和生态文明学院有待建立

建立生态文明建设高端智库和生态文明学院，也是《国家生态文明试验

---

① 中共贵州省委、贵州省人民政府：《贵州省贯彻落实〈国家生态文明试验区（贵州）实施方案〉任务分工方案》，2017 年 12 月 8 日。

② 贵州省生态环境厅：《环保国际合作中心职责职能》，贵州省生态环境厅网站，http://www.sthj.guizhou.gov.cn/bmdt/zsdw_ 70844/hbgjhzzx/。

区（贵州）实施方案》的明确要求，包括两项具体任务：一是建立生态文明建设高端智库，进行生态文明建设重大课题的研究，为生态文明建设提供政策建议；二是建立生态文明学院，进行生态文明的职业教育。根据贵州省委、省政府的部署，第一项任务由生态文明贵阳国际论坛省服务保障工作领导小组办公室、省环境保护厅、省人力资源和社会保障厅、省教育厅等部门联合实施，第二项任务则由省教育厅联合高校实施。① 目前这些工作都在筹备中，但尚未取得突破性进展。因为这些工作在全国范围内均没有经验可资借鉴，如何确保任务落地，是贵州试验区建设的又一个难点。

四　解决生态文明对外交流合作示范试验重难点问题的对策

（一）解决生态文明对外交流合作示范试验重点问题的对策

1. 实行论坛会员制

近些年来，人类对环境的影响不断加大，生物多样性已遭到破坏，农业系统脆弱，空气和海洋污染已对人类健康构成威胁，生态环境问题已成为困扰世界发展的一大难题。在生态文明建设中，加强国际合作已经成为共识。生态文明建设问题不仅是我国发展的核心问题，也是世界各国共同关心的核心问题，是构建人类命运共同体的重要环节。现阶段世界的发展，越来越重视人类发展的共同利益，越来越注意可持续发展理念在生态环境治理中的贯彻。生态文明贵阳国际论坛作为国际交流合作的一个重要平台，长期以来主要在国家支持下，由贵州省和贵阳市负责操办，其他国家和地区领导人及国外专家只作为特邀嘉宾参加会议，主客分明。因此，除了会议期间的交流外，他们很少能够参与到论坛建设之中，参会积极性也无法得到充分调动。因此，下一步可以参考二十国集团（G20）峰会、亚太经合组织（APEC）峰会等高端国际会员制会议模式，激发其他国家和地区、国际组织参与论坛建设的主动性和积极性，共同打造一个生态文明国际交流合作领域的高层论坛。2018年论坛上，联合国工业发展组织独立承办了"'一带一路'碳中和基础设施发展与融资峰会"就是一个好的开始。

---

① 中共贵州省委、贵州省人民政府：《贵州省贯彻落实〈国家生态文明试验区（贵州）实施方案〉任务分工方案》，2017 年 12 月 8 日。

2. 适当延长论坛持续时间，进一步增加成果展示环节

生态文明贵阳国际论坛与亚太经合组织峰会、二十国集团峰会等高层峰会不同，这些峰会主要是各国政要交流的平台，而生态文明贵阳国际论坛召开的目的，不仅是让全球诸国各界就生态环境保护、绿色发展达成共识，还要探索生态文明建设的理念和方法，推广生态文明产品的应用，不仅要求"论起来"，也要"干起来"。目前仅 2～3 天的会议召开时间里，不仅要举办开幕式、主论坛，还有分论坛及演出、成果展示等诸多环节，日程显得太过紧张，深度不够。因此，可以参考类似巴黎时装周（Paris Fashion Week）的模式，适当增加论坛运行时间，提高成果展示环节在论坛中所占的比例，加大成果宣传力度，进一步推动项目合作和成果应用。成果的展示，不仅要包括生态文明理论成果的展示，还应突出生态文明建设新技术、新手段的展示。

3. 提高民众参与度

在"小规模、高质量"的要求下，生态文明贵阳国际论坛虽然吸引了国内国际的高端人才、重要领导参会，但民众却很少能够参与进来，整个城市的参与度不高，也会导致会议氛围不够，不利于会议影响力提升。在下一步工作中，要调动民众的积极性，使他们更多地参与到论坛中，借助论坛的影响带动百姓树立生态文明意识，争当生态公民。可以分类型带动百姓融入论坛讨论，如同期组织生态文明进校园、生态文明进工厂、生态文明进社区等系列活动，让百姓也"论"起来，并借机向百姓传播生态文明的理念和成果，可以为论坛营造更为热烈的氛围。

（二）解决生态文明对外交流合作示范试验难点问题的对策

1. 建立专门协作机构和生态文明国际交流合作的有效运行机制

目前，贵州试验区的生态文明国际交流合作，主要表现为生态文明贵阳国际论坛举办期间，我方与参会的相关国家、国际组织签订合作协议。在论坛结束的周期内，交流合作的工作则由外事办负责联络，缺乏主动寻求交流合作的专门机构。因此，应该成立专门的负责生态文明国际交流合作的机构，探索推动生态文明国际交流合作的方式方法，主动寻求与国际上相关部门、协会、专家进行实时交流。

2. 成立贵州生态文明研究与促进会，推动生态文明研究与成果应用

贵州应当仿照中国生态文明研究与促进会的模式，以政府高层、高端学者、商界精英结合的方式，成立既有政府权威，又进行专业研究，兼具市场操作的复合机构。这种融合政府、学界、商业翘楚于一体的组织架构，既能够保证学术前瞻性、研究实效性，又能够得到政府支持，并为政府的生态文明建设提供政策参考。

目前，贵州生态文明的相关组织，只有贵州省生态文明研究会。这个社会团体成立于2008年，由贵州省内从事生态文明研究的学者组成。该研究会创立后，在开展生态文明研究、承担相应课题、举办相关研讨会等方面取得了一定成绩。但是贵州作为国家生态文明试验区，生态文明研究与成果应用的推进光靠政府、学界、商界等任何一方的力量都不能完成，必须建立类似中国生态文明研究与促进会这样的组织，形成各方协作机制，共同推动生态文明事业不断前进。

3. 成立生态文明研究院

要建立生态文明建设高端智库，探讨生态文明建设最新理念，研究生态文明领域重大课题，提出具有战略性、前瞻性的政策、措施、建议，就必须成立专门的生态文明研究院。这个研究院应当汇集生态文明各领域的专业人才，促进人才集聚，形成人才高地。目前，贵州师范大学已经决定成立生态文明研究院，相关筹备工作正在进行中。

4. 成立生态文明学院

《国家生态文明试验区（贵州）实施方案》明确提出，要支持贵州高校建立生态文明学院，加强生态文明职业教育。生态文明学院建立以后，不仅可以根据现实需要为生态文明建设培养专业人才，而且可以开展生态文明普及教育，包括让在校大学生接受生态文明知识教育、为社会各界提供生态文明培训两个方面。目前，贵州师范大学生态文明学院（生态文明研究院）已经成立，期待其在此方面作出更多贡献。

第八章

绿色绩效评价考核创新试验

党的十九届四中全会指出，要"建立生态文明建设目标评价考核制度"，"开展领导干部自然资源资产离任审计"和"实行生态环境损害责任终身追究制"。探索建立生态文明建设目标评价考核体系和奖惩机制，编制自然资源资产负债表，实行领导干部环境保护责任制和自然资源资产离任审计，有利于实现生态文明领域国家治理体系和治理能力现代化，有利于将这些制度优势更好地转化为国家治理效能。《国家生态文明试验区（贵州）实施方案》将"开展绿色绩效评价考核创新试验"作为国家生态文明试验区（贵州）建设的一个重点任务，就是要探索建立"激励与约束并举"的支持绿色发展、循环发展、低碳发展的政绩导向机制。

一 绿色绩效评价考核在生态文明建设中的作用

建立绿色绩效评价考核制度体系是生态文明体制改革中迫切需要解决的关键问题。如果说生态文明制度体系中的其他方面是生态文明建设的过程保障，绿色绩效评价考核则是生态文明建设的结果保障。因此，绿色绩效评价考核在生态文明建设中具有十分重要的作用，具体表现在如下几个方面。

（一）有利于树立正确的政绩观

党的十八大以来，中共中央、国务院高度重视绩效评价考核制度改革，强调要摒弃长期以来片面追求 GDP 增长的政绩观。2013 年 6 月，习近平总书记在全国组织工作会议上指出，"要改进考核方法手段，既看发展又看基础，既看显绩又看潜绩，把民生改善、社会进步、生态效益等指标和实绩作为重要考核内容，再也不能简单以国内生产总值增长率来论英雄了"①。党的十九大进一步要求"完善干部考核评价机制"。党的十九届四中全会通过的《中共中央关于坚持和完善中国特色社会主义制度　推进国家治理体系和治理能力现代化若干重大问题的决定》明确提出，"提高推进'五位一体'总体布局和'四个全面'战略布局等各项工作能力和水平"和"把制度执行力和治理能力作为干部选拔任用、考核评价的重要依据"。由此可见，领导干部的考核和晋升与生态文明建设，尤其是与地方政府的绿色绩效水平将密切相关。绿色绩效作为经济社会发展综合评价和党政领导干部政绩考核的重要内容，可以发挥"指挥棒"的导向作用，引导党政领导干部树立正确的政绩观。

生态文明建设包罗万象，"五位一体"的战略布局要求生态文明建设必须与政治、经济、社会、文化建设有机融合。绿色绩效评价考核既能侧重评估资源环境治理的成效，又可将政治、经济、社会、文化建设的成效包含其中，这对全面正确地评价区域发展水平至关重要。由于特殊的地理位置和复杂的地形地貌，与福建、江西等国家生态文明试验区相比，贵州既是欠发达地区，又是生态环境脆弱地区，守住发展和生态两条底线所面临的问题更为突出。不树立绿色的政绩观，贵州试验区建设将会陷入生态文明建设滞后甚至倒退的窘境。绿色绩效评价考核是解决困境的"法宝"，可以激励党政领导干部以绿色发展为治理导向，形成促使地方政府绿色发展的"倒逼机制"。

（二）有利于约束非理性的经济决策

中共中央办公厅、国务院办公厅印发《关于设立统一规范的国家生态文明试验区的意见》指出，"建立生态文明目标评价考核体系和奖惩机制"等有利于"实现生态文明领域国家治理体系和治理能力现代化的制度"，强调了绿色绩效评价考核的国家治理功能。

从我国组织关系看，政府主导型的国家治理可以用"委托方—管理方—代理方"三个层级的组织模型来解释。② 委托方是中央政府，其职权

---

① 习近平：《在全国组织工作会议上的讲话》，《十八大以来重要文献选编》（上），中央文献出版社，2014，第 343～344 页。

② 周雪光、练宏：《中国政府的治理模式：一个"控制权"理论》，《社会学研究》2012 年第 5 期。

范围是制定政策目标、评估考核办法等；管理方是省级政府及相关部委，属于承上启下的管理部门，督促基层政府完成国家政策目标；代理方是基层政府，负责执行自上而下的政策方针，完成相关目标任务。在生态环境领域，保护生态环境让位于经济发展是党政领导干部过往决策中常见的现实问题。归根结底，是因为代理方承担多重目标任务，保护生态环境与其他目标任务时有冲突。[①] 地方政府在面临与环境治理相冲突的目标任务时，理性决策常常表现为"选择性应对"或者"变通执行"，甚至保护生态环境往往让位于其他目标任务，又表现为地方党政领导干部的非理性经济决策。

因此，绿色绩效评价考核可以约束地方党政领导干部的非理性经济决策，防范以牺牲和破坏环境为代价换取短期经济发展的风险，为贵州试验区守住发展与生态两条底线提供了制度约束。

（三）可以缓解发展与生态考核之间的矛盾

如前所述，绿色绩效评价考核具有激励引导正确政绩观和约束党政领导干部非理性经济决策的双重作用，可平衡好贵州试验区加快经济发展与保护生态环境双重任务，缓解发展经济与保护生态环境之间的矛盾。国家发展和改革委员会《关于印发〈绿色发展指标体系〉〈生态文明建设考核目标体系〉的通知》和贵州省人民政府《贵州省生态文明建设目标评价考核办法（试行）》，将生态环境和经济增长质量都作为绩效评价的依据（见表8-1），充分验证了绿色绩效评价考核具有综合性的属性。

表8-1 国家发展和改革委员会、贵州省人民政府生态文明建设考核目标及分值

文件名称	印发单位	评价指标	分值
《生态文明建设考核目标体系》	国家发展和改革委员会	资源利用	30 分
		生态环境保护	40 分
		年度评价结果	20 分
		公众满意程度	10 分
		生态环境事件	扣分

① 戚建刚、余海洋：《论作为运动型治理机制之"中央环保督察制度"——兼与陈海嵩教授商榷》，《理论探讨》2018 年第 2 期。

文件名称	印发单位	评价指标	分值
《贵州省生态文明建设目标评价考核办法（试行）》	贵州省人民政府	绿色发展指数，包括资源利用、环境治理、环境质量、生态保护、增长质量和绿色生活六个方面49项指标	70分
		体制机制创新和工作亮点	20分
		公众满意程度	10分
		生态环境事件	扣分

资料来源：国家发展和改革委员会《生态文明建设考核目标体系》、贵州省人民政府《贵州省生态文明建设目标评价考核办法（试行）》。

可以看出，国家发展和改革委员会与贵州省人民政府制定的目标评价体系，在强化对生态环境考量的同时，经济增长也是评价的重要内容，兼顾了发展与生态两方面。这表明保护生态环境是当前生态文明试验区（贵州）建设的重点，但试验区也不能轻视经济发展。经济发展的旧思路急需转变，只有摒弃唯GDP论英雄的政绩观，践行好"绿水青山就是金山银山"的绿色发展理念，才能够牢牢守住发展与生态两条底线，使两者相得益彰、共推共荣。

二　绿色绩效评价考核创新试验要求及现状

（一）绿色绩效评价考核创新试验要求

1. 国家专项文件的要求

针对绿色绩效评价考核，国家印发了一系列指导性文件（见表8-2）。这些文件分别对生态文明建设目标评价考核、编制自然资源资产负债表、领导干部自然资源资产离任审计、环境保护督察、生态环境损害责任追究等作出了专项指引，充分说明了绿色绩效评价考核制度体系是生态文明制度系统中不可或缺的组成部分，为贵州试验区开展绿色绩效评价考核创新试验指明了方向。

表8-2　国家关于绿色绩效评价考核指导性文件一览

文件名称	制定目的	指导内容
《生态文明建设目标评价考核办法》	规范生态文明建设目标评价考核工作	明确评价考核的原则、评价内容、考核办法，规定了实施组织部门
《编制自然资源资产负债表试点方案》	指导试点地区探索形成可复制可推广的编表经验	明确试点要求、试点内容、试点地区、基本方法、时间安排和保障措施

续表

文件名称	制定目的	指导内容
《领导干部自然资源资产离任审计规定（试行）》	指导领导干部自然资源资产离任审计工作	明确审计原则和内容，强调结果分析和运用，要求审计整改和部门联动
《环境保护督察方案（试行）》	建立环保督察工作机制	明确督察的重点对象、重点内容、进度安排、组织形式和实施方案
《党政领导干部生态环境损害责任追究办法（试行)》	强化党政领导干部生态环境和资源保护职责	明确县级以上地方各级党委和政府及其相关工作部门领导成员的责任情形、责任追究形式，以及联动机制和司法渠道
《生态文明建设标准体系发展行动指南（2018—2020 年）》	指导生态文明的标准化建设	明确生态环境、空间布局、生态经济、生态文化等生态文明建设急需的关键技术标准

资料来源：课题组根据相关文件整理。

2. 《国家生态文明试验区（贵州）实施方案》的要求

关于绿色绩效评价考核创新试验，《国家生态文明试验区（贵州）实施方案》提出了五个方面的要求：一是建立绿色评价考核制度，二是开展自然资源资产负债表编制，三是开展领导干部自然资源资产离任审计，四是完善环境保护督察制度，五是完善生态文明建设责任追究制。方案针对每个方面又提出了若干具体要求（见表8-3）。

表8-3 绿色绩效评价考核创新试验要求一览

一级指标	二级指标
建立绿色评价考核制度	加快推进能源、矿产资源、水、大气、森林、草地、湿地等统计监测核算
	2017 年起每年发布各市（州）绿色发展指数
	开展生态文明建设目标评价考核
	研究制定森林生态系统服务功能价值核算试点办法，建立森林资源价值核算指标体系
开展自然资源资产负债表编制	探索构建水、土地、林木等资源资产负债核算方法。试点范围：六盘水市、赤水市、荔波县
	编制全省自然资源资产负债表。时间：2018 年
开展领导干部自然资源资产离任审计	探索审计办法，2018 年建立经常性审计制度
	加强审计结果运用，将自然资源资产离任审计结果作为领导干部考核的重要依据

续表

一级指标	二级指标
完善环境保护督察制度	建立定期与不定期相结合的环境保护督察机制
	2017 年起每 2 年对全省 9 个市（州）、贵安新区、省直管县当地政府及环保责任部门开展环境保护督察
	不定期对存在突出环境问题的地区开展专项督察
完善生态文明建设责任追究制	实行党委和政府领导班子成员生态文明建设一岗双责制
	建立领导干部任期生态文明建设责任制
	对领导干部离任后出现重大生态环境损害并认定其需要承担责任的，实行终身追责

资料来源：根据《国家生态文明试验区（贵州）实施方案》整理。

3. 绿色绩效评价考核体系的应然逻辑

绿色绩效评价考核体系包含从信息载体（自然资源资产负债表）到目标评价再到责任追究各个环节，其中环境保护督察制度是"事前预警、事中监督、事后整改"的预防监督体系，领导干部自然资源资产离任审计是对"关键少数"进行政绩审查的制度约束（见图 8-1）。目前，该领域的研究存在"系统性"缺失，各部分之间的应然逻辑梳理得还不够，这不利于生态文明制度的建立，会导致各体系机制之间不能很好地衔接。

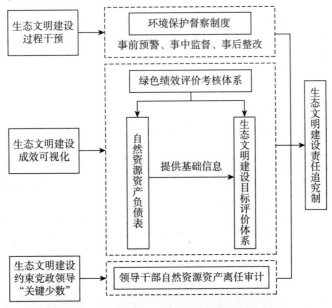

图 8-1 绿色绩效评价考核体系的逻辑关系

　　由于各制度之间相互影响、相互制约，关联性强，对制度体系的研究既要深入得进去，又要跳得出来，须从宏观和微观两个方面进行全面把握。如果研究不够深入，制度探索就没有成效；如果只着重对某一体系机制的探讨，整体制度实施就难以开展。因此，有必要对绿色绩效评价考核体系的应然逻辑进行梳理，以便把握好建立系统完整的生态文明制度的尺度。

　　第一，自然资源资产负债表定位。信息载体是自然资源资产负债表的功能定位，在绿色绩效评价考核体系中起着基础性作用。"基础不牢，地动山摇"，如果基础信息不实或失效，那么随后的评价考核和离任审计结论就不科学。当前，自然资源资产负债表编制存在两个主要问题，一是报表中的负债如何界定，二是报表中价值量表如何核算以及质量表如何评定，相关会计准则亟须研究制定。

　　第二，生态文明建设目标评价体系定位。评价的目的在于考核约束，这是目标评价体系的功能定位，在绿色绩效评价考核体系中起着决定性作用。以自然资源资产负债表提供的基础信息为依据，生态文明建设目标评价既要侧重资源利用、资源消耗、环境损害、生态效益等方面的考量，又需要结合地方政府其他目标任务的绩效考察，使之整合为经济社会综合评价体系。这不仅可以缓和地方政府在生态文明建设上与其他众多目标任务的矛盾冲突，还能激励政府在生态文明建设方面有所作为。当前，建立生态文明建设目标评价体系存在的主要问题在于：应进一步界定评价内容和完善相关权重，解决多重目标任务之间的冲突问题。

　　第三，环境保护督察制度定位。干预与督政，是环境保护督察制度的功能定位。干预与督政，是对生态文明建设行为偏颇和结果失效的纠正，是生态文明建设的过程保障。这种机制安排具有国家治理的属性，不仅限于发挥政府"有形之手"的功能。在环境治理任务与其他众多目标任务有冲突时，地方政府存在放弃环境治理的"经济人决策"行为，这很有可能使得生态文明建设滞后，甚至生态环境更为恶化。因此，有必要建立预警干预的防范制度，建立定期与不定期相结合的环境保护督察机制，对突出的环境问题及时进行整改，促使地方政府的决策行为与生态文明建设的目标要求相一致。

　　第四，领导干部自然资源资产离任审计定位。在生态文明领域约束好党政领导干部这个"关键少数"，是党政领导干部自然资源资产离任审计的功能定位。生态文明建设政绩考核是建设生态文明不可或缺的制度杠杆。党政领导干部在地方治理中掌握着开发利用自然资源的决策权，当经济发展的目标任务与生态文明建设相冲突时，其理性的经济决策常常是生态文明建设让位于经济发展，根本原因在于生态环境保护与治理未对党政领导干部产生刚性约束。根据《领导干部自然资源资产离任审计规定（试行）》，领导干部自然资源资产离任审计除了要审计生态文明建设的可视化成效，还须开展过程审计，如落实生态文明相关方针政策情况、自然资源资产管理情况、环境保护监督责任履行情况、资金征管用情况等，要兼顾过程审计与结果审计。当前，领导干部自然资源资产离任审计中存在的主要问题在于：须细化审计准则，进一步统一对审计主体、审计对象、审计方法等的认识。

第五，生态文明建设责任追究制定位。责任追究要以自然资源资产离任审计结果和生态环境损害情况为依据，故行为问责和后果问责是生态文明建设责任追究制的功能定位，其顺应了从绩效评估机制过渡到责任机制的自然逻辑。按照 DPSIR 理论模型解释，责任追究制度可作为响应（Response）中的重要外在作用力，是人们在认识到生态环境改变及其所带来的影响后必须采取某种社会"反应"的一种责任约束。目前，建立生态文明建设责任追究制度面临的主要问题在于如何定责与量责，如对人为责任与非人为责任如何划分界定、如何根据资源环境损害的程度量责等。

（二）绿色绩效评价考核创新试验现状

贵州开展绿色绩效评价考核创新试验，是以"试点 + 总结 + 推广"的模式进行的。从实施现状来看，贵州试验区建设基本符合国家要求。

1. 制度建设现状

关于绿色绩效评价考核创新试验，贵州试验区研究制定了较为齐全的配套制度（见表 8 - 4），为相关工作的开展提供了制度保障。

表 8 - 4　贵州省绿色绩效评价考核创新试验相关制度一览

目标	拟解决的具体问题	文件名称	印发时间
建立省内生态文明建设的行为规范	拟解决各级人民政府（主要是县级以上人民政府）如何开展生态文明建设问题（即工作内容和要求）	《贵州省生态文明建设促进条例》（修正版）	2018 年

续表

目标	拟解决的具体问题	文件名称	印发时间
建立绿色评价考核制度	拟解决如何开展生态文明建设目标评价考核的问题	《贵州省生态文明建设目标评价考核办法（试行）》	2017 年
		《生态文明体制改革实施方案》	2015 年
	拟解决如何加强推进环境监测统计能力建设的问题	《贵州省环境监测能力建设工作方案》	2014 年
	拟解决生态文明建设目标评价与考核的标准化问题	《贵州省生态文明建设标准体系框架》和《贵州省生态文明建设标准体系明细表》	2019 年
开展自然资源资产负债表编制	拟解决试点单位如何开展自然资源资产负债表编制工作的问题	《关于开展编制自然资源资产负债表试点工作的通知》	2016 年
		《2016 年贵州省自然资源资产负债表试点工作总体方案》	2016 年
	拟解决土地资源、林木资源、水资源、矿产资源等四类资产实物账户编制规范问题	《贵州省自然资源资产负债表编制制度（试行）》	2018 年
开展领导干部自然资源资产离任审计	拟解决试点单位如何开展领导干部自然资源资产离任审计工作的问题	《贵州省自然资源资产责任审计工作指导意见》	2015 年
		《贵州省开展领导干部自然资源资产责任审计试点实施方案》	2016 年
		《赤水河流域（贵州境域）自然资源资产责任审计工作指导意见（试行）》	2014 年
完善环境保护督察制度	拟解决如何开展环境保护督察的问题	《贵州省环境保护督察方案（试行）》	2016 年
	拟解决生态环境保护督察和监察的主要问题	《贵州省生态环境保护条例》	2019 年
完善生态文明建设责任追究制	拟解决党政领导干部责任主体确定、责任划分以及问责结果运用等问题	《贵州省生态环境损害党政领导干部问责暂行办法》	2015 年
		《贵州省各级党委、政府及相关职能部门生态环境保护责任划分规定（试行）》	2016 年

资料来源：课题组根据相关文件整理。

可以看出，贵州试验区绿色绩效评价考核创新试验已取得显著成效，相应的方案或办法较为齐全，涵盖了绿色绩效评价考核创新试验的几个方面，其中部分制度的创新试验处于全国前列。但还有两个方面的问题值得重视，一是相关制度还需要进一步细化。在表 8-4 所列制度文件中，只有《贵州省环境监测能力建设工作方案》和《贵州省自然资源资产负债表编制制度（试行）》规定较细，接近"准则"规范。二是这些制度之间的衔接有待进一步加强。如前文所述，在制度体系内绿色绩效评价考核制度之间具有应然逻辑关系，制度之间衔接度的高低直接影响制度体系的实施效果。

2. 制度实施现状

自《国家生态文明试验区（贵州）实施方案》发布以来，贵州紧紧围绕方案的指导思想和重点任务逐步实施，在生态文明建设目标评价考核、自然资源资产负债表编制、领导干部自然资源资产离任审计、环境保护督察等方面都取得了较为显著的成效。

（1）生态文明建设目标评价考核现状

2016 年 12 月 22 日，中共中央办公厅、国务院办公厅印发《生态文明建设目标评价考核办法》后，各省（自治区、直辖市）也出台了相应的目标评价考核办法（见表 8 - 5）。

表 8 - 5　部分省（自治区、直辖市）制定的生态文明建设目标评价考核办法一览

地区	文件名称	发布时间
贵州省	《贵州省生态文明建设目标评价考核办法（试行）》	2017 年 4 月
江西省	《江西省生态文明建设目标评价考核办法（试行）》	2017 年 6 月
湖北省	《湖北省生态文明建设目标评价考核办法》	2017 年 7 月
福建省	《福建省生态文明建设目标评价考核办法》	2017 年 8 月
内蒙古自治区	《内蒙古自治区生态文明建设目标评价考核办法》	2017 年 8 月
浙江省	《浙江省生态文明建设目标评价考核办法》	2017 年 7 月
江苏省	《江苏省生态文明建设目标评价考核实施办法》	2017 年 8 月
河南省	《河南省生态文明建设目标评价考核实施办法》	2017 年 7 月
安徽省	《安徽省生态文明建设目标评价考核实施办法》	2017 年 10 月
湖南省	《湖南省生态文明建设目标评价考核办法》	2017 年 10 月
北京市	《北京市生态文明建设目标评价考核办法》	2017 年 12 月
广东省	《广东省生态文明建设目标评价考核实施办法》	2018 年 3 月

资料来源：课题组搜集整理。

其一，贵州省生态文明建设目标评价考核情况。从表 8 - 5 可以看出，贵州是较早出台生态文明建设目标评价考核办法的省级政府。贵州省的评价考

核办法具体考核以下四个方面（按百分制计算）：一是绿色发展指数，包括资源利用、环境治理、环境质量、生态保护、增长质量和绿色生活六个方面49项指标（分值为70分）；二是体制机制创新和工作亮点（分值为20分）；三是公众满意程度（分值为10分）；四是生态环境事件（作为扣分项，每发生一起扣5分）。与其他省（自治区、直辖市）相比，把"体制机制创新和工作亮点"作为重要的评价考核内容是贵州省的最大特色，这可以激发地方政府在创新生态文明体制机制方面的积极性与主动性。

贵州不仅较早出台了《贵州省生态文明建设目标评价考核办法（试行)》，而且也较早发布了考核结果（见表8-6）。2017年12月20日，贵州省发展和改革委员会通报了2016年度评价考核情况，全省9个市（州）优秀等次2个、良好等次3个、合格等次4个。① 2018年10月17日，贵州省发展和改革委员会通报了2017年度评价考核情况，全省9个市（州）优秀等次2个、良好等次2个、合格等次5个。② 2019年12月13日，贵州省发展和改革委员会通报了2018年度评价考核情况，全省9个市（州）优秀等次2个、良好等次2个、合格等次5个。③

表8-6　贵州各市（州）2016—2018年度生态文明建设目标评价考核结果

序号	市（州）	年度	绿色发展指数（权重占70%）	体制机制创新和工作亮点（权重占20%）	公众满意程度（权重占10%）	生态环境事件（扣分项）	总分	考核结果
1	贵阳市	2016	81.57	95.00	70.71	-3.9	80.43	良好
		2017	83.63	91.00	85.20	-2.4	84.06	优秀
		2018	76.08	90.75	82.76	-2.1	80.98	良好

① 《省生态文明建设领导小组关于各市（州）2016年度生态文明建设目标评价考核结果的通报》，贵州省发展和改革委员会网站，http://www.fgw.guizhou.gov.cn/fggz/ywdt/201712/t20171220_62003758.html，2017年12月20日。
② 《省生态文明建设领导小组关于各市（州）2017年度生态文明建设目标评价考核结果的通报》，贵州省发展和改革委员会网站，http://www.fgw.guizhou.gov.cn/zwgk/zfxxgkzl/fdzdgknr/shgysy_5628976/201811/t20181101_62050936.html，2018年10月17日。
③ 《省生态文明建设领导小组关于各市（州）2018年度生态文明建设目标评价考核结果的通报》，贵州省发展和改革委员会网站，http://www.fgw.guizhou.gov.cn/fggz/tzgg/201912/t20191230_62126867.html，2019年12月30日。

续表

序号	市（州）	年度	绿色发展指数（权重占70%）	体制机制创新和工作亮点（权重占20%）	公众满意程度（权重占10%）	生态环境事件（扣分项）	总分	考核结果
2	遵义市	2016	81.01	87.50	83.74	-2	81.74	优秀
		2017	75.97	88.50	83.62	-2	78.33	合格
		2018	74.41	86.75	88.43	-4.5	77.11	合格
3	六盘水市	2016	79.47	92.50	84.08	-2.3	81.37	良好
		2017	75.50	77.75	80.87	-2.3	75.26	合格
		2018	72.13	82.25	86.19	-1.2	77.58	合格
4	安顺市	2016	83.29	90.50	84.45	-2.1	83.94	优秀
		2017	80.27	85.00	81.00	-2.1	80.34	良好
		2018	74.76	80.75	84.16	-1	79.24	合格
5	毕节市	2016	75.05	90.50	77.65	-4.4	75.07	合格
		2017	75.96	86.25	80.35	-3.3	76.24	合格
		2018	70.67	88.75	86.66	-1.3	77.74	合格
6	铜仁市	2016	76.29	92.00	82.05	-2.2	78.89	合格
		2017	78.11	89.75	87.30	-2.2	80.27	良好
		2018	76.24	93.00	89.06	-2	82.28	优秀
7	黔东南州	2016	80.80	93.50	84.79	-4.7	80.19	良好
		2017	76.08	88.25	83.73	-5	75.37	合格
		2018	73.85	85.00	86.14	-3.6	77.01	合格
8	黔南州	2016	75.14	75.50	83.93	-3.8	73.37	合格
		2017	73.88	89.75	85.25	-3.8	75.45	合格
		2018	76.37	89.75	89.18	-1.7	82.04	良好
9	黔西南州	2016	75.05	81.00	82.03	-4	74.01	合格
		2017	83.35	90.50	82.36	-2.9	82.97	优秀
		2018	80.19	91.50	84.97	-2.4	84.11	优秀

资料来源：课题组搜集整理。2018年度绿色发展指数涉及49项指标，总分值为94；2016和2017年度绿色发展指数涉及48项指标，总分值为98。该表所述的生态环境事件项包括中央环保督察责任追究事项。

贵州各市（州）2016—2018年度生态文明建设目标评价考核结果存在两种现象：一是上坡和下坡同时存在，如铜仁市和黔西南州从2016年度的"合格"

到 2018 年度的"优秀"，实现了在生态文明建设领域的赶超；而遵义市和安顺市则是下坡代表，均从 2016 年度的"优秀"下降到 2018 年的"合格"。二是生态文明建设洼地仍然突出，如毕节市在三个年度的考核中均仅为"合格"；六盘水市、黔东南州和黔南州在三个年度的考核中有两次为"合格"，一次为"良好"，今后贵州需要加强生态文明洼地建设，跳出"木桶效应"的陷阱。

贵州各市（州）在体制机制创新和工作亮点方面各具特色和侧重点，丰富了贵州生态文明建设制度探索的内容，助推了贵州生态文明体制改革（见表 8-7）。

表 8-7　贵州各市（州）2016—2018 年度体制机制创新和工作亮点一览

序号	地区	年度	创新和亮点
1	贵阳市	2016	创新"绿色产业"和"生态文化"两大制度体系，实施《贵阳市"一河百山千园"行动计划》
		2017	挂牌成立全国首个绿色金融法庭，积极开展环境损害赔偿试点工作，清镇市人民法院生态保护法庭审结全国首例生态环境损害赔偿案件
		2018	推进"千园之城"建设，共建成各类公园 1025 个，在全省率先实现医疗废物条码管理
2	遵义市	2016	积极推进赤水河流域生态经济示范区创建，加强赤水河流域生态建设、环境保护、产业发展、区域合作，探索区域全面脱贫、同步小康的发展新路
		2017	成功举办由民革中央、云贵川三省政协主办的赤水河流域保护治理发展协作推进会，积极推动赤水河流域生态保护和环境治理、赤水河谷的环保生态和产业发展
		2018	统筹发展和生态协调推进，充分利用资源禀赋做好茶酒"文章"，积极推动工业绿色发展
3	六盘水市	2016	创造性地提出农村"三变"改革，打造"股份农民"，通过激活农村各类要素资源，推动"绿水青山"变"金山银山"
		2017	首创性提出《六盘水绿色红利凉都行动实施方案》，积极推进全国农村改革试验区建设，持续深化"三变"改革
		2018	开展"多规合一"改革试点，获批黑臭水体整治示范城市，黑臭水体治理完成率达 100%
4	安顺市	2016	提出"三权"促"三变"农村产权改革举措，推出"五股模式"改革示范点
		2017	围绕五型城市的发展目标推进绿色家园建设，制定出台第一部实体法规《安顺市虹山湖公园管理条例》
		2018	推进城市生态修复、城市修补试点，紧紧围绕五型城市大力开展城市园林绿化

序号	地区	年度	创新和亮点
5	毕节市	2017	率先开展自然资源产权体系建设工作，启动了全省第一个水权交易试点
		2018	率先启动"长江经济带污染治理试点城市"工作
6	铜仁市	2016	审议通过并出台了《铜仁市生态文明建设规划（2016—2025）》和《铜仁市委市政府关于奋力创建绿色发展先行示范区的意见》
		2017	立足自身资源禀赋，紧扣高质量发展要求，加快绿色发展经济布局和产业结构调整，提出"一区五地"发展定位
		2018	优化梵净山保护管理，开展自然保护区管理体制机制改革，江口县探索建立"垃圾兑换超市"助推农村生活垃圾有效治理
7	黔东南州	2016	率先在全省建立横向生态补偿机制，在清水江流域开展生态补偿机制试点
		2017	开展绿色生态脱贫，创造性建立"垃圾不落地"卫生管理新机制和农村人居环境项目"建管用"机制
		2018	全面试行生态环境损害赔偿制度，麻江县被列入首批国家农村产业融合发展示范园
8	黔南州	2017	开展都匀三江堰水环境综合治理成效明显，长顺县积极探索"产城景"融合发展路径
		2018	创造性推出河长制"派工单"制度，率先建立自然资源资产离任审计专家库，平塘县大力推进"中国天眼"宁静区生态修复
9	黔西南州	2018	创新搭建"城市水务物联网"平台形成"城市物联网"，建立了万峰湖保护和开发长效机制

资料来源：课题组据各市（州）生态文明建设目标评价考核结果的通报资料整理。

其二，与福建、江西试验区的对比。从 2017 年 12 月 26 日国家统计局、国家发展和改革委员会、环境保护部、中央组织部联合发布的《2016 年生态文明建设年度评价结果公报》来看，贵州绿色发展指数居全国第 17 位，公众满意程度居全国第 2 位。[①]

与其他两个国家生态文明试验区（福建、江西）相比，贵州公众满意程度排名领先但绿色发展指数排名靠后。绿色发展指数排名靠后是由于资源利用指数、环境治理指数、增长质量指数、绿色生活指数排名靠后（见表 8 - 8）。主要有两个方面的原因：一是部分指标缺失，如研究与试验发展经费支出占 GDP 比重、化学需氧量排放总量减少、二氧化硫排放总量减少、用水总

量、单位工业增加值用水量降低率等；① 二是部分领域建设效果差，如资源利用指数、绿色生活指数。这表明贵州试验区绿色绩效评价考核创新试验还须从制度构建和实施方面继续完善和强化，补好绿色发展的短板。

表 8-8　各国家生态文明试验区 2016 年生态文明建设年度评价排名比较

地区	绿色发展指数	资源利用指数	环境治理指数	环境质量指数	生态保护指数	增长质量指数	绿色生活指数	公众满意程度
福建	2	1	14	3	5	11	9	4
江西	15	20	24	11	6	15	14	13
贵州	17	26	19	7	7	19	26	2

资料来源：见国家统计局、国家发展和改革委员会、环境保护部、中央组织部《2016 年生态文明建设年度评价结果公报》。

但 2017 年和 2018 年全国生态文明建设年度评价结果公报并未发布，因此贵州生态文明建设水平在全国的横向比较情况还有待进一步观察。

（2）探索编制自然资源资产负债表现状

2016 年 2 月，贵州省人民政府印发了《关于开展编制自然资源资产负债表试点工作的通知》，同年 3 月，制定了《2016 年贵州省自然资源资产负债表试点工作总体方案》，明确了试点工作总体要求、职责分工、数据质量控制、工作时间进度、报送要求及工作保障等内容。2018 年 5 月，在试点工作基础上，贵州省统计局制定了《贵州省自然资源资产负债表编制制度（试行）》，规范了土地资源、林木资源、水资源、矿产资源等四类资产账户，对核算范围和资产分类标准、计算方法和填报说明等作了详细规定。2018 年 9 月，省统计局办公室发出了关于推进市（州）编制自然资源资产负债表工作的通知，就各市（州）自然资源资产负债表实物量表编制的任务、组织协调和工作步骤等作了指导。贵州成为全国首个将编制自然资源资产负债表覆盖到所有市（州）的省份，为服务生态文明建设提供更丰富的数据资料信息和更可靠的决策参考。

按照"先易后难，先主后细"的思路，到目前为止，贵州已确定了 5 个试点单位，其中国家级试点 1 个（赤水市），省级试点 4 个（六盘水市、毕

---

① 《2016 年贵州生态文明建设年度评价结果情况分析》，贵州省统计局网站，http://www.stjj.guizhou.gov.cn/tjsj_35719/tjfx_35729/201806/t20180608_25255423.html，2018 年 6 月 8 日。

节市、黔东南州、荔波县）。先后完成了赤水市、六盘水市、荔波县等试点单位森林、土地、水资源、矿产资源资产负债表编制。

就目前的情况来看，贵州自然资源资产负债表编制试点工作主要集中在以下几个方面。

一是构建协调机制。贵州省统计局作为牵头单位，省发展和改革委员会、国土资源厅、环境保护厅、农委、水利厅、审计厅、林业厅等部门作为成员单位。贵州省统计局先后多次召开座谈会，省国土资源厅、林业厅、水利厅等相关负责同志参会，对自然资源产权界定、价值量计量、自然资源种类的选择划分等进行了研究讨论。

二是统筹试点工作。为使试点工作有序推进，贵州省编制自然资源资产负债表试点工作指导小组围绕编制自然资源资产负债表的工作要求，召开了一系列专题会议，如培训会议、数据审核评估会议、研讨会等，充分保障了编制工作顺利推进。

三是协同推进。在贵州省统计局协调下，省发展和改革委员会、国土资源厅、环境保护厅、林业厅、水利厅等多家单位开展了编制自然资源资产负债表的研究工作，制定了相关方案和报表指标体系（见表 8 - 9）。

表 8 - 9　各部门制定的相关方案、报表指标体系一览

单位	方案和报表指标体系
国土资源厅	贵州省土地资源资产产权调查及资产负债表编制工作实施方案
国土资源厅、发展和改革委员会	贵州省自然资源资产产权制度和用途管制制度改革方案
国土资源厅	镇（乡）土地资源资产负债表
水利厅	水资源资产负债表编制的框架和主要指标
林业厅	贵州省林业自然资源资产负债表（实物量表）
	林地面积、林地质量、森林面积、森林蓄积、森林质量、湿地面积、湿地质量等量表
省统计局、贵州财经大学	自然资源资产负债表的基本框架

资料来源：课题组搜集整理。

贵州省在全国较早地开展了编制自然资源资产负债表工作探索，其历程可大致分为三个阶段。

第一阶段：2014—2015 年，率先探索和先行先试阶段。这个阶段的主要焦点是自然资源资产负债表编制的理论研究和探索实践。

第二阶段：2016—2017 年，深入研究和国家试点阶段。这个阶段的主要焦点是开展报表编制试点工作，以期解决率先探索和先行先试阶段所发现的问题，并将赤水市作为全国唯一县级试点地区开展相关工作。

第三阶段：2018 年至今，全面实施和深入推进阶段。这个阶段的主要目标是要在全省范围内全面推进自然资源资产负债表的编制工作。

从与省统计局的访谈情况看，当前编制自然资源资产负债表存在两个难点。一是价值量无法核算。因为自然资源资产的价值包含了经济价值、社会价值、生态价值，在借鉴国际上最为成熟的 SEEA—2012 核算框架基础上，也只能核算进入生产（市场）环节的自然资源资产的经济价值，但其社会价值、生态价值核算还没有统一的标准和方法。二是报表中的负债难以界定和核算。因此，目前只对自然资源资产进行实物量的核算和填报，表现为实物量账户和管理报表。

按照《国家生态文明试验区（贵州）实施方案》要求，在 2018 年编制全省自然资源资产负债表，目前这项工作正在稳步推进。贵州省统计局在编制自然资源资产负债表试点工作中总结了诸多宝贵经验，所提出的相关建议被国家统计局采纳。贵州试验区在探索编制自然资源资产负债表创新试验方面，是走在全国前列的。

（3）探索领导干部自然资源资产离任审计现状

早于 2013 年底，贵州省审计厅就已开始积极探索实施领导干部自然资源资产责任审计，提出了开展自然资源资产责任审计的 5 条措施，包括：成立领导小组，与审计署和省委组织部建立联系机制，与环境保护厅、国土资源厅、林业厅等相关部门建立协调机制，与科研机构建立合作机制，确定先行先试原则等。2015 年 4 月，贵州省审计厅印发了《贵州省自然资源资产责任审计工作指导意见》。2016 年 3 月，中共贵州省委办公厅、省人民政府办公厅印发了《贵州省开展领导干部自然资源资产责任审计试点实施方案》，明确将领导干部自然资源资产责任审计纳入生态文明体制改革的重点目标内容。

截至 2017 年底，贵州省共在 35 个市（州）、县及乡镇进行了审计试点，识别了一批涉及自然资源资产开发利用、生态环境保护等方面的风险隐患，建立完善了一批制度体系。贵州作为首批国家生态文明试验区，率先开展了在生态环保方面的审计工作。2019 年贵州省审计厅厅长卢伟同志向省十三届人大常委会第十一次会议作审计工作报告，报告提到了 2018 年省厅对贵阳等

2个市和紫云等16个县开展了领导干部自然资源资产离任（任中）审计，指出审计发现的主要问题。① 截至2019年10月，贵阳市委、市政府已完成云岩、南明、白云等8个区（县、市）自然资源资产的审计工作，审计结果较好。②

目前，贵州省审计厅在息烽县、桐梓县、西秀区等12个县（市、区）的领导干部自然资源资产离任审计试点已实施完毕，并出具了相应的审计报告。其中，赤水市的试点工作成效显著，创下两个第一。在领导干部自然资源资产离任审计试点工作中，贵州取得了以下可资借鉴的经验。

一是加强培训和调研。领导干部自然资源资产离任审计是一项全新的审计工作。在审计项目实施前和实施中，不管是省级审计机关还是下一级审计机关以及相关工作人员，在自然资源资产界定、审计方法、审计报告鉴定等方面都存在不少模糊认识，故需开展专题研究和学习培训。贵州省审计厅就曾多次组织参审人员学习培训，以深化对审计实施方案的精神实质、总体目标、主要任务和措施等的认识和理解。为制订针对性强、切实可行的审计工作方案，省审计厅多次深入调研自然资源的存量、分布，资源开发利用、保护及管理制度建设情况等。

二是加强协调沟通。自然资源资产种类比较多，虽然相关文件明确指出，水资源、土地资源、矿产资源、森林资源是重点关注对象，但由于这些资源分属不同部门管理，要使基础数据口径统一，就必须加强各部门的沟通协调。针对自然资源资产的存量情况、地理分布、开发使用、环境损害和修复状况等，省审计厅积极与省国土资源厅、林业厅、水利厅等部门协调沟通，分门别类登记水资源、土地、山林面积等，夯实管理基础，搭建数据平台，为审计工作提供了数据基础。

三是优化组织模式。贵州领导干部自然资源资产离任审计采用了"1个项目综合组＋N个专业组"的组织模式。项目综合组的任务是"精准锁定问题"，专业组的任务是"及时查核突破"。

---

① 《贵州省人民政府关于2018年度贵州省省级预算执行和其他财政收支的审计工作报告》，中华人民共和国审计署网站，http://www.audit.gov.cn/n5/n1482/c134062/content.html，2019年8月23日。

② 《加强领导干部自然资源资产离任（任中）审计　促进贵阳市生态文明建设》，贵阳市审计局网站，http://www.sjj.guiyang.gov.cn/djyd/201911/t20191105_16924767.html，2019年11月5日。

四是积极探索数据捕捉技术。部分自然资源的数据获取难度大，用常规的测量方法无法实现。为此，贵州省审计厅探索运用大数据和地理信息技术，利用 GPS、RS、GIS 等技术手段，对自然资源资产的空间位置进行审查，为查处违规违法用地、突破土地红线指标、矿山越界超规模开采、营造林项目擅自调整、数据不实等问题提供了依据。

（4）环境保护督察现状

2016 年，贵州省委办公厅印发了《关于印发〈贵州省环境保护督察方案〉（试行）的通知》《贵州省各级党委、政府及相关职能部门生态环境保护责任划分规定（试行）》，为贵州省各级党委、政府及相关职能部门认真落实生态环境保护主体责任、全面推动生态文明建设发挥了重要作用。通过实施环境保护"十二件实事"、环境污染治理设施建设三年行动计划、环境保护攻坚行动工作方案、十大污染源治理工程和十大行业治污减排达标排放专项行动等，全省 9 个市（州）2016 年平均优良天数比例为 97.1%，全省八大水系 151 个省控断面水质优良比例为 96%，森林覆盖率达到 52%，环境质量在全国处于领先位置。①

第一，第一轮中央环境保护督察。2017 年 4 月 26 日至 5 月 26 日，中央第七环境保护督察组对贵州省开展环境保护第一轮督察工作。中央第七环境保护督察组反馈的问题主要有：一是生态环境保护责任落实不够到位；二是水环境问题比较突出；三是基础治污设施建设滞后；四是生态敏感区管理比较粗放。② 贵州省委、省政府高度重视督察组的意见，成立了由省委书记任组长的环保督察整改工作领导小组，制定了《贵州省贯彻落实中央第七环境保护督察组督察贵州反馈意见整改方案》，围绕生态文明建设的政治责任，大气、环境治理，环保基础设施建设，环保督察、监管和执法水平等四类目标，制定了 22 个方面的措施，列出了 72 项具体整改措施清单。③ 截至 2017 年 6 月底，督察组交办的 3453 件环境举报案件已基本办结，责令整改 1496 件，立案处罚 702 件，罚款 5665.5 万元；立案侦查 32

---

① 《中央第七环境保护督察组向贵州省反馈督察情况》，中华人民共和国生态环境部网站，ht-tp：//www.mee.gov.cn/gkml/sthjbgw/qt/201708/t20170801_418977.htm，2017 年 8 月 1 日。
② 《中央第七环境保护督察组向贵州省反馈督察情况》，中华人民共和国生态环境部网站，ht-tp：//www.mee.gov.cn/gkml/sthjbgw/qt/201708/t20170801_418977.htm，2017 年 8 月 1 日。
③ 《贵州省对外公开中央环境保护督察整改情况》，中华人民共和国生态环境部网站，http://www.mee.gov.cn/gkml/sthjbgw/qt/201809/t20180928_632827.htm，2018 年 9 月 28 日。

件，拘留 32 人；约谈 1170 人，问责 321 人。[①] 截至 2018 年 8 月底，督察组反馈的 72 个问题已完成整改 49 个，72 个问题分解成 385 个子问题，完成整改 330 个。[②]

以第一轮中央环保督察整改为契机，贵州省出台一系列政策与制度，丰富和完善了生态文明建设长效机制（见表 8 - 10）。

表 8 - 10　第一轮中央环保督察后贵州整改的政策与制度一览

文件名称	拟解决的问题和目的
《贵州省加强环境保护督察机制建设的八条意见》	建立领导干部环保突出问题包干督察机制，省、市、县每年梳理出生态环境较为突出的问题，实行省、市、县党政领导包干督察，限期完成整治
《关于深化环保督察整改工作的通知》	从深化整改的重点措施、进度要求、责任落实和责任追究等方面再督促、再推动
《贵州省企业环境信用评价工作实施方案》	在企业层面，建立环境"守信激励、失信惩戒"机制
《贵州省环境保护失信黑名单管理办法（试行）》《关于在环保行政许可中试行信用承诺制度有关事项的通知（试行）》	全面推行环境信用承诺制度（全国率先推行）
《贵州省生态环境损害赔偿制度改革试点工作实施方案》	积极推进检察机关提起生态损害赔偿诉讼。建成省、市两级举报平台，及时收集处理和回复群众反映的环保问题，构建环保问题群众举报处理常态化机制

资料来源：据《贵州省对外公开中央环境保护督察整改情况》整理。

第二，第二轮中央环境保护督察。2018 年 11 月 4 日至 12 月 4 日，中央第五生态环境保护督察组对贵州省第一轮中央环境保护督察整改情况开展"回头看"，针对长江流域生态保护问题统筹安排专项督察，并形成督察意见。中央第五生态环境保护督察组反馈的问题主要有：一是思想认识还不到位；二是整改责任落实不力；三是整改敷衍应对；四是表面整改、假装整改现象仍然存在。另外，督察组还发现贵州省在推进长江流域生态保护方面存在两个突出问题，一是自然保护区违规开发问题突出，二是生态敏感区域违

---

① 《中央第七环境保护督察组向贵州省反馈督察情况》，中华人民共和国生态环境部网站，http://www.mee.gov.cn/gkml/sthjbgw/qt/201708/t20170801_418977.htm，2017 年 8 月 1 日。

② 《贵州省对外公开中央环境保护督察整改情况》，中华人民共和国生态环境部网站，http://www.mee.gov.cn/gkml/sthjbgw/qt/201809/t20180928_632827.htm，2018 年 9 月 28 日。

规项目整治不力。① 贵州省委、省政府高度重视第二轮中央环境保护督察反馈问题的整改工作，召开 2 次省委常委会会议、2 次省政府常务会议进行研究部署。将反馈意见指出的问题梳理细化成五类 42 个问题，并制定整改措施清单，逐一分析问题原因，明确整改目标、责任单位、督导单位、整改措施和整改时限，综合采取"明察＋暗访"方式，组织日常督查、省级督察，充分运用预警、通报、挂牌督办、约谈、专项督察、问责等措施推进整改。② 由此可见，环境保护督察常态化机制既有利于倒逼政策与制度层面的健全和完善，健全生态文明建设长效机制，也有利于规范生态环境保护行为，为绿色经济发展保驾护航。

综上所述，贵州在绿色绩效评价考核创新试验方面作了艰辛的探索，取得了丰硕的成果和宝贵的经验，在诸多领域走在全国前列。但从实践情况来看，仍然存在一些问题和障碍。

三 绿色绩效评价考核创新试验的重难点问题

（一）绿色绩效评价考核创新试验的重点问题

分析绿色绩效评价考核创新试验现状，我们认为，存在以下重点问题。

1. 制度衔接不够，部门协调难度大

绿色绩效评价考核不是单一的目标评价，包括基础信息编制、过程预警干预、责任追究、责任审计等方面。目前，贵州在建立生态文明建设目标评价体系、编制自然资源资产负债表、责任审计、环境保护督察等方面均制定了相应的方案和办法，但至今还未见从评价考核制度的顶层设计层面入手逐一规范自然资源资产负债表编制、目标评价、责任追究和责任审计的指导细则。制度之间缺乏衔接，各领域工作"各自为政"。如使用以自然资源资产负债表为信息载体的管理统计工具，若不考虑目标评价、责任追究和责任审计，编制的基础信息就会产生"掣肘"的负面效应；反之，若目标评价、责

① 《中央第五生态环境保护督察组向贵州省反馈"回头看"及专项督察情况》，贵州省人民政府网站，http://www.guizhou.gov.cn/ztzl/zysthjbhdchtk/201905/t20190513_2533322.html，2019年 5 月 10 日。

② 《贵州省公开中央生态环境保护督察"回头看"及长江流域生态问题专项督察反馈意见整改方案》，贵州省人民政府网站，http://www.guizhou.gov.cn/ztzl/zysthjbhdchtk/201912/t2019121 9_33425744.html，2019 年 12 月 20 日。

任追究和责任审计等与编制自然资源资产负债表联系不紧密，则编制的报表就会"事倍功半"，甚至是无效的。贵州省委办公厅、贵州省人民政府办公厅印发的《生态文明体制改革实施方案》，是推动贵州试验区生态文明体制改革的总纲，提出了八大方面45条具体制度改革要求，但该方案并未搭建整体制度体系的钩稽框架，各制度之间的关系也没有在方案中得以体现，45条具体要求之间的联系不紧密。

此外，绿色绩效评价考核涉及多个政府职能部门，这些部门包括自然资源管理部门、生态环保部门、勘察设计部门、信息统计部门、审计部门、组织部门等，让其中的任何一个部门来协调如此众多没有从属关系的部门，显然是一项高难度的工作。《生态文明体制改革实施方案》在对"完善生态文明绩效评价考核和责任追究制度"具体的改革要求中作了相应的"牵头责任单位"说明，提出了关于"建立生态文明目标体系""建立资源环境承载能力监测预警机制""探索编制自然资源资产负债表""对领导干部实行自然资源资产离任审计""建立生态环境损害责任终身追究制"的具体要求，这与《国家生态文明试验区（贵州）实施方案》提出的关于"绿色绩效评价考核创新试验"内容基本一致，但《生态文明体制改革实施方案》并未将相应的职责分工进一步具体化（见表8-11）。若没有具体的职责分工，没有顶层划分，同级部门之间在实践中的协调难度显而易见，推诿责任的现象会时有发生，① 因此职责分工的顶层设计极为重要。

表8-11　"生态文明绩效评价考核和责任追究制度"牵头责任单位一览

目标		牵头责任单位
建立生态文明建设目标体系	绿色发展指标体系	省统计局
	生态文明建设目标评价考核办法	省发展和改革委员会、省环境保护厅
建立资源环境承载能力监测预警机制		省发展和改革委员会、省环境保护厅
探索编制自然资源资产负债表		省统计局、省自然资源厅
对领导干部实行自然资源资产离任审计		省审计厅
建立生态环境损害责任终身追究制		省委组织部、省审计厅
建立环境保护督察制度		省委组织部、省环境保护厅

资料来源：根据《生态文明体制改革实施方案》整理。

---

① 信息来源：与贵州省统计局有关同志的访谈。

2. 职责重合并且界定不清

在生态文明建设实践中存在部分职责重合不清的情况。以自然资源资产负债表编制为例，据 2019 年 1 月 23 日中共贵州省委办公厅、贵州省人民政府办公厅印发的《贵州省自然资源厅职能配置、内设机构和人员编制规定》，自然资源厅的自然资源所有者权益处的职责有"编制全民所有自然资源资产负债表，实施相关考核标准"。与此同时，据贵州省统计局内设机构职责分工，生态价值统计处"负责编制自然资源资产负债表、实物量表"。从这两个职能部门的职责描述来看，编制自然资源资产负债表存在"多龙治水"的嫌疑，可能导致两个方面的问题：一是因各自角度不同，编制的自然资源资产负债表不够完整，决策机构和社会公众难以得到统一规整的资产负债表，信息不完备；二是存在资源浪费，两个不同的职能部门做同样的工作，导致两个部门重复劳动，同时也让基层单位无所适从。

3. 数据口径不一，统计标准有待规范

自然资源资产负债表编制的关键在于数据整合，在各资源管理部门的基础数据尤其是历史数据"缺数据、无时效"的情况下，自然资源资产负债表的编制就无法开展，更何况不少基础数据的统计还存在部门交叉重合问题，甚至存在缺口。[①]

在日常资源量统计中，我国各资源管理部门所依据的标准因行业而存在差异，尤其是相同统计对象存在不同的统计标准，由此导致各统计对象的数据存在冲突现象。如针对林地面积的统计，国土资源部门根据《土地利用现状分类》（GB/T 21010—2007）和《第二次全国土地调查技术规程》（TD/T 1014—2007）等标准进行统计，而林业部门则根据《林地分类》（LY/T 1812—2009）等标准进行统计。标准不一，导致两者数据有较大差异。又如，有些基础数据统计期限跨度较长，针对森林资源的普查通常是 10 年一次，针对土地资源的普查通常是 5 年一次，[②] 而编制自然资源资产负债表需要各类资产每一年的数据信息，这就会导致资产账户的基础数据时效性差。另外，在实践中，贵州省统计局所获得的数据往往是由其他部门提供的，而省统计局却无法对这些数据进行甄别。比如涉及水资源的数据，通常是将省水利厅各监测网点获得的初始数据按照水利部门的指标标准处理后，再将

---

① 信息来源：与贵州省统计局有关同志的访谈。
② 信息来源：与贵州省统计局有关同志的访谈。

数据信息提供给省统计局。众多职能部门按照各自标准搜集、处理的基础数据口径不一，会削弱基础数据的利用价值。

4. 标准化程度不够，标准体系缺失严重

据《贵州省生态文明建设标准体系明细表》，相比其他方面的标准化情况，有关绿色绩效评价与考核、自然资源资产管理和生态文明法治方面的标准体系缺失较为严重（见表8-12）。

表8-12 《贵州省生态文明建设标准体系明细表》（部分）

对应标准体系		序号	标准级别	标准号	标准名称
绿色绩效评价与考核	生态文明统计监测核算				
	绿色发展指标				
	生态文明建设目标评价与考核	1	行业标准	SL/Z 738—2016	水生态文明城市建设评价导则
生态文明法治	生态文明法治管理与服务				
	生态环境损害赔偿				
自然资源资产管理	生态资源资产调查、核算与评估	1	国家标准	GB/T 27647—2011	湿地生态风险评估技术规范
		2	国家标准	GB/T 31118—2014	土地生态服务评估原则与要求
	自然资源资产权属管理	1	行业标准	NY/T 2537—2014	农村土地承包经营权调查规程
	自然资源资产负债表编制				

资料来源：根据《贵州省生态文明建设标准体系明细表》整理。

据表8-12，无论是国家标准还是行业标准，绿色绩效评价与考核、生态文明法治和自然资源资产管理的标准化程度都不够。这与近年来在各地区的试验和试点工作情况不相符，若不及时总结有益经验，试验和试点工作就没有意义。因此，应当及时总结有益的经验，从国家层面和行业角度尽快形成标准化的制度。地方政府要因地制宜，在国家标准和行业标准基础上形成符合地方发展实际的标准体系，只有如此才能为生态文明建设提供明确的指导。

5. 制度不够细化，实践难以规范

类似企业会计准则和审计准则，编制自然资源资产负债表和进行离任审计应当制定相应的准则，以规范工作内容和方法。可目前还未出台这样的准则，因为许多工作没有经验可循，更缺乏理论支撑，仍在试点探索中。试点工作的目的是为制定标准提供经验参考。若在试点过程中不尝试制定细化的准则，各地试点就难免五花八门，实践的效果就要大打折扣。凝练总结不规范的实践结果，制度建设的难度就会增大。这就是贵州省统计局和审计厅在试点中不断加大培训力度的原因，旨在通过培训解决准则缺失所带来的实践不规范的问题。目前，关于贵州试验区绿色绩效评价考核制度体系，准则性的制度规范较少，仅发现《贵州省环境监测能力建设工作方案》和《贵州省自然资源资产负债表编制制度（试行）》较为接近"准则"要求。与编制自然资源资产负债表和进行离任审计一样，其他相关制度也急需进一步细化。

6. 第三方介入程度不高，客观公正程度有待进一步提高

绿色绩效评价考核，应当坚持客观公正原则。可目前无论是生态文明建设目标评价考核，还是领导干部自然资源资产离任审计，均由政府相关职能部门主导，尚未有第三方参与评价考核，主要是因为绿色绩效评价考核以及领导干部自然资源资产离任审计的目的是对党政领导及相关职能部门领导的政绩进行考核。但在检查考核阶段，管理方（省级政府和相关部委）与代理方（基层政府）互相配合，采取各种策略来应对作为委托方的上级政府的最终评估和考核，会出现所谓的"共谋行为"。[①]《贵州省生态文明建设目标评价考核办法（试行）》第4条提到"省生态文明建设领导小组负责领导、组织、协调全省生态文明建设目标评价考核工作"，"省生态文明建设领导小组办公室会同省有关部门具体实施"，可见评价考核的主体仍是党政机关及其相关职能部门，并未明确第三方参与评价考核的要求。因此，绿色绩效评价考核有必要引入第三方的介入机制，增强评价的客观性和考核的公正性。

---

① 戚建刚、余海洋：《论作为运动型治理机制之"中央环保督察制度"——兼与陈海嵩教授商榷》，《理论探讨》2018年第2期。

7. 人才队伍薄弱，知识结构单一

人才队伍满足不了生态文明制度建设的要求，这是全国生态文明建设目标评价考核制度体系建设中普遍存在的问题。自然资源资产负债表编制、目标评价、责任追究、离任审计对工作人员的政策性、专业性水平要求较高，需要具备水文监测、矿产勘探、环评、森林测绘、会计、审计、统计以及经济学等学科与专业背景。尽管《贵州省各级党委、政府及相关职能部门生态环境保护责任划分规定（试行）》规定了教育部门要"培育学生的生态文明理念和环境保护意识"，但从目前贵州相关人才的培养情况来看，无论是高等院校、职业技校，还是社会培训机构，都不具备这类复合型人才的培养能力。因此，贵州试验区建设中存在相关专业人才匮乏、知识结构单一等问题，对顺利开展相关工作提出了挑战。

（二）绿色绩效评价考核创新试验的难点问题

分析绿色绩效评价考核创新试验现状，我们认为，存在以下难点问题。

1. 绿色绩效评价考核与经济社会综合评价深度融合问题

如前所述，地方政府的生态文明建设目标任务与其他众多目标任务既有重叠，又有矛盾冲突。在冲突发生时，短期利益驱动往往会使其放弃环境保护与治理，生态文明建设目标评价考核存在目标冲突与利益博弈的现实窘境。

如前文所述，除生态文明建设目标任务之外，贵州省关于其他目标任务的可视化考评指标非常少，仅有"增长质量"反映了各市（州）的经济发展情况。"增长质量"在绿色发展指数中所占比重为12%，其包括人均GDP增长率、居民人均可支配收入、第三产业增加值占GDP比重、研究与试验发展经费支出占GDP比重等二级指标。但地方政府的目标任务不仅限于上述内容，还有扶贫工作、城镇化建设、公共服务建设等目标任务。若评价考核存在目标缺失，一方面，会弱化党政机关完成其他目标任务的积极性；另一方面，党政领导的治理决策能力也是一种稀缺资源，党政领导在众多目标任务面前作决策时，必然会对部分目标任务投入较少，这样会导致部分目标任务完成不好。

因此，在绿色绩效评价考核中深度融合经济社会评价内容，既可以规避那些目标冲突，发挥"指挥棒"的导向作用，又能发挥"紧箍咒"的约束作用。

2. 自然资源资产负债表从实物量表到价值量表的转化问题

编制自然资源资产负债表应直接服务于绩效考核和领导干部自然资源资产离任审计，但货币计量一直是编制自然资源资产负债表难以突破的瓶颈。贵州省是最早开展自然资源资产负债表编制试点工作的省级政府之一。自2014 年起，贵州省统计局做了大量的调研工作，在构建自然资源资产负债表的框架方面作了艰辛探索，并在 2014 年、2015 年试编过报表的负债，最终因难度大而转为只编制自然资源资产实物账户表。[①] 究其原因，主要是自然资源资产的价值核算至今在理论界还没有统一规范的估价模式、自然资源资产分类不明确以及国家还未发布有指导性的价值量核算规范。在如何界定负债问题上，目前学术界一直存有争议，而自然资源的负债对目标评价和离任审计至关重要。从访谈的情况来看，贵州省统计局、国土资源厅、农委、林业厅等认为，自然资源资产的价值包括其经济价值、生态价值和社会价值，比如湿地、草原以及具有生态效益的森林不可能进入生产环节，其经济价值无法估计，但它们的生态价值却非常重要，若其生态价值被削减，就应当计入政府的负债。另外，生态效益核算的难度非常大，如大气污染，可以分等级地评价大气质量的好坏，但要将其转换为价值计量则需要克服诸多难题，必须考虑大气污染对人体与其他生物体健康的负面影响，那么这种负面损失又该如何计量？自然资源资产负债表从实物量表到价值量表的转化确实存在难题，这是生态文明建设目标评价考核制度体系建设需要长期克服的重大技术障碍。

四　解决绿色绩效评价考核创新试验重难点问题的对策

为有效解决绿色绩效评价考核所面临的重难点问题，我们提出下列七点对策建议。

（一）要高度重视制度的关联性

关联性结果产生的整体性制度是行为主体单独在不同市场（领域）分别决策所不能导致的，这种促使制度产生并反过来由制度维系的不同市场（领域）的关联称为制度关联性。[②] 如前所述，目前绿色绩效评价考核各制度之

---

① 信息来源：与贵州省统计局有关同志的访谈。
② 彭美玉、田焱、王成璋：《制度关联性的一般均衡模型与"反租倒包"的经济分析》，《中国农村观察》2007 年第 6 期。

间衔接还不够好，关键原因就在于制度制定没有充分考虑其关联性，制度之间的"作用与反作用"影响没有得到充分体现，其应然逻辑关系还未厘清。因此，建议尽快构建类似网络模型的制度框架体系，加强自然资源资产负债表、目标评价体系、责任追究、离任审计以及环境保护督察制度之间的衔接，明确各自的功能定位和钩稽关系。

（二）要规范统计核算标准，加强数据库建设

建立健全绿色绩效评价考核制度体系的目的是保障基础信息"能计、能统、能评、能考"，形成激励和约束双重效力。这就需要确保"数据源提供无阻碍、部门沟通无缝隙、参与编制主体无缺位"。数据真实、计量科学是规范统一核算标准的内在要求。一方面，急需统一自然资源部门、农业部门、水利部门、生态环境部门、审计部门、统计部门等在组织保障、数据采取、统计标准、技术支撑等方面的规范，不能只明确相关"牵头责任单位"，必须从顶层设计上制定一套清晰的职责分工清单，规避实践过程中各职能部门之间互相推诿的可能，且减少重复劳动等资源浪费。另一方面，急需整合现有自然资源的动态监测平台，建立统一的自然资源信息系统，加强数据库建设，强化信息共享。此外，因各类自然资源资产负债类型的属性不同，可在试点成果较为成熟时，及时总结经验形成制度化的成果，建议尝试制定"自然资源资产负债表编制准则""领导干部自然资源资产离任审计准则"，制定准则时需要注意具体到分类资产负债的编制和审计。

（三）要注意差异化评价考核和信息反馈

差异化评价考核包括两个方面的内容，一是评价考核的指标要有差异，二是评价考核的结果要有差异。

由于各地区经济社会发展程度不一，自然资源资产禀赋不一，评价考核指标要有差异。若不考虑地区差异，评价考核基数同一，则评价不科学，考核有失公允。若考评结果均为合格，则会削弱考评制度的约束力，这样，考评的意义将大打折扣。2017年，中央第七环境保护督察组在贵州的督察报告中就提到，"2016年全省9个市（州）和88个县（市、区）环境空气质量考核，得分均为满分，没有体现差异性，考核流于形式"；贵州省发展和改革委员会分别就2016、2017和2018年度生态文明建设目标评价考核有关情况

进行了通报，全省 9 个市（州）均达标，没有出现不合格的考核结果。不注意差异化评价考核，就无法充分发挥激励与约束的双重作用。建议进一步规范评价考核细则，深入融合经济社会发展因子，强调评价考核指标的差异性，使考评制度具有兼顾激励和约束的刚性效力。借鉴 PDCA 循环原理，考核结果应该配套相关的反馈机制，为生态文明建设注入源源不断的动力。以生态文明建设目标评价考核为例，无论考核结果等次如何，均应形成信息反馈机制。一方面，可以按考核等级进行分类追踪观察，当前考核为优秀的今后未必是优秀，若有降等次现象出现，就应该有相应的反馈机制；另一方面，对于考核结果长期为低等次的地区，尽管其考核结果为"合格"，但若无相应的结果反馈机制，低等次地区的生态文明建设水平将始终处于低位，其掉入"木桶效应"的陷阱就不可避免，全省生态文明建设的整体水平将不容乐观。

（四）要大力拓展数据信息公开的深度和广度

数据信息公开程度越高，越能更好地接受社会公众的监督，有利于全民参与生态治理。生态文明建设目标评价考核、自然资源资产负债表、领导干部自然资源离任审计等信息公开，还需要在深度和广度上下功夫。目前，地方政府和职能部门网站所公开的信息较为笼统，多为工作信息，少有结果信息。例如，生态文明建设目标评价考核，只是给出了绿色发展指数、体制机制创新和工作亮点、公众满意程度、生态环境事件等总分值，并未公布各子指标信息，这不利于社会公众了解评价的来龙去脉，也不利于科研工作者作出深入研究；又如自然资源资产负债表，无论是在统计局还是在自然资源厅，均查询不到其编制结果；再如领导干部自然资源资产离任审计，审计结果信息更是寥寥无几。因此，数据信息公开需要有深度，真正触及具体事务的深层。

习近平总书记指出，"在我们党的组织结构和国家政权结构中，县一级处在承上启下的关键环节，是发展经济、保障民生、维护稳定、促进国家长治久安的重要基础"[1]。既然县一级政府如此重要，那么县一级政府的数据信息对科学规划和决策也非常重要。2018 年 12 月，《贵州省生态文明建设促进条例》修正版发布，该条例第 57 条规定了县级以上人民政府应当建立生态文

---

[1] 《习近平：县委书记这官不好当》，新华网，http://www.xinhuanet.com/politics/2015 - 01/13/c_1113973315. htm，2015 年 1 月 13 日。

明建设信息共享平台，要求重点公开下列信息：生态文明建设规划及其执行情况、生态功能区的范围及规范要求、生态文明建设指标体系及绩效考核结果、社会反映强烈的违法行为查处情况、生态文明建设成果等九大类信息。但从当前数据信息实际公开的广度来看，县级层面的相关数据鲜见，与《贵州省生态文明建设促进条例》的规定还有相当大的差距，今后要加大县一级政府在生态文明领域的数据信息的公开力度。

（五）要为评价考核提供理论与技术支撑

生态文明制度建设是新时代一项崭新的伟大事业。由于实践经验不足，理论支撑不够，还存在诸多难以解决的理论与技术难题。目前，还存在自然资源环境的核算框架还未统一、负债内容还未界定清楚、自然资源资产负债的价值计量存有争议、生态效益核算难度大、量责标准不够细化、激励约束机制效力不足等问题。在边试点、边总结的基础上，急需加大科学研究的投入力度，形成一批有影响力的研究成果，强化制度建设的理论支撑。建议充分发挥本土科研团队的研究优势，建立本土智能服务智库，在生态文明建设目标评价考核制度体系研究方面发出贵州强音。

（六）要注意培养复合型人才

目前，生态文明领域的复合型人才紧缺，是生态文明建设进程中又一大现实困境。《国家生态文明试验区（贵州）实施方案》提出"在高校建设一批与生态文明建设密切相关的学科专业"，这体现了贵州试验区人才建设的要求。鉴于当前人才队伍薄弱和专业素质不高的现实，人才队伍建设可以采用"边整合、边培养"的模式。建议贵州试验区建设要敢于"先谋先试"，急需对与生态文明领域密切相关的学科进行整合，制订高校和科研机构复合型人才培养方案。值得一提的是，贵州省人民政府于2019年11月批复了省林业局筹建"贵州生态职业技术学院"的请示，标志着生态文明领域人才培养和建设进入了实质性阶段，但筹建期需要统筹考虑复合型人才培养的定位，更需要培养一批科研型人才，为解决生态文明建设中存在的问题出谋划策。

（七）制度体系顶层设计需实行"蹲点"制

目前，关于绿色绩效评价考核制度体系顶层设计，主要是国家相关职能部门以地方政府职能部门的实践经验为依据，先制订试行方案或办法，然后再根据地方政府部门在试点工作中所总结的经验及存在的问题进行修订。这种看似"自上而下"与"自下而上"相结合的顶层设计方法，却存有"盲点"。"没有调查，就没有发言权"，以下级部门反馈问题和报送总结的方式来制定政策、制度，信息反馈往往存在被歪曲的风险，顶层设计者对问题存在感受不真切的可能。这就需要顶层设计者深入基层实践部门"蹲点"，真正以"上下结合"的方式开展问题研究和制度设计工作，增强通过制度解决实际问题的效果。

主要参考文献

一 文件类

1. 胡锦涛：《高举中国特色社会主义伟大旗帜　为夺取全面建设小康社会新胜利而奋斗——在中国共产党第十七次全国代表大会上的报告》。

2. 胡锦涛：《坚定不移沿着中国特色社会主义道路前进　为全面建成小康社会而奋斗——在中国共产党第十八次全国代表大会上的报告》。

3. 习近平：《决胜全面建成小康社会　夺取新时代中国特色社会主义伟大胜利——在中国共产党第十九次全国代表大会上的报告》。

4. 中共中央：《中共中央关于坚持和完善中国特色社会主义制度　推进国家治理体系和治理能力现代化若干重大问题的决定》。

5. 中共中央、国务院：《中共中央　国务院关于加快推进生态文明建设的意见》。

6. 中共中央、国务院：《生态文明体制改革总体方案》。

7. 国务院：《国务院关于促进旅游业改革发展的若干意见》。

8. 中共中央办公厅、国务院办公厅：《关于设立统一规范的国家生态文明试验区的意见》。

9. 中共中央办公厅、国务院办公厅：《国家生态文明试验区（贵州）实施方案》。

10. 中共中央办公厅、国务院办公厅：《国家生态文明试验区（福建）实施方案》。

11. 中共中央办公厅、国务院办公厅：《国家生态文明试验区（江西）实施方案》。

12. 中共中央办公厅、国务院办公厅：《国家生态文明试验区（海南）实施方案》。

13. 国务院办公厅：《国务院办公厅关于进一步促进旅游投资和消费的若干意见》。

14. 陈敏尔：《紧密团结在以习近平同志为核心的党中央周围　决胜脱贫攻坚同步全面小康　奋力开创百姓富生态美的多彩贵州新未来——在中国共产党贵州省第十二次代表大会上的报告》。

15. 《贵州省水资源保护条例》。

16. 《贵州省大气污染防治条例》。

17. 《贵州省生态文明建设促进条例》。

18. 《贵州省环境保护条例》。

19. 《贵州省节约能源条例》。

20. 《贵州省湿地保护条例》。

21. 《贵州省水污染防治条例》。

22. 中共贵州省委、贵州省人民政府：《贵州省贯彻落实〈国家生态文明试验区（贵州）实施方案〉任务分工方案》。

23. 中共贵州省委、贵州省人民政府：《中共贵州省委贵州省人民政府关于乡村振兴战略的实施意见》。

24. 中共贵州省委、贵州省人民政府：《贵州省各级党委、政府及相关职能部门生态环境保护责任划分规定（试行)》。

25. 贵州省人民政府：《贵州省土壤污染防治工作方案》。

26. 贵州省人民政府：《贵州省"十三五"控制温室气体排放工作实施方案》。

27. 贵州省人民政府：《贵州省生态保护红线管理暂行办法》。

28. 贵州省人民政府：《贵州省推行水泥窑协同处置生活垃圾实施方案》。

29. 贵州省人民政府：《省人民政府关于印发贵州生态文化旅游创新区产业发展规划（2012—2020）的通知》。

30. 贵州省人民政府：《关于支持健康养生产业发展若干政策措施的意见》。

31. 贵州省人民政府：《贵州省健康养生产业发展规划（2015—2020 年)》。

32. 中共贵州省委办公厅、贵州省人民政府办公厅：《贵州省生态文明建设目标评价考核办法（试行)》。

33. 中共贵州省委办公厅、贵州省人民政府办公厅：《贵州省生态环境损害赔偿制度改革实施方案》。

34. 中共贵州省委办公厅、贵州省人民政府办公厅：《关于在全省开展农村资源变资产资金变股金农民变股东改革试点工作方案（试行)》。

35. 中共贵州省委办公厅、贵州省人民政府办公厅：《贵州省绿色农产品"泉涌"工程工作方案（2017—2020 年）》。

36. 中共贵州省委办公厅、贵州省人民政府办公厅：《贵州省开展领导干部自然资源资产责任审计试点实施方案（暂行)》。

37. 中共贵州省委办公厅、贵州省人民政府办公厅：《关于印发〈贵州省环境保护督察方案〉（试行）的通知》。

38. 贵州省人民政府办公厅：《省人民政府办公厅关于开展编制自然资源资产负债表试点工作的通知》。

39. 贵州省人民政府办公厅：《贵州省生态环境损害赔偿磋商办法（试行）》。

40. 贵州省人民政府办公厅：《贵州省绿色优质农产品促销工作实施方案》。

41. 贵州省人民政府办公厅：《省人民政府办公厅关于大力发展装配式建筑的实施意见》。

42. 贵州省人民政府办公厅：《省人民政府办公厅关于全面推行矿业权招拍挂出让制度的通知》。

43. 贵州省人民政府办公厅：《省人民政府办公厅关于推进农业水价综合改革的实施意见》。

44. 贵州省人民政府办公厅：《贵安新区建设绿色金融改革创新试验区任务清单》。

45. 贵州省人民政府办公厅：《贵州省生态环境监测网络与机制建设方案》。

46. 贵州省人民政府办公厅：《贵州省生态扶贫实施方案（2017—2020 年）》。

47. 贵州省人民政府办公厅：《金融支持我省农村"三变"改革十条政策措施》。

48. 贵州省人民政府办公厅：《贵州省省级空间性规划"多规合一"试点工作方案》。

49. 贵州省人民政府办公厅：《贵州省畜禽养殖废弃物资源化利用工作方案》。

50. 贵州省发展和改革委员会：《贵州省绿色经济"四型"产业发展引导目录（试行)》。

51. 贵州省发展和改革委员会、贵州省住房和城乡建设厅：《贵州省生活垃圾分类制度实施方案》。

52. 贵州省发展和改革委员会、贵州省环境保护厅：《贵州省培育发展环境治理和生态保护市场主体实施意见》。

53. 贵州省发展和改革委员会、贵州省扶贫开发办公室：《贵州省"十三五"脱贫攻坚专项规划》。

54. 贵州省国土资源厅等：《贵州省自然资源统一确权登记试点实施方案》。

55. 贵州省国土资源厅：《贵州省自然资源统一调查确权登记技术办法（试行）》。

56. 贵州省国土资源厅：《矿产资源绿色开发利用方案（三合一）审查备案工作指南（试行）》。

57. 贵州省国土资源厅、贵州省发展和改革委员会：《贵州省自然资源资产产权制度和用途管制制度改革方案》。

58. 贵州省国土资源厅等：《贵州省全民所有自然资源资产有偿使用制度改革试点实施方案》。

59. 贵州省国土资源厅等：《贵州省全面推进绿色矿山建设的实施意见》。

60. 贵州省自然资源厅：《贵州省全面推进绿色矿山建设工作考核办法（暂行)》。

61. 贵州省林业厅：《贵州省林业生态红线划定实施方案》。

62. 贵州省林业厅：《贵州省"十三五"生态建设规划》。

63. 贵州省林业厅：《贵州省重点生态区位人工商品林赎买改革试点工作方案》。

64. 贵州省林业厅：《贵州省公益林保护和经营管理办法》。

65. 贵州省环境保护厅：《贵州省"十三五"环境保护大数据建设规划》。

66. 贵州省环境保护厅：《贵州省黄标车及老旧车淘汰工作实施方案（2016—2017 年)》。

67. 贵州省环境保护厅：《贵州省环境保护厅关于开展贵州省排污权初始分配的通知》。

68. 贵州省环境保护厅：《贵州省关于开展环境污染强制责任保险试点工作方案》。

69. 贵州省环境保护厅：《贵州省生态环境大数据建设项目暂行管理办法》。

70. 贵州省环境保护厅、贵州省公安厅：《贵州省环境保护厅、贵州省公安厅关于印发环境保护部门与公安部门联动执法相关机制制度的通知》。

71. 贵州省经济和信息化委员会：《贵州省绿色制造三年行动计划（2018—2020 年)》。

72. 贵州省经济和信息化委员会：《贵州省军民融合产业发展"十三五"规划》。

73. 贵州省审计厅：《贵州省自然资源资产责任审计工作指导意见》。

74. 贵州省统计局等：《贵州省自然资源资产负债表编制制度（试行）》。

75. 贵州省国家税务局：《贵州省国家税务局关于服务全省农村资源变资产资金变股金农民变股东改革试点工作的实施意见》。

76. 贵州省大数据发展管理局、贵州省经济和信息化委员会、贵州省发展和改革委员会：《贵州省"十三五"信息化规划》。

77. 贵州省大数据发展管理局：《智能贵州发展规划（2017—2020 年）》。

78. 贵州省人民检察院：《贵州省人民检察院关于开展提起公益诉讼试点的实施方案》。

79. 贵州省人民检察院：《贵州省人民检察院关于办理及审批公益诉讼案件的工作规定（试行）》。

80. 贵州省旅游发展委员会：《贵州省全域山地旅游发展规划（2017—2025 年）》。

81. 贵阳市发展和改革委员会、贵阳市综合行政执法局：《贵阳市生活垃圾分类制度实施方案》。

82. 六盘水市人民政府办公室：《六盘水市市级空间性规划"多规合一"试点工作推进方案》。

83. 贵州省水利厅：《贵州省水土保持公报（2018）》。

84. 贵州省环境保护厅：《2016 年贵州省环境状况公报》。

85. 贵州省环境保护厅：《2017 年贵州省环境状况公报》。

86. 贵州省生态环境厅：《2018 年贵州省生态环境状况公报》。

87. 贵州省生态环境厅：《2019 年贵州省生态环境状况公报》。

二　著作类

1. 中共中央宣传部编《习近平总书记系列重要讲话读本（2016 年版）》，学习出版社、人民出版社，2016。

2. 《十八大以来重要文献选编》（上），中央文献出版社，2014。

3. 薛晓源、周战超主编《全球化与风险社会》，社会科学文献出版社，2005。

4. 贵州师范大学地理研究所、贵州省农业资源区划办公室：《贵州省地表自然形态信息数据量测研究》，贵州科技出版社，2000。

5. 联合国开发计划署：《中国人类发展报告 2002：绿色发展必选之路》，中国财政经济出版社，2002。

6. 李佐军：《中国绿色转型发展报告》，中共中央党校出版社，2012。

7. 贾卫列、杨永岗、朱明双：《生态文明建设概论》，中央编译出版社，2013。

8. 陈远、余杨、赵玥：《携手共建生态文明》，中国环境出版社，2013。

9. 邓玲：《我国生态文明发展战略及其区域实现研究》，人民出版社，2015。

10. 李军等：《走向生态文明新时代的科学指南——学习习近平同志生态文明建设重要论述》，中国人民大学出版社，2015。

11. 李凌汉、李婧：《生态文明视野下地方政府环境保护绩效评估研究》，中国社会科学出版社，2015。

12. 文传浩等：《长江上游生态文明研究》，科学出版社，2016。

13. 向俊杰：《我国生态文明建设的协同治理体系研究》，中国社会科学出版社，2016。

14. 郝清杰、杨瑞、韩秋明：《中国特色社会主义生态文明建设研究》，中国人民大学出版社，2016。

15. 孔翔：《地方认同、文化传承与区域生态文明建设》，科学出版社，2016。

16. 史丹等：《中国生态文明建设区域比较与政策效果分析》，经济管理出版社，2016。

17. 环境保护部环境与经济政策研究中心：《生态文明制度建设概论》，中国环境出版社，2016。

18. 李欣广、唐拥军、杨红波、谢品：《少数民族地区迈向生态文明形态的跨越发展》，经济管理出版社，2017。

19. 环境保护部环境与经济政策研究中心：《农村环境保护与生态文明建设》，中国环境出版社，2017。

20. 钱易等主编《生态文明建设和新型城镇化及绿色消费研究》，科学出版社，2017。

21. 中国工程院"生态文明建设若干战略问题研究"项目研究组：《中国生态文明建设若干战略问题研究》，科学出版社，2016。

22. 中国工程院"生态文明建设若干战略问题研究（二期）"项目研究组：《中国生态文明建设若干战略问题研究Ⅱ》，科学出版社，2019。

23. 中国工程院"生态文明建设若干战略问题研究（三期）"项目研究组：《中国生态文明建设若干战略问题研究Ⅲ》，科学出版社，2020。

24. 沈国舫、吴斌、张守攻、李世东等：《新时期国家生态保护和建设研究》，科学出版社，2017。

25. 孟伟、舒俭民、张林波：《生态文明建设的总体战略与"十三五"重点任务研究》，科学出版社，2017。

26. 《十八大以来生态文明体制改革进展、问题与建议》课题组：《生态文明体制改革进展与建议》，中国发展出版社，2018。

27. 成金华、张欢等：《中国资源环境问题的区域差异和生态文明指标体系研究》，科学出版社，2018。

28. 生态环境部环境与经济政策研究中心：《生态文明理论与制度研究》，中国环境出版社，2019。

29. 周琼：《转型与创新：生态文明建设与区域模式研究》，科学出版社，2019。

30. 廖成中：《生态文明视阈下区域环境污染治理政策体系研究》，武汉大学出版社，2019。

31. 周鸿：《生态文化与生态文明》，北京出版社，2018。

32. 黄锡生：《生态利益衡平的法制保障研究》，北京出版社，2020。

33. 姚昊：《生态文明理念下的产业结构优化——以贵州为例》，经济科学出版社，2010。

34. 本书编辑组：《迈向生态文明新时代：贵阳行进录（2007—2012 年）》，中国人民大学出版社，2013。

35. 李裴、邓玲：《贵阳生态文明制度建设》，贵州人民出版社，2013。

36. 李裴、邓玲：《贵阳国土空间开发格局优化》，贵州人民出版社，2013。

37. 李裴、邓玲：《贵阳循环经济与资源节约》，贵州人民出版社，2013。

38. 李裴、邓玲：《贵阳自然生态系统和环境保护》，贵州人民出版社，2013。

39. 申振东、龙海波：《生态文明进程与城市价值论：贵州的解读》，中国社会科学出版社，2014。

40. 龚慕霞：《和谐发展的秩序　生态文明理论与贵州实践》，贵州大学出版社，2015。

41. 谭齐贤：《毕节：生态文明先行区》，贵州大学出版社，2015。

42. 李锦宏等：《贵州生态文明城市建设的先行探索——以贵阳市国家级生态文明城市建设示范区为考察样本》，贵州大学出版社，2016。

43. 贵州省人大环境与资源保护委员会：《从赤水河到乌江——贵州生态文明

体制改革的"先河"》，贵州人民出版社，2018。

44. 潘家华、李萌等：《国家生态文明试验区建设的贵州实践研究》，社会科学文献出版社，2018。

45. 顾钰民等：《新时代中国特色社会主义生态文明体系研究》，上海人民出版社，2019。

46. 李胜、麻勇斌等：《贵州大生态战略发展报告（2019）》，社会科学文献出版社，2019。

三 论文类

1. 陈国阶、王青、涂建军：《四川省生态旅游发展的层次与阶段》，《地理科学》2006 年第 2 期。

2. 周雪光、练宏：《中国政府的治理模式：一个"控制权"理论》，《社会学研究》2012 年第 5 期。

3. 冯道杰、程恩富：《从"塘约经验"看乡村振兴战略的内生实施路径》，《中国社会科学院研究生院学报》2018 年第 1 期。

4. 彭海红：《塘约道路：乡村振兴战略的典范》，《红旗文稿》2017 年第 24 期。

5. 鹿心社：《深入推进国家生态文明试验区建设》，《当代江西》2017 年第 7 期。

6. 杜强、吴志先：《加快建设国家生态文明试验区（福建）的思考》，《福建论坛》（人文社会科学版）2017 年第 6 期。

7. 梁广林、张林波、李岱青、刘成程、罗上华、孟伟：《福建省生态文明建设的经验与建议》，《中国工程科学》2017 年第 4 期。

8. 邱昌颖：《致力国家生态文明试验区建设 打造生态畜牧业"福建样板"》，《福建农业》2016 年第 11 期。

9. 郑清贤、苏祖鹏：《城市生活垃圾减量化制度完善研究——以建设国家生态文明试验区（福建）为背景》，《盐城工学院学报》（社会科学版）2017 年第 2 期。

10. 闻娟、凌常荣：《国家生态文明试验区旅游效率评价研究》，《生态经济》2018 年第 6 期。

11. 洪大用：《加快建设绿色发展体系》，《人民日报》2018 年 4 月 24 日。

12. 舒小林、黄明刚：《生态文明视角下欠发达地区生态旅游发展模式及驱动机制研究——以贵州省为例》，《生态经济》2013 年第 11 期。

13. 张承惠：《以法治建设推动绿色金融》，《人民日报》2016 年 8 月 30 日。

14. 杨姝影、马越：《积极推动绿色金融法治建设》，《中国环境报》2014 年 11 月 13 日。

15. 赵翔：《贵州生态文明行政执法：亮点、难点与重点》，《法制博览》2016 年第 15 期。

16. 梁仓香：《加强生态环境法治建设　促进生态文明发展》，《中国化工贸易》2012 年第 11 期。

17. 戚建刚、余海洋：《论作为运动型治理机制之"中央环保督察制度"——兼与陈海嵩教授商榷》，《理论探讨》2018 年第 2 期。

18. 彭美玉、田焱、王成璋：《制度关联性的一般均衡模型与"反租倒包"的经济分析》，《中国农村观察》2007 年第 6 期。

19. 陈国阶：《对建设长江上游生态屏障的探讨》，《山地学报》2002 年第 5 期。

20. 杨冬生：《论建设长江上游生态屏障》，《四川林业科技》2002 年第 1 期。

21. 潘开文、吴宁、潘开忠、陈庆恒：《关于建设长江上游生态屏障的若干问题的讨论》，《生态学报》2004 年第 3 期。

22. 王玉宽、邓玉林、彭培好、范建容：《关于生态屏障功能与特点的探讨》，《水土保持通报》2005 年第 4 期。

23. 冉瑞平、王锡桐：《建设长江上游生态屏障的对策思考》，《林业经济问题》2005 年第 3 期。

24. 罗志远、宋晓波、严涛、刘定国、刘辉：《贵州省水资源保护工程体系构建》，《人民珠江》2015 年第 6 期。

25. 宁茂岐、赵佳、熊康宁、蓝安军：《贵州省长江流域和珠江流域石漠化时空格局分析》，《贵州农业科学》2014 年第 2 期。

26. 朱恒亮、刘鸿雁、龙家寰、颜紫云：《贵州省典型污染区土壤重金属的污染特征分析》，《地球与环境》2014 年第 4 期。

27. 湛天丽、黄阳、滕应、何腾兵、石维、候长林、骆永明、赵其国：《贵州万山汞矿区某农田土壤重金属污染特征及来源解析》，《土壤通报》2017 年第 2 期。

28. 张莉、周康：《贵州省土壤重金属污染现状与对策》，《贵州农业科学》2005 年第 5 期。

29. 陆引罡、王巩：《贵州贵阳市郊区菜园土壤重金属污染的初步调查》，《土壤通报》2001 年第 5 期。

30. 雒昆利、李会杰、陈同斌、王伟中、毕世贵、吴学志、黎伟、王丽华：《云南昭通氟中毒区煤、烘烤粮食、黏土和饮用水中砷、硒、汞的含量》，《煤炭学报》2008 年第 3 期。

31. 李强、郭飞、莫测辉、赵鑫、张瑞卿、廖海清：《贵州省环境中汞污染现状与分布特征》，《生态科学》2013 年第 2 期。

32. 刘建玲：《浅析贵州省大气煤烟型污染及防治对策》，《矿业安全与环保》2001 年第 1 期。

33. 阴丽淑、李金娟、郭兴强、刘小春、杨慧妮：《贵州"两控区"城市 $PM_{2.5}$ 及其阴阳离子污染特征》，《中国环境科学》2017 年第 2 期。

34. 瓦庆荣：《加快石漠化地区草地植被恢复促进喀斯特地区生态环境建设》，《草业科学》2008 年第 3 期。

35. 史巍娜：《贵州省生态文明建设体制机制创新及对策建议》，《黑龙江教育》（理论与实践）2016 年第 3 期。

36. 汪磊：《生态文明视域下贵州省生态治理的问题分析及对策》，《贵州社会科学》2016 年第 5 期。

37. 秦宣：《五大发展理念的辩证关系》，《光明日报》2016 年 2 月 4 日。

38. 王金南、曹东、陈潇君：《国家绿色发展战略规划的初步构想》，《环境保护》2006 年第 6 期。

39. 李佐军：《绿色发展的制度保障》，《西部大开发》2014 年第 5 期。

40. 王玲玲、张艳国：《"绿色发展"内涵探微》，《社会主义研究》2012 年第 5 期。

41. 欧阳志远：《社会根本矛盾演变与中国绿色发展解析》，《当代世界与社会主义》2014 年第 5 期。

42. 黄志斌、姚灿、王新：《绿色发展理论基本概念及其相互关系辨析》，《自然辩证法研究》2015 年第 8 期。

43. 邬晓燕：《绿色发展及其实践路径》，《北京交通大学学报》（社会科学版）2014 年第 3 期。

44. 王辉等：《贵州绿色金融发展的实践与建议》，《中国经济时报》2018 年 4 月 11 日。
45. 杨文举：《西部农村脱贫新思路——生态扶贫》，《重庆社会科学》2002 年第 2 期。
46. 查燕等：《宁夏生态扶贫现状与发展战略研究》，《中国农业资源与区划》2012 年第 1 期。
47. 刘慧、叶尔肯·吾扎提：《中国西部地区生态扶贫策略研究》，《中国人口·资源与环境》2013 年第 10 期。
48. 杨文静：《生态扶贫：绿色发展视域下扶贫开发新思考》，《华北电力大学学报》（社会科学版）2016 年第 4 期。
49. 沈茂英、杨萍：《生态扶贫内涵及其运行模式研究》，《农村经济》2016 年第 7 期。
50. 骆方金：《生态扶贫：概念界定及特点》，《改革与开放》2017 年第 5 期。
51. 李仙娥、李倩、牛国欣：《构建集中连片特困区生态减贫的长效机制——以陕西省白河县为例》，《生态经济》2014 年第 4 期。
52. 李广义：《桂西石漠化地区生态扶贫的应对之策研究》，《广西社会科学》2012 年第 9 期。
53. 罗凌、崔云霞：《再造与重构：贵州六盘水“三变”改革研究》，《贵州社会科学》2016 年第 12 期。
54. 窦祥铭：《深化农村集体产权制度改革的探索与实践——以安徽省首批 13 村“三变”改革试点为例》，《安徽行政学院学报》2017 年第 6 期。
55. 钟林生、马向远、曾瑜皙：《中国生态旅游研究进展与展望》，《地理科学进展》2016 年第 6 期。
56. 张剑：《贵州生态建设现状与对策》，《农业灾害研究》2016 年第 10 期。
57. 杨荫凯：《国家空间规划体系的背景和框架》，《改革》2014 年第 8 期。
58. 于洁、胡静、朱磊、卢雯、赵越、王凯：《国内全域旅游研究进展与展望》，《旅游研究》2016 年第 6 期。
59. 周婷：《长江上游经济带与生态屏障共建研究》，博士学位论文，四川大学，2007。
60. 蔡宏：《茅台酒水源地生态环境变化对水质的影响研究》，博士学位论文，成都理工大学，2015。

61. 张振敏：《内蒙古牧区生态减贫研究》，博士学位论文，中国农业科学院，2013。

62. 蒋荣：《地形因子对贵州喀斯特地区坡面土壤侵蚀的影响》，硕士学位论文，南京大学，2013。

2017 年 8 月，贵州省社科规划办发布了《贵州省 2017 年度哲学社会科学规划重大招标课题申报通知》。根据该通知精神，我们决定竞标"国家生态文明试验区（贵州）建设的重难点问题及对策研究"这一选题，主要原因如下。

其一，竞标该选题我们义不容辞。早在 2009 年，为实现贵州省教育部人文社科重点研究基地零的突破，我们申请成立了喀斯特生态文明研究中心，这是国内较早成立的生态文明研究机构。经过多年的努力，中心在队伍建设、科学研究和服务社会等方面都取得了较为可喜的成绩，不仅被贵州省教育厅批准为贵州省高校人文社科研究基地，而且成功获批为贵州省第五批人才基地，入选首批贵州省哲学社会科学十大创新团队，并在 2016 年的贵州省高校人文社科研究基地评估中荣获"优秀"等次。作为有一定基础的专门生态文明研究机构，我们没有不参与该选题竞标的理由。

其二，该选题与我们当时正在进行的一些工作基本一致。为普及生态文明知识，提高全省干部群众对生态文明建设的认识与理解水平，更好地建设国家生态文明试验区，课题申报之前，我们正在草拟"贵州生态文明建设系列读本编写方案"，而且为起草该方案，我们已较为系统地梳理了相关文献。研究国家生态文明试验区（贵州）建设的重难点问题及对策，对系列读本编写是大有裨益的。

有幸获批该课题后，研究什么、如何展开研究却成了我们较为头疼的问题。因为国家生态文明试验区（贵州）建设的重难点问题很多，而且见仁见智，每个人都有自己的看法。在研究期限只有半年的情况下，我们不可能广泛征求意见。于是，课题组经反复讨论，决定在逐字逐句研读《国家生态文明试验区（贵州）实施方案》并赴省直相关部门访谈的基础上，拟订研究大纲并征求专家意见。

我们最初拟订的研究大纲包括 7 个部分，即国家生态文明试验区的提出、国家生态文明试验区（贵州）建设现状、国家生态文明试验区（贵州）建设的区域（部门）联动问题、干部群众对国家生态文明试验区（贵州）建设的认知问题、国家生态文明试验区（贵州）建设与脱贫攻坚的关系问题、产业结构调整与国家生态文明试验区（贵州）建设的关系问题、生态红线划定与生态补偿机制建立问题。可在开题报告会上，我们的这个大纲遭到了专家们的一致否定。根据专家们的意见，我们回归到了《国家生态文明试验区（贵州）实施方案》，紧扣方案所确定的八大重点任务（"开展绿色屏障建设制度创新试验""开展促进绿色发展制度创新试验""开展生态脱贫制度创新试验""开展生态文明大数据建设制度创新试验""开展生态旅游发展制度创新试验""开展生态文明法治建设创新试验""开展生态文明对外交流合作示范试验""开展绿色绩效评价考核创新试验"）展开研究。2018 年，课题研究顺利完成，并以"良好"等次通过验收。课题结项以后，我们又作了修改完善，并补充了最新资料和数据。

本研究的具体分工如下：杨斌负责制订研究计划、拟订研究提纲和研究工作的组织协调，撰写绪论、后记并统稿。张为撰写第一章，易俊年撰写第二章和第六章，蔡伊撰写第三章，罗权撰写第四章和第七章，杜双燕撰写第五章，张杰撰写第八章。全书初稿完成后，杨斌逐字逐句地进行了审读，并对各章作了必要的修改完善。

在本课题的开题报告会上，中共贵州省委党校的汤正仁教授、贵州省社会科学院的胡晓登研究员提出了很好的研究建议；在本课题的研究过程中，贵州省发展和改革委员会、贵州省生态环境厅、中共贵州省委政策研究室、贵州省文化和旅游厅、贵州省扶贫开发办公室、贵州省统计局、贵州省审计厅等单位的有关领导和同志给予了大力支持；社会科学文献出版社的刘荣、单远举等同志为本书的出版付出了大量心血。在此一并致谢！

当然，由于所要研究的问题复杂、涉及面广（因为生态文明建设是一项全新的事业，涉及经济、政治、文化和社会建设的方方面面），而我们的知识面又相对有限，加之课题组成员的水平参差不齐、研究时间又相对较短等，研究存在的问题与不足自然不可避免，在相关的后续研究中定当完善。

杨　斌

2020 年 9 月 9 日